Julia Frauke Große

Über keramische Schwämme als Kolonneneinbauten

Grundlegende Untersuchungen zu Morphologie, Fluiddynamik und
Stoffübergang bei der mehrphasigen Durchströmung im Gegenstrom

Über keramische Schwämme als Kolonneneinbauten

Grundlegende Untersuchungen zu Morphologie, Fluiddynamik und Stoffübergang bei der mehrphasigen Durchströmung im Gegenstrom

von
Julia Frauke Große

Dissertation, Karlsruher Institut für Technologie
Fakultät für Chemieingenieurwesen und Verfahrenstechnik
Tag der mündlichen Prüfung: 29. Juli 2011

Impressum

Karlsruher Institut für Technologie (KIT)
KIT Scientific Publishing
Straße am Forum 2
D-76131 Karlsruhe
www.ksp.kit.edu

KIT – Universität des Landes Baden-Württemberg und nationales
Forschungszentrum in der Helmholtz-Gemeinschaft

KIT Scientific Publishing 2011
Print on Demand

ISBN 978-3-86644-722-6

Über keramische Schwämme als Kolonneneinbauten

- Grundlegende Untersuchungen zu Morphologie, Fluiddynamik
und Stoffübergang bei der mehrphasigen Durchströmung im Gegenstrom -

zur Erlangung des akademischen Grades eines

DOKTORS DER INGENIEURWISSENSCHAFTEN (Dr.-Ing.)

der Fakultät für Chemieingenieurwesen und Verfahrenstechnik des

Karlsruher Instituts für Technologie (KIT)

genehmigte

DISSERTATION

von

Dipl.-Ing. Julia Frauke Große

geboren in Malsch (Kreis Karlsruhe)

Referent:	Prof. Dr.-Ing. Matthias Kind

Korreferent:	Prof. Dr.-Ing. Karlheinz Schaber

Tag der mündlichen Prüfung:	29.07.2011

Für meine Eltern

und

Immanuel

Vorwort

Die vorliegende Arbeit entstand während meiner Zeit als wissenschaftliche Mitarbeiterin am Institut für Thermische Verfahrenstechnik des Karlsruher Instituts für Technologie (KIT), ehemals Universität Karlsruhe (TH), in der Zeit von Januar 2006 bis Februar 2011. Ich habe in dieser Zeit viel gelernt und war gerne ein Teil des Instituts.

Mein erster Dank gilt Herrn Prof. Dr.-Ing. Matthias Kind für die Ermöglichung der Arbeit. Herrn Prof. Dr.-Ing. Karlheinz Schaber danke ich für die freundliche Übernahme des Korreferats und das große Interesse, das er meiner Arbeit bereits im Vorfeld entgegengebracht hat.

Einen wichtigen Beitrag zu meiner Arbeit haben viele Studenten in ihren Diplom- und Studienarbeiten sowie als wissenschaftliche Hilfskräfte geleistet. Mein Dank für die tatkräftiger Unterstützung bei Anlagenaufbau, Methodenentwicklung und Messungen gilt: Tobias Beierlein, (Diplomarbeit); Ying Zhou, Fabian Schansker, Sandra Pfister, Xiaofei Xiao, Daniel Haigis, Patrick Lenz, Barbara Ostmann (alle Studienarbeit); Heike Sigloch, Jörg-Andreas Weber, Sarah Übele, Johannes Schanz (alle HiWi).

Den festangestellten Mitarbeitern des Instituts in Werkstatt, Labor, Sekretariat und Konstruktionsbüro danke ich für die gute Zusammenarbeit und die tatkräftige Unterstützung, insbesondere beim Aufbau meiner Versuchsanlagen und bei der Durchführung von Messungen.

Meinen Assistentenkollegen und allen Mitgliedern der Forschergruppe „Feste Schwämme" danke ich für fachliche und menschliche Unterstützung. Besonders erwähnt seien Frau Prof. Dr. Bettina Kraushaar-Czarnetzki und ihre Mitarbeiter am Institut für Chemische Verfahrenstechnik des KIT für die Durchführung der Quecksilberporosimetriemessungen sowie die Unterstützung bei der morphologischen Charakterisierung und der Veröffentlichung der Ergebnisse. Frau Prof. Dr.-Ing. Heike Schuchmann und ihren Mitarbeitern am Institut für Bio- und Lebensmitteltechnik des KIT, Bereich Lebensmittelverfahrenstechnik, danke ich für die Unterstützung bei den Helium-Pyknometrie-Messungen.

Ein ganz besonderer Dank gebührt Dr. Edme H. Hardy vom Kernspinlabor des Instituts für Mechanische Verfahrenstechnik und Mechanik des KIT für die großartige Unterstützung bei den Messungen am Kernspintomographen und der Auswertung der Daten. Dr. Jérôme Vicente vom IUSTI der Université de Provence, Marseille, danke ich für die fruchtbare Zusammenarbeit bei der Validierung der Oberflächenbestimmung. *Merci pour ton engagement et notre coopération fructueuse pendant mon séjour à Marseille!* Herrn Timo Bernthaler von der Hochschule Aalen gilt mein Dank für die Durchführung der Röntgencomputertomographie-Messungen.

Der Firma Johann Jacob Letschert Sohn danke ich für die Bereitstellung der Prototypen an Silikat-Schwämmen.

Der Studienstiftung des Deutschen Volkes danke ich besonders für die Gewährung eines ideellen Promotionsstipendiums, das meine Promotionszeit wesentlich bereichert hat. Für die finanzielle Unterstützung meines Projektes im Rahmen der Forschergruppe FOR 583 „Feste Schwämme – Anwendung monolithischer Netzstrukturen in der Verfahrenstechnik" gilt mein Dank der Deutschen Forschungsgemeinschaft.

Zuletzt möchte ich meinen Eltern ein herzliches Dankeschön aussprechen, die mir mein Studium ermöglicht und mich auf allen meinen Wegen unterstützt haben. Meinem Lebensgefährten Immanuel Willerich gilt mein herzlichster Dank für seine bedingungslose Liebe und seine Unterstützung in der äußerst schwierigen letzten Zeit der Arbeit, in der er mich immer wieder aufgebaut hat.

Inhalt

Zusammenfassung

In der vorliegenden Arbeit wurden keramische Schwämme hinsichtlich ihrer Anwendbarkeit als Kolonneneinbauten grundlegend charakterisiert. Ziel der Arbeit war es ebenfalls zu überprüfen, ob das Verhalten der Schwämme mit für herkömmliche Kolonneneinbauten entwickelten Korrelationen beschrieben werden kann. Variationsparameter der Schwämme waren Porengröße, Porosität und Packungselementhöhe.

In einem ersten Teil wurde die als charakteristische Länge der Schwämme verwendete spezifische Oberfläche mittels Volumenbildauswertung bestimmt und mit den morphologischen Kenngrößen Porosität, Fenster- und Stegdurchmesser über ein Modell aus einer raumfüllenden Anordnung geometrischer Körper verknüpft. Dazu wurden Literaturmodelle evaluiert und in ihren Koeffizienten an die Messdaten für Schwämme angepasst.

Der zweite Teil der Arbeit beinhaltet eine umfassende Charakterisierung der fluiddynamischen Kenngrößen Flüssigkeitsinhalt, feuchter Druckverlust und Betriebsbereich mit dem Testsystem Wasser – Luft. Für die meisten Schwammtypen wurde ein für Kolonneneinbauten vergleichsweise kleiner Betriebsbereich gefunden, der hauptsächlich auf eine erschwerte Drainage am unteren Ende der Packung zurückgeführt werden konnte. Eine Schwammpackung mit konischem Auslauf-Element wies demzufolge einen deutlich erweiterten Betriebsbereich auf. Der Flüssigkeitsinhalt lag vergleichsweise hoch, der feuchte Druckverlust im für Kolonneneinbauten zu erwartenden Bereich. Im Vergleich mit Korrelationen aus der Literatur konnte der Ansatz von Engel das fluiddynamische Verhalten der Schwämme hinreichend gut vorhersagen.

Bei den anschließenden Messungen der Verweilzeitverteilung der Flüssigkeit konnte festgestellt werden, dass je nach Schwammtyp sowohl Totvolumina als auch starke Rückvermischung und Rückströmungen auftreten. Erstere führen zu einem vergleichsweise großen, letztere zu einem vergleichsweise kleinen Betriebsbereich. In Schwammtypen mit hohem statischem Flüssigkeitsinhalts ist dieser kein reiner Haftflüssigkeitsinhalt, sondern wird im Betrieb teilweise durchströmt.

Die Messungen zum Stoffübergang bei Absorption und Desorption stellen den dritten Teil der vorliegenden Arbeit dar. Untersucht wurden die Kenngrößen effektive Phasengrenzfläche sowie gas- und flüssigseitiger Stoffübergangskoeffizient mit den Testsystemen Luft/CO_2 – Natronlauge (Absorption) sowie Luft – Wasser/CO_2 (Desorption). Hierbei kam es zu größeren experimentellen Inkonsistenzen aufgrund der sich einstellenden unterschiedlichen Benetzungszustände und der bereits erwähnten Fehlverteilung der Flüssigkeit über die Packungshöhe. Aus einer umfassenden Auswertung der Daten mit verschiedenen Ansätzen gelang es, Werte für die effektive Phasengrenzfläche sowie die Größenordnung der Stoffübergangskoeffizienten zu ermitteln.

In einem anschließenden Vergleich mit Korrelationen aus der Literatur konnte für verschiedene Korrelationen eine partielle Übereinstimmung mit den Messdaten gefunden werden. Eine Korrelation, die alle Kenngrößen mit der gleichen Güte beschreibt, konnte nicht ermittelt werden. Hinsichtlich der den Korrelationen zugrundeliegenden Annahmen war ein Rückschluss auf die Strömungsformen in der Schwammstruktur möglich. So strömt in der zweiphasigen Durchströmung das Gas als Rohrströmung und die Flüssigkeit in Strähnen mit stagnierenden Bereichen und Tropfen analog zur Strömungsform in anderen Monolithen.

Generell wurde für alle bestimmten Kenngrößen der Schwämme eine große Streuung der Messwerte mit den Schwammtypen gefunden. Vergleicht man jedoch die der Literatur entnommenen Korrelationen untereinander, so ist auch in deren Vorhersagen eine Variation über mehrere Größenordnungen zu finden. Eine universelle Korrelation für Schwämme und herkömmliche Kolonneneinbauten konnte daher nicht gefunden werden. Die Entwicklung einer nur für Schwämme tauglichen Korrelation erscheint hinsichtlich der Vielzahl an vorhandenen Korrelationen und der wenigen existierenden Messdaten als nicht sinnvoll.

Das potentielle Einsatzgebiet von keramischen Schwämmen in Trennkolonnen bleibt nach dem momentanen Stand des Wissens auf Nischenanwendungen wie die Reaktiv-Rektifikation oder hochkorrosive Systeme beschränkt, bei der die kontinuierliche Feststoffstruktur und das keramische Material von Vorteil sind.

Abstract

In the present work, a basic characterization of ceramic sponges concerning their applicability as column internal was performed. An additional aim of this work was to verify whether the sponge behavior could be described with correlations developed for state-of-the-art column internals. Varied parameters of the sponges were porosity, pore size and packing element height.

In the first part, the specific surface area used as characteristic length of the sponges was determined by volume image analysis and correlated with the morphological parameters porosity, face and strut diameter using a model of space-filling geometric bodies. Models from literature were evaluated for this purpose and their coefficients were adapted to the measured data for the sponges.

The second part of this work consists of a thorough characterization of the hydrodynamic parameters, i.e. liquid holdup, wet pressure drop and operation range, tested with the system air – water. Most of the sponge types exhibit a narrow operation range compared to other column internals, which is mainly due to a drainage problem at the lower end of the packing. A sponge packing with cone-shaped bottom therefore shows a much broader operation range. The measured holdup values were comparably high and the wet pressure drop was within the range expected for column internals. Among correlations in literature, the correlation of Engel was able to predict the hydrodynamic sponge behavior sufficiently.

The measurements of the residence time distribution of the liquid phase revealed dead spaces as well as backmixing and recycling flow depending on the sponge type investigated. The former lead to a comparably wide and the latter to a comparably narrow operation range. In sponge types with a high static liquid holdup the latter is not truly static but becomes part of the dynamic holdup when operation starts.

The third part of this work comprises the measurements of mass transfer during absorption and desorption. Effective interfacial area as well as gas and liquid side mass transfer coefficients were investigated with the test systems air/CO_2 – caustic soda solution in the case of absorption and $air – water/CO_2$ in the case of desorption. Experimental inconsistencies were observed for these measurements due to different wetting and the already mentioned liquid maldistribution over the packing height. A thoroughly performed data evaluation with different approaches enabled the determination of values for the effective interfacial area and the range of the mass transfer coefficients.

The comparison of measured data with correlations from literature led to a partial agreement for different correlations. A correlation describing all mass transfer characteristics with the same accuracy could not be found. A conclusion concerning the flow patterns in the sponge was possible considering the assumptions on which the correlations base. In two-phase flow the gas exhibits pipe flow and the liquid flows in rivulets with areas of stagnation and droplets in analogy to the flow patterns in other monoliths.

In general a broad variation of measured values with the sponge type was observed for all characteristics investigated. At the same time, the predictions of correlations from literature vary over several orders of magnitudes when compared to each other. Therefore a universally applicable correlation for sponges and state-of-the-art column internals could not be identified. The development of a new correlation exclusively applicable to sponges seems not reasonable due to the multitude of existing correlations and the few experimental data available.

The potential field of application for ceramic sponges in separation columns to the actual state of knowledge will be limited to special applications like reactive rectification or highly corrosive systems, where the continuous solid matrix and the ceramic material are of advantage.

Symbolverzeichnis

Lateinische Buchstaben

A	-	Ergun-Konstante
A_i	m²	Querschnittsfläche des Objekts i
a_{eff}	m²/m³	effektive spezifische Phasengrenzfläche
a_{geo}	m²/m³	geometrische spezifische Oberfläche
a_{Weimer}	m²/m³	a_{eff} nach der Korrelation von Weimer
B	-	Ergun-Konstante
B_L	m³/m²/h	Berieselungsdichte $(B_L \mathrel{\widehat{=}} u_L)$
C	-	Konstante oder Parameter
C_B	$\mathrm{s}^{2/3}\,\mathrm{m}^{-1/3}$	belastungsspez. Faktor für den feuchten Druckverlust
C_E	-	Korrekturfaktor für stagnierende Flüssigkeitsbereiche
c	g/l	Konzentration
$\tilde{c}$	mol/l	molare Konzentration
D	m²/s	axialer Dispersionskoeffizient
d	m	Durchmesser
d_h	m	hydraulischer Durchmesser
d_P	m	in der Oberfläche äquivalenter Partikeldurchmesser
d_T	m	Tropfendurchmesser
E	-	Enhancement-Faktor
$E(\tau)$	-	integrale Verweilzeitverteilung
$e(\tau)$	1/s	differentielle Verweilzeitverteilung
F	Pa^{0,5}	Gasbelastungsfaktor $\left(F = \sqrt{\rho_G} \cdot u_G\right)$
F_{SE}	-	Korrekturfaktor für Riffelung und Bohrung
f		Korrekturfaktor
He_{px}	Pa	Henry-Konstante für Partialdruck und Molanteil
HTU	m	Höhe einer Übertragungseinheit
h_{dyn}	m³/m³	dynamischer Flüssigkeitsinhalt
h_L	m³/m³	gesamter Flüssigkeitsinhalt
h_{stat}	m³/m³	statischer Flüssigkeitsinhalt
I	mol/l	Ionenstärke

K	-	Gleichgewichtskonstante
K_i	N/m³	volumenbezogene Strömungswiderstandskraft Phase i
k	m/s	Stoffdurchgangskoeffizient
k_R	*var.*	Reaktionskonstante
L	m	Packungslänge
L_{char}	m	charakteristische Länge
ℓ	m	Filmdicke
$\dot{N}$	mol/s	Molenstrom
NTU	-	Anzahl an Übertragungseinheiten
n	mol	Molmenge
p	Pa	Druck
Δp	Pa	Druckverlust
R^2	-	Bestimmtheitsmaß der Ausgleichskurven
r	-	Stoffstromanteil beim Splitting
S	m	benetzte Kanallänge einer Packung
T	K	absolute Temperatur
t	s	Zeit
u	m/s	Leerrohr-Geschwindigkeit ($u = \dot{V}/A_K$)
$\hat{u}$	m/s	lokale Geschwindigkeit
V	m³	Volumen
$\dot{V}$	m³/s	Volumenstrom
X	-	Hilfsgröße
$\tilde{X}$	mol/mol	molare Beladung Flüssigkeit
x	-	Hilfsgröße
$\tilde{x}$	mol/mol	Molanteil Flüssigkeit
$\tilde{Y}$	mol/mol	molare Beladung Gas
y	-	Hilfsgröße
$\tilde{y}$	mol/mol	Molanteil Gas
z	m	Ortskoordinate

X

Griechische Buchstaben

β	m/s	Stoffübergangskoeffizient
γ	°	Kontaktwinkel
δ	m²/s	Diffusionskoeffizient
ε	-	Porosität
ε_0	-	äußere Porosität
ε_N	-	nominelle Porosität
ζ	-	dimensionslose Ortskoordinate
η	kg/m/s	dynamische Viskosität
ϑ	°C	Temperatur
θ	-	dimensionslose Zeit
λ	-	benetzter Anteil des Kanalumfangs
ν	m²/s	kinematische Viskosität
ξ	-	Reibungsbeiwert für den Druckverlust
ρ	kg/m³	Massendichte
$\tilde{\rho}$	mol/m³	molare Dichte
σ	N/m	Oberflächenspannung
τ	s	Verweilzeit
$\bar{\tau}$	s	mittlere Verweilzeit
Φ	-	Verstärkungsfaktor
φ	°	Neigungswinkel gegenüber der Horizontalen
ϕ	-	Formfaktor
χ	m	charakteristische Länge
Ω	-	Lochflächenanteil

Naturkonstanten

g	m/s²	Erdbeschleunigung
$\mathcal{R}$	J/mol/K	universelle Gaskonstante

Dimensionslose Kenngrößen

$$Bo = \frac{\sigma}{L_{char}^2 \cdot g \cdot \rho}$$ Bond-Zahl

$$Ca = \frac{\eta \cdot u}{\sigma} = \frac{We}{Re}$$ Kapillar-Zahl

$$Fr = \frac{u^2}{L_{char} \cdot g}$$ Froude-Zahl

$$Ga = \frac{L_{char}^3 \cdot g}{\nu^2}$$ Gallilei-Zahl

$$Ha = \frac{\sqrt{\delta_L \cdot k_R \cdot \tilde{c}_{OH^-}}}{\beta_L}$$ Hatta-Zahl

$$Pe = \frac{u \cdot L_{char}}{D}$$ Péclet-Zahl für die Dispersion

$$Re = \frac{u \cdot L_{char}}{\nu}$$ Reynolds-Zahl

$$Sc = \frac{\nu}{\delta}$$ Schmidt-Zahl

$$We = \frac{\rho \cdot u^2 \cdot L_{char}}{\sigma}$$ Weber-Zahl

Chemische Substanzen

Al_2O_3	Aluminiumoxid	$NaCl$	Natriumchlorid
CO_2	Kohlenstoffdioxid	$NaOH$	Natriumhydroxid
CO_3^{2-}	Carbonat-Ion	NH_3	Ammoniak
$CuSO_4$	Kupfersulfat	O_2	Sauerstoff
H_2CO_3	Kohlensäure	OH^-	Hydroxid-Ion
HCO_3^-	Hydrogencarbonat-Ion	Si	Silicium
HCl	Salzsäure	SiC	Siliciumcarbid
H_2O	Wasser	SO_2	Schwefeldioxid
H_3O^+	Oxonium-Ion		

Tiefgestellte Indizes

0	ohne Gasstrom
aus	am Austritt
arith	arithmetischer Mittelwert
ber	berechnet
C	kritisch
ein	am Eintritt
F	Fenster
fest	Feststoff
Fl	am Flutpunkt
G	Gas
h	hydrodynamisch
gem	gemessen
ges	gesamt
i	Laufindex (Komponente, Phase, …)
K	Kolonnenpackung
L	Flüssigkeit
lam	laminar
max	maximal
O	auf einem Overall-Ansatz basierend
Ph	an der Phasengrenze
Steg	Steg
tr	trocken / ohne Flüssigkeitsberieselung
turb	turbulent
Z	Zelle

Hochgestellte Indizes

rv	mit der Relativgeschwindigkeit gebildet
*	Gleichgewichtswert
'	modifizierter oder korrigierter Wert
∞	bei unendlicher Verdünnung

1 Einleitung

Die Trennung von Stoffgemischen zählt zu den wichtigsten verfahrenstechnischen Grundoperationen. Viele Forschungsarbeiten widmen sich daher der Auslegung von Gas-Flüssig-Kontaktapparaten zur Stoffübertragung und der Verbesserung des Stoffübergangs in diesen Apparaten durch trennwirksame Einbauten. Die Entwicklung solcher trennwirksamer Einbauten begann mit Böden und einfachen Kugel- und Zylinderschüttungen und verlief über die ersten Füllkörper und Gitterfüllkörper hin zu den Blech- und Gewebepackungen. Später kamen die Hochleistungspackungen und Füllkörper der dritten Generation mit durchbrochener Oberfläche und gezielter Stromführung für die Flüssigkeit und das Gas auf. Das Ziel dieser Entwicklung war stets, bei geringem Druckverlust eine große Austauschoberfläche für den Stoffübergang zu schaffen und damit eine große Effizienz der Packung hinsichtlich des übergegangenen Stoffstroms pro Packungsvolumen zu erzielen. Als Werkstoffe für trennwirksame Einbauten kommen Metall, Kunststoffe und Keramiken zum Einsatz. Füllkörper sind meist in allen drei Materialien in verschiedensten Formen erhältlich, während der Großteil der Packungen nur aus metallischen Werkstoffen hergestellt wird.

Für die Auslegung von Gas-Flüssig-Kontaktapparaten und ihren Einbauten wird eine Reihe von Kenngrößen verwendet, die eine zuverlässige Vorhersage der Trennleistung ermöglichen soll. Hierzu zählen vor allem die gas- und flüssigseitigen Stoffübergangskoeffizienten sowie die effektive Phasengrenzfläche. Darüber hinaus sind meist der Flüssigkeitsinhalt und der Druckverlust von Interesse, sowie die Betriebsgrenzen des Kolonneneinbaus. Oftmals wird der Stoffübergang als Funktion des Flüssigkeitsinhaltes beschrieben. Für Stoffsysteme, die anfällig für Fouling sind, ist ebenfalls wichtig, ob es nennenswerte Totzonen in der flüssigen Phase gibt und welche Strömungsform die Flüssigkeit und das Gas in der Packung annehmen.

Als Kolonneneinbauten eignen sich auch monolithische Strukturen mit zwei kontinuierlichen Phasen. Meist findet man sie jedoch in der Reaktionstechnik als Wabenkörper-Monolithen, die aus keramischen Materialien extrudiert und mit einem Katalysator beschichtet werden. In diesen Monolithen werden Gas und Flüssigkeit in Kanälen geführt, so dass es innerhalb des Monolithen zu keinem Queraustauch zwischen den Kanälen kommen kann. Bei keramischen Schwämmen handelt es sich hingegen um monolithische Strukturen, die diesen Queraustausch ermöglichen können. In Schwämmen wird die kontinuierliche feste Phase in Form einer Netzstruktur von einer kontinuierlichen Hohlraumphase durchdrungen, die durchströmbar ist und damit den Queraustausch ermöglicht. Sie stellen daher eine als Kolonneneinbau denkbare Struktur dar.

Schwammstrukturen zeichnen sich durch eine hohe Porosität im Vergleich zu anderen keramischen Kolonneneinbauten wie beispielsweise Füllkörperschüttungen aus. Darüber hinaus besitzen sie zugleich eine nennenswerte spezifische Oberfläche. Diese Eigenschaften machen sie auch für eine Reihe von anderen Anwendungen in der Verfahrenstechnik interessant. Insbesondere in Fällen, in denen die kontinuierliche Feststoffstruktur einen weiteren Vorteil darstellt, da sie eine verbesserte Wärmeabfuhr gewährleistet oder das Aufbringen eines Katalysators ermöglicht, könnten keramische Schwämme von Interesse für den Einsatz in thermischen Trennkolonnen sein. Zu diesen Fällen zählt unter anderem die Reaktivrektifikation. Des Weiteren sind Schwämme aufgrund ihrer chemischen Beständigkeit für korrosive Systeme sowie aufgrund ihres inerten Charakters für reaktive Systeme von Interesse.

Ihre erste Anwendung fanden keramische Schwämme in der Gießereitechnik als Metallschmelzen-Filter zur Vergleichmäßigung des Schmelzenstroms und Entfernung von Einschlüssen *(Adler und Standke, 2003)*. Aufgrund ihres geringen Gewichtes und ihrer guten Stabilität finden sie auch in der Leichtbautechnik oder als Knochenersatzwerkstoffe Anwendung sowie als Schalldämpfer *(Adler und Standke, 2003)* oder auch als Isolierung *(Gibson und Ashby, 2001)*. In der Verfahrenstechnik kamen keramische Schwämme bislang meist als Katalysatorträger *(Twigg und Richardson, 2002, 2007; Reitzmann et al., 2006; Giani et al., 2005)*, Partikelfilter *(Zürcher et al., 2008, 2009)* oder Porenbrenner *(Djordjevic et al., 2008)* zum Einsatz.

Im Rahmen einer DFG-Forschergruppe, in der auch dieses Projekt angesiedelt ist, werden am Karlsruher Institut für Technologie verschiedene Anwendungspotentiale der Schwämme erforscht. Darüber hinaus wird in grundlagenorientierten Arbeiten eine umfassende Charakterisierung der thermischen, mechanischen und apparatetechnischen Kenngrößen angestrebt. Dazu gehören auch die Eigenschaften der Schwämme in der Durchströmung mit einer oder mehreren Phasen, wie für die Wärmeübertragung von *Dietrich et al. (2011)* durchgeführt.

1.1 Ausgangspunkt der Untersuchungen

Ausgangspunkt der vorliegenden Arbeit war eine sehr dürftige Datenlage zur mehrphasigen Durchströmung von Schwammstrukturen in der Literatur. Im

Gegensatz zu anderen möglichen Anwendungsgebieten keramischer Schwämme sind hierzu nur wenige Arbeiten zu finden.

Für die einphasige Durchströmung fester Schwämme finden sich viele Arbeiten zum trockenen Druckverlust. Eine gute Übersicht hierzu liefert die Arbeit von *Edouard et al. (2008a)*, der die in der Literatur vorhandenen Druckverlustkorrelationen zusammenfasst. Der Einsatz von Schwämmen als Wärmeübertrager in der einphasigen Durchströmung ist das Thema der Arbeiten von *Boomsma et al. (2003)* sowie *Mahjoob und Vafai (2008)*. Sie beschäftigen sich ebenfalls mit der Modellierung des Wärmeübergangs, meist auch in Kombination mit dem Druckverlust, der für die Wärmeübertragung ebenfalls von Bedeutung ist. Die Arbeit von Boomsma et al. zielt dabei auf eine kompakte Bauform durch die effektive Wärmeübertragung in Schwämmen ab.

Für die Charakterisierung der Schwämme als Katalysatorträger ist neben dem Druckverlust auch der Wärme- und Stoffübergang von Bedeutung. Eine Reihe von Arbeiten aus dem Bereich der Katalyse zielt daher zunächst auf diese Größen ab. So untersuchen *Peng und Richardson (2004)* den Wärme-übergang sowie *Richardson et al. (2003)* den Wärme- und Stoffübergang, jeweils in der einphasigen Durchströmung. Der Stoffübergang vom Gas an den Feststoff in der einphasigen Durchströmung ist auch Thema der Arbeiten von *Groppi et al. (2007)* sowie *Incera Garrido et al. (2008)* und *Incera Garrido und Kraushaar-Czarnetzki (2010)*. Die in diesen Arbeiten entwi-ckelten Korrelationen sind jedoch nicht auf die mehrphasige Durchströmung übertragbar, da es sich hierbei um den Stoffübergang zwischen dem Fluid und der Schwammoberfläche handelt. In der mehrphasigen Durchströmung für den Einsatz in Kolonnen ist jedoch der Stoffübergang zwischen den beiden durchströmenden Phasen von Bedeutung.

Darüber hinaus sind in der Literatur einige Arbeiten zu Schwämmen in der mehrphasigen Durchströmung zu finden. Eine weitere Diskussion der im Folgenden vorgestellten Arbeiten erfolgt nochmals in den jeweiligen Kapi-teln, insbesondere hinsichtlich der Modellierung.

Verschiedene Arbeiten von Stemmet et al. beschäftigen sich dabei mit der Fluiddynamik und dem Stoffübergang von metallischen Schwämmen bei der mehrphasigen Durchströmung in Gleich- und Gegenstrom. In der ersten Arbeit *(Stemmet et al., 2005)* widmen sich die Autoren dem statischen und dynamischen Flüssigkeitsinhalt von Schwämmen mit vier verschiedenen Porenzahlen und konstanter Porosität sowie dem Flutverhalten im Gegen-strom bei verschiedenen Flüssigkeitsregimen, zum einen ausgehend von einer leeren Kolonne, zum zweiten ausgehend von einer mit Flüssigkeit gefüllten

Kolonne. In einer zweiten Arbeit *(Stemmet et al., 2006)* erfolgt die Modellierung der experimentellen Daten zum Flüssigkeitsinhalt im Gegenstrom sowie eine Vorausberechnung des Stoffübergangs. Das Testsystem in beiden Arbeiten ist Wasser – Luft.

Die weiteren Arbeiten der Autoren beschränken sich auf die Gleichstrom-Konfiguration und auf zwei der vier zuvor verwendeten Schwammtypen. Zunächst untersuchen sie in der Aufwärtsströmung den Flüssigkeitsinhalt, die axialen Dispersionskoeffizienten, den Druckverlust und den flüssigseitigen volumetrischen Stoffübergangskoeffizienten für verschiedene Berieselungsdichten und Gasbelastungsfaktoren *(Stemmet et al., 2007)*. Das Haupt-Testsystem ist nach wie vor Wasser – Luft. Als Tracer für die Verweilzeitmessungen kommt Kaliumchlorid zum Einsatz. Für die Messungen des Stoffübergangskoeffizienten wird auf die Desorption von Sauerstoff aus Wasser in Stickstoff zurückgegriffen. Dabei wird bereits deutlich, dass die Arbeiten auf den Einsatz der Schwämme in Mehrphasenreaktoren abzielen. Die letzte Arbeit beschäftigt sich sowohl mit der Aufwärts- als auch mit der Abwärtsströmung und untersucht den Einfluss von Viskosität und Oberflächenspannung der Flüssigkeit *(Stemmet et al., 2008)*. Für die Variation der Viskosität kommt Glycerin, für die der Oberflächenspannung Isopropanol zum Einsatz. Der Schwerpunkt liegt hierbei auf den Einflüssen von Viskosität und Oberflächenspannung auf den flüssigseitigen Stoffübergangskoeffizienten.

Darüber hinaus haben weitere Autoren einzelne Arbeiten verfasst. Die Arbeit von *Lévêque et al. (2009)* beschäftigt sich mit einem keramischen Schwammtyp als Kolonneneinbau in der Destillation. Dabei werden sowohl fluiddynamische Parameter, insbesondere Druckverlust und Flüssigkeitsinhalt, als auch der HETP-Wert als Maß für den Stoffübergang bestimmt. Es kommt das Destillations-Testsystem n-Heptan – Cyclohexan zum Einsatz, und die Schwämme werden mit Literaturdaten für herkömmliche Packungen verglichen. *Calvo et al. (2009)* untersuchen die Fluiddynamik und die Morphologie eines metallischen Schwammtyps mittels Computertomographie mit dem Testsystem Wasser – Luft. Die Autoren überprüfen auch die Anwendbarkeit einer Korrelation für Kolonneneinbauten aus der Literatur für den statischen Flüssigkeitsinhalt.

Edouard et al. (2008b) untersuchen die Fluiddynamik von zwei keramischen Schwammpackungen verschiedener Porenzahlen aber gleicher Porosität im Gleichstrom für katalytische Anwendungen. Dabei kommt als Testsystem Wasser – Luft zum Einsatz. Die Untersuchungen zum Flüssigkeitsinhalt basieren auf Messungen der Verweilzeitverteilung mit Kaliumchlorid als Tracer. Die erhaltenen Daten für Flüssigkeitsinhalt und Druckverlust werden mit einem Literaturmodell für den Gleichstrom und der Ergun-Gleichung verglichen.

Für den Einsatz als Katalysatorträger finden sich mehrere Arbeiten zweier Gruppen. *Tschentscher et al. (2010a)* untersuchen den Stoffübergang zwischen Gas- und Flüssigphase in einem Reaktor mit rotierendem Schwammblock als Rührer. Im Zuge dieser Anwendung wird auch der Stoffübergang zwischen Flüssigkeit und Feststoff bei der mehrphasigen Durchströmung untersucht *(Tschentscher et al., 2010b)*. Ebenfalls den Stoffübergang zwischen Flüssigkeit und Feststoff untersuchen *Wenmakers et al. (2010a)* an drei metallischen und katalytisch beschichteten Schwammtypen als Kolonneneinbauten und an Kunststoffschwämmen *(Wenmakers et al., 2010b)*, auf denen Kohlenstoffnanofasern als Katalysatorträger gewachsen sind *(Wenmakers et al., 2008)*. Abschließend erfolgt der Vergleich der beiden Katalysatorträger *(Wenmakers et al., 2010c)*. Der Stoffübergang zwischen Flüssigkeit und Schwammstruktur ist jedoch für den Anwendungsfall als Kolonneneinbau nur bei der Reaktivrektifikation von Relevanz.

Die Datenlage in der Literatur zur mehrphasigen Durchströmung fester Schwämme ist folglich nicht sehr umfangreich. Insbesondere finden sich nur wenige Arbeiten zu keramischen Strukturen. Weiterhin beschränken sich die meisten Studien auf einen Schwammtyp, gelegentlich kommen mehrere Porenzahlen des gleichen Herstellers zum Einsatz. Eine Studie mit signifikanten Aussagen zum Einfluss des Materials, der Porenzahl und der Porosität ist jedoch nicht vorhanden.

Die morphologische Charakterisierung der Strukturen ist in vielen der zitierten Literaturstellen die Grundlage für die Auswertung der gemessenen Daten zu Druckverlust, Wärme- und Stoffübertragung. In der Literatur findet sich eine Reihe von unterschiedlichen Modellen mit raumfüllenden geometrischen Strukturen, die die Vorhersage von charakteristischen Größen wie der spezifischen Oberfläche erlauben sollen. Die meisten der oben zitierten Arbeiten greifen auf eines dieser Modelle zurück, manche haben eigene Modelle für die Schwämme entwickelt. Die detaillierte Diskussion der einzelnen Modelle erfolgt in Kapitel 2.

1.2 Zielsetzung der Arbeit

Aus den vorhandenen Informationen über die Struktur keramischer Schwämme lässt sich als Motivation für die vorliegende Arbeit die Hypothese ableiten, dass sich keramische Schwämme für den Einsatz als trennwirksamer

Kolonneneinbau eignen und sich ihr Verhalten in der Trennkolonne durch geeignete Korrelationen beschreiben lässt. Zur Verifikation oder Falsifikation dieser Hypothese sind experimentelle Untersuchungen zu Fluiddynamik und Stoffübergang von keramischen Schwämmen als Kolonneneinbauten notwendig, sowie der Vergleich der erhaltenen Daten mit den aus der Literatur bekannten Korrelationen. Um diese anwenden zu können ist es außerdem notwendig, die benötigten charakteristischen Größen der Schwammstrukturen zu bestimmen, insbesondere die spezifische Oberfläche der Schwämme.

Im Rahmen dieser Arbeit muss in einem ersten Teil ein zur Untersuchung der fluiddynamischen Parameter Flüssigkeitsinhalt, Druckverlust und Betriebsbereich geeigneter Versuchsaufbau entwickelt werden. Der zweite Teil der experimentellen Untersuchungen umfasst den Aufbau einer zweiten Versuchsanlage zur Bestimmung der Stoffübergangskoeffizienten und der effektiven Phasengrenzfläche. Zur Korrelation der erhaltenen Daten muss außerdem eine geeignete Bestimmungsmethode für die Ermittlung der spezifischen Oberfläche einer Schwammstruktur entwickelt werden.

Ein besonderes Augenmerk soll dabei auf den Einfluss der Parameter Porosität, Porengröße und Packungselementhöhe gelegt werden, da bisher in der Literatur vorhandene Studien den Einfluss dieser Parameter nur unzureichend oder gar nicht betrachten. Weiterhin werden die Arbeiten auf die Konfiguration im Gegenstrom beschränkt, da diese bei großtechnischen Anwendungen in Stofftrennapparaten am häufigsten zum Einsatz kommt. Generell sind die Betriebsparameter von Gegenstrom-Anlagen stärker limitiert, da sich Flüssigkeit und Gas in der Strömung gegenseitig behindern. Im Gleichstrom können hingegen auch Betriebspunkte jenseits der Grenzen der Gegenstromführung gefahren werden. Durch die größeren treibenden Gefälle bei der Stoffübertragung im Gegenstrom ist dieser jedoch für den technischen Einsatz von größerer Relevanz, bei der Rektifikation ist der Gegenstrom sogar die einzige eingesetzte Form der Stromführung.

2 Keramische Schwämme und ihre Morphologie

Keramische Schwämme als monolithische Netzstrukturen werden bislang im großtechnischen Maßstab für die Gießereitechnik hergestellt und dort als Metallschmelzenfilter eingesetzt. Der gängigste Herstellungsprozess ist das Replikat-Verfahren, das von *Schwartzwalder und Somers (1963)* in einem Patent beschrieben wurde. Dabei werden Polymerschwämme mit einer Keramik-Suspension meist durch Tauchen beschichtet und anschließend ausgepresst, um die Offenzelligkeit zu erhalten. Nach der Trocknung folgt eine Sinterung, bei der der Polymerprecurser verbrennt. Es entsteht eine allseitig fluiddurchlässige Netzstruktur, die je nach Herstellungsqualität vereinzelt geschlossene Zellen enthalten kann. Die Isotropie der Struktur ist dabei entscheidend durch den Polymerprecurser und die Verarbeitungsweise bestimmt. Alle in dieser Arbeit verwendeten Schwämme wurden nach einem solchen Replikatverfahren hergestellt.

Um keramische Schwämme auf ihre Anwendbarkeit als Kolonneneinbauten untersuchen zu können, ist zunächst eine morphologische Charakterisierung der Struktur notwendig. Die Bestimmung repräsentativer Schwammparameter stellt dabei einen wichtigen Schritt zur Vergleichbarkeit der Struktur mit anderen Kolonneneinbauten wie regellosen Schüttungen und strukturierten Packungen dar.

Zur Beschreibung der Struktur keramischer Schwämme werden im Allgemeinen verschiedene Größen herangezogen, die dazu mehr oder weniger gut geeignet sind. Der Hersteller gibt eine Porenzahl in ppi (pores per inch) an, die auf einer Zählung der sichtbaren Intersektionen auf einem linearen Inch beruht. Diese Größe wird bei Replikaten oft am Polymerprecurser bestimmt und ist daher durch die Schrumpfung des Grünkörpers beim Sintern am keramischen Schwamm nicht exakt erhalten. Zudem wird meist nur eine grobe Abschätzung der Porenzahl vorgenommen. Diese Größe eignet sich daher nicht als Charakteristik, sondern kann eher zur Einordnung der Struktur nach der ungefähren Porengröße verwendet werden.

Eine weitere meist vom Hersteller angegebene Größe ist die Porosität. Bei Netzstrukturen wie den keramischen Schwämmen muss zwischen drei Werten für die Porosität unterschieden werden, da auch die gesinterte Feststoffstruktur an sich eine Porosität aufweist und bei Replikatschwämmen eine weitere Hohlraumstruktur im Festkörper durch den Precurser zurückbleibt. Daher definiert man zum einen die gesamte Porosität, die in der Regel der vom

Hersteller angegebenen nominellen Porosität ε_N entspricht und alle Hohlräume im Schwamm erfasst:

$$\varepsilon_{ges} = 1 - \frac{V_{fest}}{V_{ges}}$$ 2.1

Zum zweiten kann man die Stegporosität definieren, die die Porosität der Feststoffmatrix betrachtet:

$$\varepsilon_{Steg} = 1 - \frac{V_{fest}}{V_{Steg}}$$ 2.2

Daraus ergibt sich dann als dritter Wert die äußere Porosität, die die poröse Feststoffmatrix als feste Phase und die äußere Hohlraumstruktur als Hohlraumphase auffasst:

$$\varepsilon_0 = 1 - \frac{V_{Steg}}{V_{ges}}$$ 2.3

Betrachtet man die Hohlraumphase der Struktur, so lassen sich Zellstrukturen ableiten, wie von **Gibson und Ashby (2001)** gezeigt. Eine Zelle entspricht dabei einem polyedrischen Leerraum, der durch von Stegen umrahmten Fenstern mit Nachbarzellen kommunizieren kann. Die Stege treffen sich in Knoten und bilden dadurch eine kontinuierliche Feststoff-Netzstruktur aus. Eindeutige charakteristische Größen der Schwämme sind daher der Zelldurchmesser d_Z, der Fensterdurchmesser d_F und der Stegdurchmesser d_{Steg} (siehe Abb. 2.1).

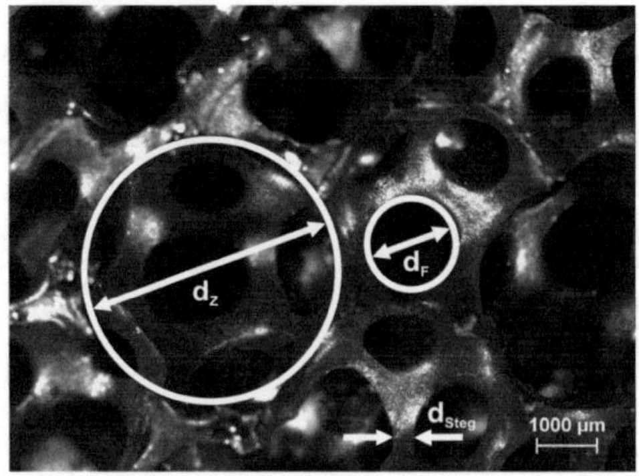

Abb. 2.1: Zellenstruktur eines Schwammes aus SiSiC mit Porosität 0,88 und 20ppi. Gegeben sind die relevanten geometrischen Abmaße.

Eine zur Charakterisierung von Kolonneneinbauten gemeinhin verwendete Größe ist die spezifische Oberfläche des Einbaus, die insbesondere für die Stoffübertragung von entscheidender Bedeutung ist. Um hierbei eine Vergleichbarkeit zu anderen Kolonneneinbauten zu gewährleisten, muss die geometrische Oberfläche der Schwämme bestimmt werden. Diese entspricht der Oberfläche einer ideal glatten Struktur und berücksichtigt weder die Oberfläche im Inneren der Stege noch die Oberflächenrauheit des Feststoffgerüstes. Hierfür ist eine Korrelation zur Vorausberechnung der spezifischen Oberfläche in Abhängigkeit von anderen geometrischen Kenngrößen hilfreich. Daher wird für dieses Kapitel die Hypothese aufgestellt, dass sich keramische Schwämme in ihrer Morphologie durch Modelle aus einer raumfüllenden Anordnung geometrischer Körper beschreiben lassen und mit diesen Modellen eine Vorausberechnung der spezifischen Oberfläche aus den makroskopischen und mikroskopischen Kenngrößen Porosität, Fenster- und Stegdurchmesser möglich ist.

2.1 Untersuchte Schwämme

In dieser Arbeit sind Schwämme verschiedener Hersteller zum Einsatz gekommen (siehe Abb. 2.2 links). Eine tabellarische Übersicht der geometrischen Daten aller Schwämme ist im Anhang A 1 zu finden. In allen Fällen handelt es sich dabei um keramische Replikate von Polymertemplaten. Diese Replikate sind zum größten Teil kommerziell erhältlich.

Die erste Gruppe von Schwämmen wurde von der Firma *Vesuvius, Becker und Piscantor, Großalmeroder Schmelztiegelwerke GmbH*, bezogen. Es handelt sich dabei um Schwämme aus zwei verschiedenen Materialien: 99% reines Aluminiumoxid, Al_2O_3, sowie oxidisch gebundenes Siliciumcarbid, OBSiC, bei dem Späne von Siliciumcarbid in einer Matrix aus Aluminiumoxid eingebettet sind. Diese Schwämme stehen mit nominellen Porositäten von 0,75 und 0,85 sowie Porenzahlen von 10, 20 und 30ppi als Zylinder mit Durchmesser 100mm und Elementhöhen von 50mm und größtenteils auch 25mm zur Verfügung.

Eine zweite Gruppe von Schwämmen wurde von dem Hersteller *Erbicol SA* bezogen, der als Manufaktur einzelne Schwämme auf Bestellung anfertigt. Diese Schwämme bestehen aus Silicium-infiltriertem Siliciumcarbid (SiSiC). Die aus Siliciumcarbid hergestellten Replikate werden dabei nach der Sinterung noch mit elementarem Silicium infiltriert, um die Mikroporositäten zu schließen. Es stehen zylindrische Elemente mit 100mm Durchmesser und 25mm Höhe mit einer nominellen Porosität von 0,88 in den Porenzahlen 10 und 20ppi zur Verfügung.

Zusätzlich wurden von der Firma *Johann Jacob Letschert Sohn GmbH & Co. KG*, einem Packungshersteller, Prototypen eines Schwamms aus Silikat bereitgestellt, einer Mischkeramik aus Aluminium- und Siliciumoxid. Diese zylindrischen Elemente mit Durchmesser 100mm und Höhe 100mm stehen nur mit einer nominellen Porosität von 0,91 und einer Porenzahl von 10ppi zur Verfügung. Zusätzlich wurde eine Packung mit konischem Auslauf hergestellt. Dabei wurde ein Element am Ende mit einem zusätzlichen Konus (Konuswinkel: 90°) versehen (siehe Abb. 2.2 rechts). Die Gesamtlänge dieses Elements beträgt 125mm.

Abb. 2.2: In dieser Arbeit verwendete Schwämme mit 10ppi (links) sowie Silikat-Element mit konischem Auslauf (rechts).

Zur besseren Identifikation der unterschiedlichen Schwammtypen kommen in dieser Arbeit Kurzbezeichnungen zum Einsatz, die in Tabelle 2.1 definiert sind. Sie setzen sich aus einem Buchstaben für den Hersteller bzw. das Material sowie Zahlengruppierungen für nominelle Porosität, Porenzahl und Elementhöhe zusammen. Für die Gruppierung einzelner Typen mit gemeinsamen Merkmalen wird an den weiterhin variablen Stellen in der Kurzbezeichnung XX eingeführt. So steht beispielsweise V 85 XX 25 für alle Schwämme aus Aluminiumoxid mit Porosität 0,85 und Elementhöhe 25mm, aber unterschiedlicher Porenzahl.

Tabelle 2.1: Übersicht über alle in dieser Arbeit verwendeten Schwammtypen und Zuordnung zur Kurzbezeichnung. Die nominelle Porosität entspricht dem vom Hersteller angegebenen Wert. Zusätzliche Kennbuchstaben für Variationen der Typen können am Ende der Kurzbezeichnung angefügt werden und sind ebenfalls erläutert.

Kurzbe-zeichnung	Material	ε_N	Porenzahl in ppi	Element-höhe in mm	Hersteller
V 85 10 25	Al_2O_3	0,85	10	25	Vesuvius
V 85 10 50	Al_2O_3	0,85	10	50	Vesuvius
V 75 10 25	Al_2O_3	0,75	10	25	Vesuvius
V 75 10 50	Al_2O_3	0,75	10	50	Vesuvius
V 85 20 25	Al_2O_3	0,85	20	25	Vesuvius
V 85 20 50	Al_2O_3	0,85	20	50	Vesuvius
V 75 20 25	Al_2O_3	0,75	20	25	Vesuvius
V 75 20 50	Al_2O_3	0,75	20	50	Vesuvius
V 85 30 25	Al_2O_3	0,85	30	25	Vesuvius
V 85 30 50	Al_2O_3	0,85	30	50	Vesuvius
V 75 30 25	Al_2O_3	0,75	30	25	Vesuvius
V 75 30 50	Al_2O_3	0,75	30	50	Vesuvius
O 85 10 50	OBSiC	0,85	10	50	Vesuvius
E 88 10 25	SiSiC	0,88	10	25	Erbicol
E 88 20 25	SiSiC	0,88	20	25	Erbicol
L 91 10 100	Silikat	0,91	10	100	Letschert

Variationen: C Konisches Auslauf-Element (Höhe: 125mm)
P Paraffin-Beschichtung

2.1.1 Benetzungseigenschaften der eingesetzten Materialien

Der Einfluss des keramischen Materials liegt für die durchgeführten Untersuchungen hauptsächlich in den unterschiedlichen Benetzungseigenschaften. Hierfür wurde der Kontaktwinkel γ zwischen den Materialien und Wasser mit einem Kontaktwinkelmessgerät G10 der Firma Krüss basierend auf dem Verfahren des ruhenden Tropfens gemessen. Hierzu kamen sowohl vom Hersteller bereitgestellte Plättchen aus den Schwammmaterialien als auch die Oberfläche der Schwämme zum Einsatz. Für die Messungen auf den

11

Schwämmen wurden auf den Stirnflächen der zylindrischen Elemente ausreichend große waagerechte Feststoffflächen gesucht, auf denen der Tropfen abgesetzt werden konnte. Die Plättchen kamen erst nach einem Vergleich der gemessenen Kontaktwinkel mit denen der Schwammoberfläche aufgrund der einfacheren Handhabung zum Einsatz. Hierbei zeigte sich, dass bei den Silikat-Schwämmen auf den Plättchen ein deutlich anderes Benetzungsverhalten vorlag als auf der Schwammoberfläche, so dass die Ergebnisse der Messungen auf den Plättchen nicht verwendet werden konnten.

Für die Schwämme der Firma Vesuvius sowie der Firma Johann Jacob Letschert Sohn konnte kein statischer Kontaktwinkel gemessen werden. Aufgrund der Mikroporosität des Materials saugte dieses das Wasser sofort auf. Es wird daher von einer vollständigen Benetzung mit einem Kontaktwinkel von $\gamma = 0°$ ausgegangen. Die Schwämme aus SiSiC hingegen weisen einen Kontaktwinkel von $\gamma = 21°$ auf, so dass man von einer guten Benetzung sprechen kann, jedoch im Unterschied zu den anderen Schwammtypen keine vollständige Benetzung mehr vorliegt.

Um den Einfluss des Kontaktwinkels γ unabhängig von anderen Einflüssen wie der Offenporigkeit der Schwämme oder Porositätsunterschiede untersuchen zu können, wurden einige der Schwämme aus Aluminiumoxid mit Paraffin beschichtet, um einen deutlich größeren Kontaktwinkel zu erzeugen. Hierbei wurden auch die durch den Precurser verursachten inneren Hohlräume der Schwämme weitgehend verschlossen. Dabei konnte eine gleichmäßige Beschichtung der Schwämme mit Paraffin durch Tauchen und anschließendes Ausblasen mit Druckluft erreicht werden. Der Kontaktwinkel von Wasser auf Paraffin beträgt dabei $\gamma = 89°$, so dass ein deutlicher Unterschied in der Benetzungssituation zu erkennen ist.

2.2 Geometrische Modelle für die Schwammstruktur

In der Literatur sind einige theoretische Modelle basierend auf raumfüllenden geometrischen Strukturen für die Beschreibung von Schwammstrukturen zu finden. Für die meisten dieser theoretischen Modelle existieren auch aus geometrischen Überlegungen abgeleitete Korrelationen, die es erlauben, aus Daten wie Fenster- und Stegdurchmesser sowie Porosität die spezifische Oberfläche vorauszuberechnen. Hierbei sollte stets die äußere Porosität der Schwämme für die Berechnung verwendet werden, da diese für die Struktur die relevante Porosität darstellt. Die Anwendbarkeit dieser Korrelationen wurde zumeist jedoch nur postuliert und nicht mit Messdaten für die spezifische Oberfläche überprüft. Dies ist jedoch ein essentieller Schritt für die Überprüfung der Gültigkeit der in diesem Kapitel aufgestellten Hypothese.

Ein entscheidendes Problem bei der Analyse der in der Literatur zu findenden Modelle ist die zweideutige Verwendung des Begriffs der „Pore", der zum einen auf ein Fenster *(Richardson et al., 2000)*, zum anderen auf eine Zelle schließen lässt *(Giani et al., 2005)*. Die Modelle wurden daher auf die in dieser Arbeit verwendeten Begrifflichkeiten angepasst, soweit dies den Quellen zu entnehmen war.

Das einfachste in der Literatur zu findende Modell basiert auf einer raumfüllenden Anordnung von Würfeln oder Quadern mit zylindrischen Stegen. *Gibson und Ashby (2001)* schlagen hierbei eine versetzte Anordnung von Würfeln vor, deren Kantenlänge dem Zelldurchmesser entspricht. Die spezifische Oberfläche kann dann aus der Porosität und dem Zelldurchmesser abgeleitet werden, da der Stegdurchmesser aus dem für die korrekte Wiedergabe der Porosität notwendigen Feststoffanteil berechnet werden kann. Daher ergibt sich die spezifische Oberfläche nach *Giani et al. (2005)* zu:

$$a_{geo} = \frac{2}{d_Z} \cdot [3 \cdot \pi \cdot (1 - \varepsilon_0)]^{0,5} \qquad\qquad 2.4$$

Der in Gleichung 2.4 verwendete Zelldurchmesser ist mikroskopisch nur schwer zugänglich, da es sich dabei um eine dreidimensional zu betrachtende Kenngröße handelt. Die Berechnung der spezifischen Oberfläche aus dieser Beziehung ist also nur schwer möglich. Besser geeignet sind Modelle, die als mikroskopisches Referenzabmaß den Fenster- oder Stegdurchmesser verwenden.

Aus Überlegungen zum Druckverlust von Schwammstrukturen haben *Richardson et al. (2000)* in Analogie zu Schüttungen das einfache Modell von einheitlich großen, parallelen, zylindrischen Kanälen als Poren gewählt, denen sie den Fensterdurchmesser zuordnet. Hieraus ergibt sich:

$$a_{geo} = \frac{4 \cdot \varepsilon_0}{d_F \cdot (1 - \varepsilon_0)} \qquad\qquad 2.5$$

Diese Korrelation sagt im Gegensatz zu allen anderen hier aufgeführten Korrelationen bei zunehmender Porosität eine Zunahme der Oberfläche voraus. Dies widerspricht den Erkenntnissen der im Folgenden vorgestellten, experimentell bestimmten Oberflächen von Schwämmen verschiedener Porosität aber sonst gleicher geometrischer Parameter.

Das der realen Schwammstruktur von den statistischen Größen ähnlichste Modell ist das bereits 1887 von Lord Kelvin publizierte Modell der abgestumpften Oktaeder, oder auch regulären Tetrakaidekaeder *(Thompson, 1887)*. Mit 14 Seitenflächen und im Mittel 4,9 Kanten pro Seite liegen seine statistischen Größen nahe an den für Schwämme ermittelten Werten von etwa 14 Fenstern pro Zelle und 5,1 Seiten pro Fenster *(Gibson und Ashby, 2001)*. Eine Gleichung für die spezifische Oberfläche dieser Struktur wurde von *Buciuman und Kraushaar-Czarnetzki (2003)* hergeleitet:

$$a_{geo} = 4{,}82 \cdot \frac{1}{d_F + d_{Steg}} \cdot \sqrt{1 - \varepsilon_0} \qquad\qquad 2.6$$

Weaire und Phelan *(Phelan et al., 1995)* gelang es, eine weitere raumfüllende Struktur zu ermitteln, deren Einheitszelle aus zwei unregelmäßigen Dodekaedern und sechs unregelmäßigen Tetrakaidekaedern besteht. Dieses Modell weist im Mittel 13,5 Flächen pro Zelle und 5,1 Kanten pro Fläche auf und kommt daher der realen Schwammstruktur ebenso nahe wie das Kelvin-Modell. In der Literatur konnte keine Korrelation zur Berechnung der spezifischen Oberfläche der Weaire-Phelan-Struktur gefunden werden. Der Vorgehensweise von *Buciuman und Kraushaar-Czarnetzki (2003)* sowie *Fourie und Du Plessis (2002)* folgend wird ein Modell mit zylindrischen Stegen und Kugelknoten entwickelt und eine Korrelation für dessen Oberfläche in Abhängigkeit von Porosität, Fenster- und Stegdurchmesser ermittelt (siehe Anhang A 2):

$$a_{geo} = \frac{8{,}21 \cdot \sqrt{1 - \varepsilon_0} - 1{,}55 \cdot (1 - \varepsilon_0)}{d_F + d_{Steg}} \qquad\qquad 2.7$$

Damit stehen für alle bekannten geometrischen Modelle von Schwammstrukturen auch Korrelationen für die geometrische Oberfläche bereit.[1]

2.3 Bestimmung morphologischer Kenngrößen

Der Fokus der Bestimmung der morphologischen Kenngrößen keramischer Schwämme liegt auf der Bestimmung der geometrischen Oberfläche, da diese als die relevante Größe für den Vergleich mit anderen Kolonneneinbauten angesehen wird. Dies gestaltet sich schwieriger als bei Körpern bekannter Geometrie wie beispielsweise Zylinderringen oder Kugeln, bei denen eine rechnerische Ermittlung der Oberfläche möglich ist. Die messtechnische Bestimmung der Oberfläche bei keramischen Schwämmen ist nur mit bildgebenden Verfahren möglich. Diese können die geometrische Oberfläche wiedergeben ohne Oberflächenrauheit zu berücksichtigen, im Gegensatz zu

---

[1] Das hier dargestellte Modell sowie ein Großteil der in Kapitel 2 präsentierten Ergebnisse wurden publiziert *(Große et al., 2009)*.

anderen Methoden wie beispielsweise der Bestimmung mittels Adsorptionsisothermen (***Buciumann und Kraushaar-Czarnetzki, 2003***). Bildgebende Methoden sind meist sehr aufwändig und kostspielig. Die Bestimmung von Porosität sowie mikroskopischen Kenngrößen wie Fenster- oder Stegdurchmesser ist oft viel leichter zugänglich und mit weniger technischem Aufwand realisierbar. Die durchgeführten Arbeiten sollen auch dazu dienen, die benötigte Kenngröße der spezifischen Oberfläche mit den leicht zugänglichen Daten aus Mikroskopie und Porosimetrie zu verknüpfen und so eine schnelle Ermittlung der benötigten Daten für zukünftige Untersuchungen an neuen Schwämmen zu ermöglichen.

2.3.1 Porosität und mikroskopische Kenngrößen

Die Bestimmung der Porosität keramischer Schwämme muss je nach benötigtem Wert auf unterschiedliche Weise erfolgen. Für die gesamte Porosität ε_{ges} kann eine gravimetrische Messmethode verwendet werden, bei der sowohl mit einem Messschieber die Abmaße des Schwamms für die Berechnung des Gesamtvolumens bestimmt werden als auch aus Feststoffdichte und Masse des Elements das Feststoffvolumen berechnet wird. Die Bestimmung der Feststoffdichte erfolgt mittels Helium-Pyknometrie.

Für die Bestimmung der äußeren Porosität ε_0 wird die Quecksilber-Porosimetrie verwendet. Dabei wird mit dem nicht benetzenden Fluid Quecksilber bei Atmosphärendruck nur der äußere Hohlraum der Probe gefüllt. Kleine Poren in der Feststoffmatrix können erst bei hohem Druck penetriert werden, womit ebenfalls die gesamte Porosität ε_{ges} gemessen werden kann. Aus diesen beiden Größen lässt sich nun die Stegporosität ε_{Steg} berechnen.

Mikroskopisch wurden Fensterdurchmesser d_F und Stegdurchmesser d_{Steg} bestimmt. Hierbei muss lediglich beachtet werden, dass nur Fenster und Stege vermessen werden, die sich in einer zur Betrachtungsebene parallelen Ebene befinden und daher vollständig fokussiert werden können. Aufgrund der breiten Verteilung der geometrischen Größen muss eine signifikante Anzahl an Fenstern und Stegen mikroskopiert werden (in dieser Arbeit je etwa 30), um einen verlässlichen arithmetischen Mittelwert zu erhalten.

Generell sollten Schwämme isotrope Strukturen besitzen, bei denen keine Längung der Zellen und somit keine Vorzugsrichtung der Struktur zu beobachten ist. Aufgrund des Herstellungsprozesses und der Eigenschaften des Polymer-Precurser kann jedoch häufig eine solche Verformung der Zellen zu Ellipsen beobachtet werden, siehe auch ***Incera Garrido und Kraushaar-Czarnetzki (2010)***. Dieser Tatsache muss bei der Bestimmung der mikroskopischen Daten Rechnung getragen werden. Es wurde daher eine nach der

Zellorientierung ausgerichtete Bestimmung der Fensterdurchmesser durchgeführt, um einen repräsentativen Mittelwert für den Fensterdurchmesser zu erhalten. Dazu wurden für jedes verformte Fenster ein kurzer und ein langer Fensterdurchmesser bestimmt. Diese Bestimmung erfolgte für jedes gegenüberliegende Seitenpaar einer zylindrisch zugesägten Probe separat, so dass im Ganzen sechs mittlere Fensterdurchmesser bestimmt wurden. Je zwei davon sind derselben Raumrichtung zuzuordnen, so dass man einen langen, einen mittleren und einen kurzen Fensterdurchmesser erhält. Der repräsentative mittlere Fensterdurchmesser ist nun das arithmetische Mittel dieser drei Fensterdurchmesser.

Eine Übersicht der für die in dieser Arbeit verwendeten Schwammtypen ermittelten mikroskopischen Daten und Porositäten ist im Anhang A 1 zusammengestellt.

2.3.2 Bestimmung der geometrischen Oberfläche

Zur Bestimmung der geometrischen Oberfläche wird auf ein bildgebendes Verfahren zurückgegriffen, das die Aufnahme eines Volumenbilds der Struktur ermöglicht[2]. Aus diesem Volumenbild kann auf verschiedene Arten die spezifische Oberfläche berechnet werden. Hierzu muss in jedem Fall zuerst ein Schwellwert gesetzt werden, der den Signalwert der Feststoffstruktur von dem des Hohlraums unterscheidet. Danach kann aus dem so erhaltenen Volumenbild die spezifische Oberfläche durch Triangulierung oder Beziehungen der stochastischen Geometrie ermittelt werden.

Das in der Literatur am weitesten verbreitete Verfahren zur Bestimmung des Volumenbilds ist die Computer-Tomographie mittels Röntgenstrahlung (***Vicente et al., 2006; Dillard et al., 2005; Zeschky et al., 2005; Maire et al., 2007; De Sousa et al., 2008***). Die Bestimmung der spezifischen Oberfläche aus dem Volumenbild wird dabei nur von Vicente et al. durchgeführt, die anderen Autoren verwenden die bildgebende Methode zur Bestimmung von Zell- und Stegdurchmesser, Porosität und Porositätsgradienten oder Tortuositäten.

In dieser Arbeit wurde, wenn möglich, die Magnetresonanztomographie (MRT) eingesetzt, die auf der Detektion des Kernspins (Eigendrehimpuls) von z.B. ^{1}H-Atomen in einem äußeren Magnetfeld beruht. Die Grundlage der MRT bildet die Tatsache, dass sich die aus den Kernspins der Atome eines Volumenelements der Probe resultierende Netto-Kernmagnetisierung des Volumenelements in einem äußeren Magnetfeld orientiert. Sie kann durch das

---

[2] Die hier präsentierte Messmethode und ihre Validierung wurden publiziert (***Große et al., 2008***).

Anlegen eines Wechselfeldes im Radiofrequenzbereich aus ihrer Gleichgewichtsposition ausgelenkt werden. Infolge dieser Auslenkung beginnt eine Präzessionsbewegung mit einer Winkelgeschwindigkeit proportional zum äußeren Magnetfeld. Diese Präzessionsbewegung kann mit einer Empfängerspule gemessen werden. Die Ortsauflösung wird durch den Einsatz weiterer Magnetfelder, sogenannter Gradienten, erreicht, die eine Abhängigkeit der Präzessionsfrequenz und –phase vom Ort erzeugen. Mittels Fourier-Transformation kann das so aufgenommene Signal im Anschluss in die örtliche Dichteverteilung der Spins zurückgerechnet werden. Durch die Verwendung sogenannter Spin-Echo-Techniken kann die Effektivität der Messmethode noch erhöht werden. Eine Zusammenfassung der für die Anwendung in Ingenieurwissenschaften relevanten Grundlagen der Kernspintomographie kann bei *Hardy (2006)* nachgelesen werden.

Die Vorgehensweise bei der Bestimmung der MRT-Volumenbilder von Schwämmen erfordert zunächst, diese blasenfrei mit entgastem Wasser zu füllen, so dass ein Negativ-Bild der Struktur aufgenommen werden kann. Detektiert wird dabei die Spindichteverteilung der ^{1}H-Atome des Wassers. Zur Beschleunigung der Messung wird Kupfersulfat in der Konzentration von etwa $c_{CuSO_4} = 1\text{g/l}$ zugesetzt, ein in der MRT für nicht-klinische Anwendungen gängiges Kontrastmittel, da die Kupferionen die Relaxation der Kernspins beschleunigen. Die gewählte Messmethode ist ein Spinecho mit beschleunigter Akquisition und verstärkter Relaxation (RARE, rapid acquisition with relaxation enhancement). Diese erlaubt die Bestimmung eines Volumenbildes mit 256^3 Voxel in etwa 2h 45min.

Die so erhaltenen Bilder werden zunächst mit der kommerziell erhältlichen, Matrizen verarbeitenden Software Matlab bearbeitet. Aus der Signalintensitätsverteilung wird ein Schwellwert bestimmt, der zur Unterscheidung von Hohlraum (Wasser, hohe Signalintensität) und Feststoffstruktur (Keramik, niedrige Signalintensität) dient. Die so binarisierten Bilder müssen von verbliebenem Rauschen befreit werden. Anschließend werden mit einem Algorithmus die inneren Hohlräume der Feststoffstruktur gefüllt, so dass bei der Bestimmung der Oberfläche nur die äußere Oberfläche der Stege berücksichtigt wird. Von der gefüllten Struktur wird überdies zur Kontrolle die Porosität bestimmt, die mit der aus Quecksilber-Porosimetrie-Messungen bekannten äußeren Porosität übereinstimmen sollte.

Die Bestimmung der Oberfläche erfolgt mittels einer von *Ohser und Mücklich (2000)* dokumentierten und in einen direkt verwendbaren Algorithmus übersetzten Methode, die auf einer sogenannten *Crofton-Formel* basiert. Dabei werden Intersektionen von Geraden mit der Phasengrenzfläche in verschiedene Raumrichtungen gezählt und über die Einheitskugel gemittelt. Detaillierte Angaben zur Messmethode und zur Auswertung sind im Anhang A 4 zusammengestellt.

Zur Validierung der mit dieser Methode ermittelten Oberfläche wurde für einzelne Proben die Oberfläche zusätzlich aus den Dreiecken einer Oberflächentriangulierung in Zusammenarbeit mit Dr. Jérôme Vicente, IUSTI, Université de Provence, Marseille, bestimmt. Hierbei konnte keine über die Messungenauigkeit hinausgehende Abweichung zwischen den mit beiden Methoden bestimmten Oberflächen festgestellt werden.

Für die Messung der Schwämme aus Silicium-infiltriertem Siliciumcarbid kann die MRT nicht eingesetzt werden, da hier aufgrund der elektrischen Leitfähigkeit des Materials kein Signal aus dem Inneren der Probe empfangen werden kann. Daher wurden diese Proben mittels Röntgencomputertomographie untersucht. Diese Methode basiert auf der Abschwächung von Röntgenstrahlung bei der Durchstrahlung in Abhängigkeit der Dichte des durchstrahlten Materials. Die erhaltenen Bilder zeigen Regionen starker Absorption (Feststoff) und Regionen schwacher Absorption (Hohlraum). Die anschließende Verarbeitung der Bilder zur Bestimmung der spezifischen Oberfläche erfolgt analog zu den mit MRT aufgenommenen Bildern. Alle für diese Arbeit ermittelten Oberflächen sind in Anhang A 1 zu finden.

2.3.3 Geometrische Oberfläche als Funktion von Porosität und mikroskopischen Abmaßen

Aus den gewonnenen mikroskopischen Abmaßen und Porositäten wird die spezifische Oberfläche mittels der in Kapitel 2.2 dargestellten Korrelationen berechnet. Der Zelldurchmesser für das Modell von Gibson und Ashby (Gleichung 2.4) wird dabei nach Gleichung 2.8 berechnet:

$$d_Z = \frac{2}{\sqrt{\pi}} \cdot (d_F + d_{Steg}) \qquad\qquad 2.8$$

Dabei wird die Summe aus Fenster- und Stegdurchmesser gleich dem Durchmesser eines Kreises gesetzt, dessen Fläche der Seitenfläche eines Würfels mit dem Zelldurchmesser als Kantenlänge entspricht. Eine Zusammenstellung aller berechneten Werte findet sich im Anhang A 1.

Hierbei kann keine gute Übereinstimmung der berechneten Oberflächen mit der tomographisch gemessenen Oberfläche festgestellt werden. Dies wird in der Auftragung in den Vergleichsdiagrammen in Abb. 2.3 ersichtlich. In dieser Auftragung wurden sowohl die Messdaten für die in dieser Arbeit verwendeten Schwammtypen als auch jene für die in *Große et al. (2009)*

vorgestellten Schwammtypen aus verschiedenen Teilprojekten der Forschergruppe verwendet. Das Modell nach Richardson (Gleichung 2.5) führt dabei zu einer deutlichen Überschätzung der spezifischen Oberfläche um mehr als eine Größenordnung. Von den anderen Modellen ist lediglich das Modell von Kelvin in der Lage, die Messwerte in einer ersten Näherung verlässlich wiederzugeben. Dabei misst dieses Modell dem Einfluss der Porosität einen zu großen Stellenwert zu.

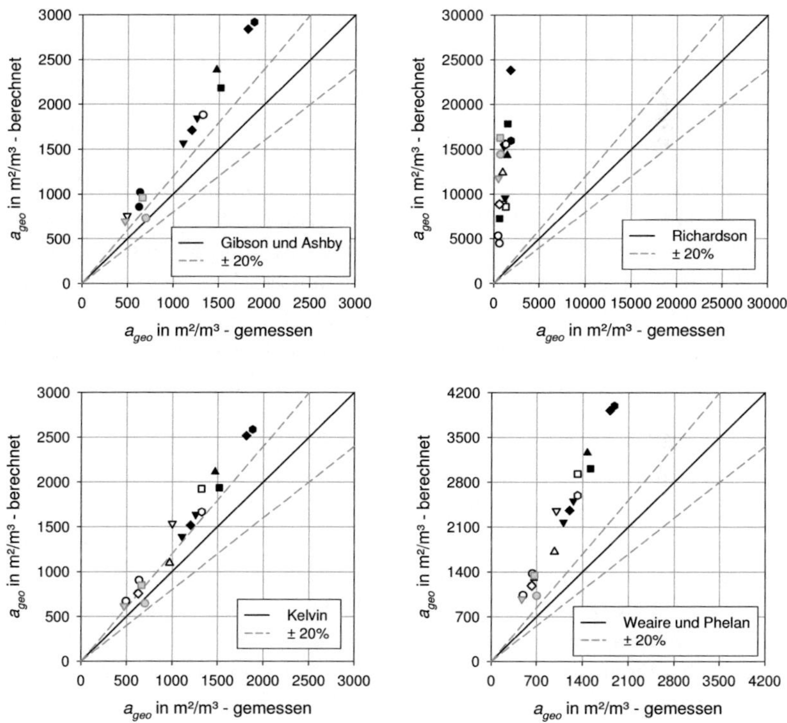

Abb. 2.3: *Vergleichsdiagramme für die aus der Literatur entnommenen Modelle zur Berechnung der spezifischen geometrischen Oberfläche im Vergleich zu den mittels Kernspintomographie ermittelten Daten. Schwarz: Daten aus* **Große et al. (2009)**, *weiß: Aluminiumoxid und OBSiC, grau: Silikat und SiSiC. Man beachte die unterschiedlichen Skalierungen der Achsen.*

Generell besteht bei geometrischen Modellen basierend auf einer raumfüllenden Anordnung von Körpern das Problem, dass diese – wie Modelle im Allgemeinen – meist nur einen Aspekt der Schwämme gut wiedergeben können. Die Schwammstruktur selbst entsteht in der Herstellung aus Blasen im Polymer, die sich nebeneinander anordnen und verformen. Damit unterscheidet sie sich grundlegend von den regelmäßigen geometrischen Körpern, auf denen die Modelle basieren. So können beispielsweise die Durchschnittswerte für die Anzahl Seiten pro Fenster durch ein Modell gut wiedergegeben werden, die Oberfläche jedoch nicht.

Die in der Literatur vorhandenen geometrischen Modelle sind also nicht in der Lage, die spezifische Oberfläche korrekt wiederzugeben. Somit wurde die Hypothese, dass sich Schwämme mit raumfüllenden geometrischen Modellen ohne Anpassung beschreiben lassen, zunächst falsifiziert. Die Hypothese wird daher dahingehend modifiziert, dass sich die spezifische Oberfläche der Schwämme mittels einer an Messdaten angepassten Korrelation auf Basis dieser raumfüllenden Modelle aus geometrischen Körpern durch Bestimmung von Porosität, Fenster- und Stegdurchmesser vorausberechnen lässt. Ziel sollte es dabei sein, die Abhängigkeit der spezifischen Oberfläche von der Porosität und den mikroskopischen Abmaßen aus den Modellen zu erhalten und nur die aus den geometrischen Verhältnissen der Körper abgeleiteten Koeffizienten zu verändern.

Im Folgenden wurden daher mittels einer Fehlerquadratminimierung für jedes Modell die Koeffizienten an die gemessenen Daten angepasst. Es kamen die Daten für Aluminiumoxid-Schwämme aus verschiedenen Projekten der Forschergruppe zum Einsatz, die einen breiten Bereich von Schwammgrößen, Porositäten und Porenzahlen abdeckten. Dabei kann die neu entwickelte Korrelation nach Weaire und Phelan (Gleichung 2.7) den Einfluss der Porosität als einzige zufriedenstellend wiedergeben. Bei allen anderen Modellen muss für eine gute Wiedergabe der gemessenen Werte auch eine Anpassung der Abhängigkeiten von der Porosität und zum Teil auch von den mikroskopischen Abmaßen vorgenommen werden. Die an die Messdaten für Oberfläche, äußere Porosität sowie Fenster- und Stegdurchmesser angepasste Korrelation ergibt sich dabei zu:

$$a_{geo} = \frac{4{,}84 \cdot \sqrt{1 - \varepsilon_0} - 2{,}64 \cdot (1 - \varepsilon_0)}{d_F + d_{Steg}} \qquad 2.9$$

Die aus dieser Korrelation berechneten Werte für die einzelnen Schwämme sind in Abb. 2.4 veranschaulicht. Für die Darstellung des Modells als Geraden mit konstanter äußerer Porosität wurde angenommen, dass die äußere Porosität ε_0 um 0,05 kleiner ist als die nominelle Porosität ε_N der Schwämme. Diese Annahme dient der besseren Veranschaulichung im Diagramm, da so die Korrelation für eine nominelle Porosität zur Ursprungsgeraden wird. Es ist zu erkennen, dass die Porosität einen eher geringen Einfluss auf die spezifische Oberfläche hat, da sich die drei Geraden in ihrer Lage nur wenig unterscheiden.

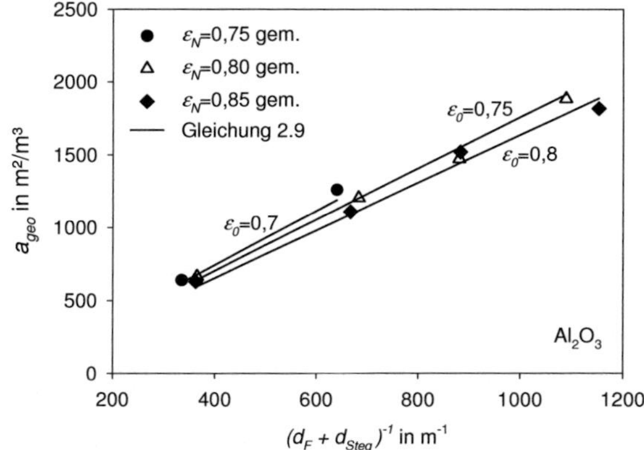

*Abb. 2.4: Gemessene und mittels Gleichung 2.9 berechnete geometrische Oberfläche verschiedener Aluminiumoxid-Schwämme als Funktion der inversen Summe aus Fenster- und Stegdurchmesser (**Große et al., 2009**). Geraden unter der Annahme einer gegenüber der angegebenen nominellen Porosität um 0,05 erniedrigten äußeren Porosität.*

Die Übertragung der angepassten Korrelation auf alle weiteren gemessenen Daten lieferte ein sehr zufriedenstellendes Ergebnis. Die hierbei erhaltenen Daten sind zusammen mit den für die Anpassung verwendeten Daten (schwarze Symbole) in Abb. 2.5 mit der Korrelation nach Gleichung 2.9 in einem Vergleichsdiagramm aufgetragen. Es ist deutlich zu erkennen, dass auch die nicht zur Anpassung verwendeten Daten eine ähnlich gute Übereinstimmung mit der Korrelation liefern wie die zur Anpassung verwendeten Daten. Generell werden die Daten mit weniger als ±20% Abweichung wiedergegeben, außer für den Silikatschwamm, der eine größere Abweichung aufweist.

Kritisch war bei dieser Anpassung die Ermittlung der mikroskopischen Schwammabmaße, die für die Korrelation benötigt werden. Erst nach der getrennten Ermittlung der Fensterdurchmesser für die einzelnen Raumrichtungen gelang eine Anpassung der Daten mit der gezeigten geringen Abweichung. Die Berücksichtigung der Anisotropie der Schwammstrukturen ist also ein entscheidender Schritt bei der morphologischen Charakterisierung keramischer Schwämme.

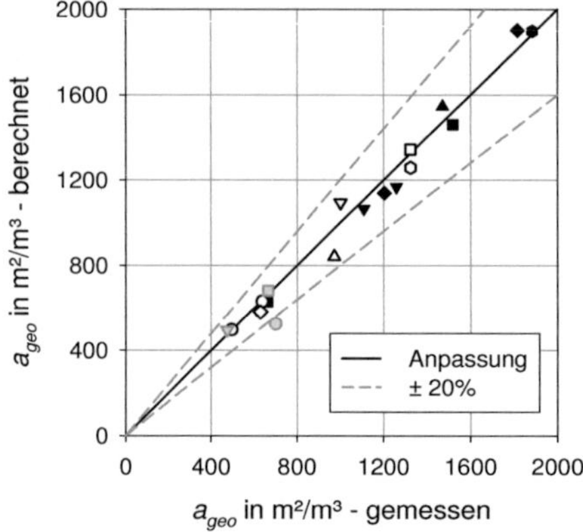

Abb. 2.5: Vergleichsdiagramm der ermittelten Korrelation (Gleichung 2.9) mit den Messdaten, an die diese angepasst wurde (schwarze Symbole, vgl. Abb. 2.4), und später für weitere Schwämme bestimmte Messdaten (weiß: Al_2O_3 und OBSiC, grau: Silikat und SiSiC) für die spezifische Oberfläche.

Die modifizierte Hypothese, dass sich keramische Schwämme mit in den konstanten Koeffizienten angepassten Modellen basierend auf einer raumfüllenden Anordnung von geometrischen Körpern beschreiben lassen, wurde folglich verifiziert.

2.3.4 Neuere Arbeiten aus der Literatur

Nach Fertigstellung der eigenen Arbeiten zur Morphologie der Schwämme wurden zwei weitere Modellansätze für die Bestimmung der spezifischen Oberfläche von anderen Gruppen publiziert. ***Huu et al. (2009)*** stützen sich für ihre Modellierung der Schwammgeometrie auf pentagonale Dodekaeder. Der Nachteil dieser Struktur ist, dass sie sich nicht raumfüllend packen lässt. Dennoch kann diese Struktur nach Meinung der Autoren für die Modellierung verwendet werden, da sich die Dodekaeder durch verdickte Stege trotzdem raumfüllend packen ließen und außerdem durch eine geringfügige Modifikation dieser Geometrie, bei der nur wenige Flächen zu Vier- oder Sechsecken variiert würden, auch eine echt raumfüllende Anordnung erreicht werden könne. Daher entspräche dieses Modell in seinen statistischen Merkmalen, wie beispielsweise der Seitenanzahl der Fenster, eher der realen Schwammstruktur als alle anderen in der Literatur zu findenden Modelle.

Die Autoren leiten daher für verschiedene Varianten dieser Geometrie Gleichungen für die einzelnen geometrischen Größen her. Dabei werden sowohl sogenannte schlanke Dodekaeder, die der idealen Geometrie entsprechen, als auch sogenannte fette Dodekaeder betrachtet, bei denen es an den Knoten zu Materialanhäufungen kommt. Zusätzlich werden sowohl Stege mit zylindrischer als auch Stege mit triangulärem Querschnitt betrachtet. Für jede der vier möglichen Kombinationen ist ein Satz an Gleichungen iterativ zu lösen, um die spezifische Oberfläche zu bestimmen. Die Korrelationen sind im Vergleich zu den anderen hier aufgeführten Gleichungen deutlich komplizierter und erlauben keine einfache Vorhersage der Abhängigkeit von den geometrischen Größen. Eine Auflistung der zu lösenden Gleichungen ist im Anhang A 3 zusammengestellt.

Inayat et al. (2011) verwenden zur Beschreibung der Struktur wiederum das Kelvin-Modell basierend auf der Arbeit von ***Richardson et al. (2000)***, jedoch mit anderen Ansätzen für die Stegstruktur. Der für Porositäten von $\varepsilon_0 < 90\%$ am besten geeignete Ansatz basiert auf zylindrischen Stegen. Die spezifische Oberfläche wird dabei durch Gleichung 2.10 wiedergegeben. Der Stegdurchmesser wird als Funktion der Porosität und des Fensterdurchmessers bereits in das Modell eingebracht und muss nicht mehr mikroskopisch bestimmt werden. Als repräsentatives Abmaß wurde alleine der Fensterdurchmesser gewählt. In dem in dieser Arbeit aufgestellten Modell für die Weaire-Phelan-Struktur fiel die Wahl auf die Summe aus Fenster- und Stegdurchmesser. Beide Vorgehensweisen stellen dabei äquivalente Möglichkeiten zur Beschreibung der Struktur dar. Bei der Summe aus Fenster- und Stegdurchmesser haben Schwämme unterschiedlicher Porosität aber gleicher Porenzahl das gleiche repräsentative Abmaß. Daher wurde in der eigenen Ableitung diese Vorgehensweise bevorzugt.

$$a_{geo} = \frac{4{,}867 \cdot \left[\sqrt{1 - \varepsilon_0} - 0{,}971 \cdot (1 - \varepsilon_0)\right]}{d_F} \qquad 2.10$$

Beide in diesem Abschnitt vorgestellten Modelle für die spezifische Oberfläche wurden auf ihre Anwendbarkeit für die in dieser Arbeit verwendeten Schwämme überprüft. Die zugehörigen Vergleichsdiagramme sind in Abb. 2.6 aufgetragen. Das Modell nach Huu et al. ist dabei in keiner der angegebenen Varianten in der Lage, die Daten mit der Genauigkeit des zuvor aufgestellten Modells wiederzugeben. Das Modell nach Inayat et al. hingegen ähnelt schon in der Abhängigkeit von der Porosität dem zuvor angepassten

Modell und ist daher recht gut in der Lage, die ermittelten Daten mit ±20% Abweichung wiederzugeben. Hierbei wurde keine Anpassung der konstanten Koeffizienten vorgenommen. Betrachtet man den Wert der Fehlerquadratsumme für die verwendeten Schwämme so ist diese jedoch größer als die für die angepasste Korrelation nach Gleichung 2.9. Das Modell nach Inayat et al. stellt somit eine neuere, prädiktive Alternative zu dem in dieser Arbeit entwickelten und an Messdaten angepassten Modell dar.

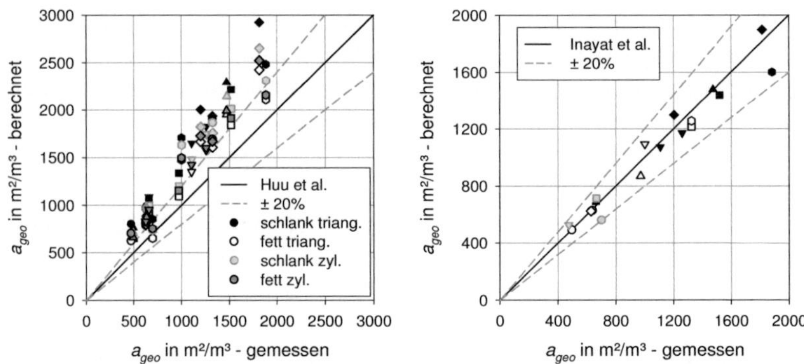

Abb. 2.6: Vergleichsdiagramm für die Korrelation nach Huu et al. (links) mit den vier Varianten aus schlanken und fettem Dodekaeder sowie zylindrischen oder triangulären Stegen sowie für Inayat et al. (rechts) für alle untersuchten Schwammtypen.

3 Fluiddynamik keramischer Schwämme als Kolonneneinbauten

Voraussetzung für den Einsatz keramischer Schwämme in thermischen Trennkolonnen ist, dass sich ihre fluiddynamischen Eigenschaften nicht wesentlich von denen anderer, herkömmlicher Kolonneneinbauten unterscheiden. Ist dies der Fall, so sollten bereits in der Literatur vorhandene Korrelationen in der Lage sein, die fluiddynamisch relevanten Parameter vorherzusagen. Es lässt sich also die Hypothese formulieren, dass sich keramische Schwämme mit für herkömmliche Kolonneneinbauten entwickelten Korrelationen in ihrem fluiddynamischen Verhalten beschreiben lassen.

Der erste Schritt zur Überprüfung dieser Hypothese ist die Bestimmung der fluiddynamischen Betriebsparameter Flüssigkeitsinhalt, Druckverlust und Betriebsbereich, die im Allgemeinen zur Auslegung einer Kolonnenpackung herangezogen werden. Diese grundlegenden Parameter beschreiben auch die generelle Eignung und den Einsatzbereich des Einbaus und geben Aufschluss über die denkbaren Anwendungsgebiete. Der zweite Schritt umfasst dann den Vergleich mit in der Literatur dokumentierten Korrelationen für herkömmliche Kolonneneinbauten. Ziel sollte es hierbei sein, der bereits großen Anzahl an etablierten Korrelationen keine weitere hinzufügen zu müssen, um das Verhalten der Schwämme hinreichend zu beschreiben.

Ein weiterer in dieser Arbeit beleuchteter Aspekt ist die Verweilzeitverteilung der Flüssigkeit. Diese gibt Aufschluss über den Anteil an Totflüssigkeit innerhalb der Packung und trägt damit zum besseren Verständnis der Flüssigkeits-Strömungsform bei.

3.1 Fluiddynamik von Packungen und Schüttungen

Die Fluiddynamik von trennwirksamen Kolonneneinbauten ist seit den Anfängen der Verfahrenstechnik eines der Kerngebiete der Forschung. Daher existiert eine Vielzahl von Arbeiten, die sich mit der Bestimmung von Flüssigkeitsinhalt, Druckverlust und Betriebsbereich der verschiedensten Einbautypen wie Packungen, Schüttungen oder Monolithen beschäftigt. Hier sei im folgenden Abschnitt nur eine Auswahl dieser Arbeiten präsentiert.

Der Flüssigkeitsinhalt einer Packung ist dabei als der mit Flüssigkeit gefüllte Volumenanteil definiert (Gleichung 3.1) und wird in einen statischen und einen dynamischen Anteil unterteilt. Der statische Flüssigkeitsinhalt einer

Packung wird auch nach Abtropfen der im Betrieb vorhandenen Flüssigkeit durch Haftkräfte und Kapillarkräfte in der Packung gehalten. Der dynamische Anteil entspricht dem zusätzlich im Betrieb vorhandenen Flüssigkeitsinhalt, der die Packung als Film oder in Rinnsalen durchströmt, so dass sich der gesamte Flüssigkeitsinhalt im Betrieb aus statischem und dynamischem Anteil zusammensetzt.

$$h_L = \frac{V_L}{V_{ges}} = h_{stat} + h_{dyn} \qquad\qquad 3.1$$

Der Betriebsbereich einer Packung gibt dabei die mit dieser Packung im Betrieb realisierbaren Kombinationen an Gas- und Flüssigkeits-Durchsätzen wieder. Ab einem gewissen Gasdurchsatz, dem sogenannten Staupunkt, ist meist ein Aufstauen der Flüssigkeit in der Packung durch den Gasgegenstrom zu beobachten. Hierbei ist der Betrieb der Packung aber noch möglich. Bei weiterer Steigerung des Gasgegenstroms wird der Flutpunkt erreicht und der Betrieb der Packung ist nicht mehr möglich.

Der Druckverlust eines Kolonneneinbaus stellt neben der Trennleistung und dem Betriebsbereich die dritte Schlüsselgröße bei der Auslegung von Kolonnen dar. Hierbei kann man zum einen den trockenen Druckverlust einer Packung in der einphasigen Durchströmung bestimmen, zum anderen den feuchten Druckverlust bei einer mehrphasigen Durchströmung.

3.1.1 Stand des Wissens für herkömmliche Kolonneneinbauten

In der Literatur finden sich zahlreiche Arbeiten zur Beschreibung der Fluiddynamik von Kolonneneinbauten. Viele Autoren entwickeln dabei eigene Korrelationen zur Vorausberechnung des Flüssigkeitsinhaltes. Im Allgemeinen wird der Flüssigkeitsinhalt im Betrieb nicht getrennt nach Haftflüssigkeitsinhalt und dynamischem Flüssigkeitsinhalt betrachtet, oft wird von einer Vernachlässigbarkeit des statischen gegenüber dem dynamischen Flüssigkeitsinhalt ausgegangen oder nur der gesamte Flüssigkeitsinhalt der Packung im Betrieb bestimmt.

Eine Auswahl an Korrelationen, die in den letzten 20 Jahren publiziert und auf einer breiten Datenbasis entwickelt wurden, soll im Folgenden näher vorgestellt werden. Dabei werden nur die Gleichungen für die in dieser Arbeit relevanten Betriebsbereiche diskutiert. Frühere Arbeiten berücksichtigen die erst in den neunziger Jahren des zwanzigsten Jahrhunderts entwickelten neuen Typen strukturierter Packungen mit höheren spezifischen Oberflächen noch nicht *(Maćkowiak, 2003)*, weshalb sie für den Vergleich mit keramischen Schwammstrukturen nicht herangezogen werden. Dennoch wurden viele der älteren Ansätze überarbeitet und bilden somit die Grundlage für die in dieser Arbeit vorgestellten Korrelationen.

Generell lassen sich drei Typen von Korrelationen unterscheiden. Bei den ersten beiden wird zunächst der Flüssigkeitsinhalt ohne Gasgegenstrom berechnet. Für den ersten Typ wird anschließend der Flüssigkeitsinhalt am Flutpunkt berechnet und das Verhältnis aus aktueller Gasgeschwindigkeit und Gasgeschwindigkeit am Flutpunkt zur Interpolation verwendet. Beim zweiten Typ wird der gemessene oder vorausberechnete feuchte Druckverlust für die Berechnung des Flüssigkeitsinhalts mit Gasgegenstrom verwendet. Der dritte Typ basiert auf einer theoretischen Ableitung aus der Strömungsmechanik.

Allen Korrelationen ist gemein, dass sie den Kehrwert der spezifischen Oberfläche des Einbaus als charakteristische Länge in dimensionslosen Kenngrößen und Korrelationen verwenden (Gleichung 3.2). In einem Fall wird aufgrund der Analogie zu durchströmten Rohren ein hydraulischer Durchmesser benötigt. Hier wird auf die von ***Dietrich et al. (2009)*** hergeleitete Beziehung (Gleichung 3.3) zurückgegriffen.

$$L_{char} = 1/a_{geo} \qquad\qquad 3.2$$

$$d_h = 4 \cdot \frac{\varepsilon_0}{a_{geo}} \qquad\qquad 3.3$$

Zu den Korrelationen vom ersten Typ zählt das neu überarbeitete Modell von ***Maćkowiak (2003)***, das auf theoretischen Ansätzen beruht (Tropfen-Schwebebett-Modell für den Flüssigkeitsinhalt und Widerstandsgesetz für den Druckverlust) und an einer großen Anzahl experimenteller Daten für verschiedenste Packungen und Schüttungen überprüft wurde. Maćkowiak sagt dabei auch den Flutpunkt der Einbauten voraus. Die Gültigkeitsgrenzen der Korrelationen sind für diese Arbeit erfüllt.

Für den Flüssigkeitsbelastungsbereich mit $Re_L \geq 2$ errechnet er für verschiedene Stoffsysteme den Flüssigkeitsinhalt unterhalb des Staupunkts nach Gleichung 3.4. Der Staupunkt wird für einen Wert von $u_G = 0{,}65 \cdot u_{G,Fl}$ vorhergesagt. Der am Flutpunkt erreichte Flüssigkeitsinhalt berechnet sich für $u_L/u_{G,Fl} < 0{,}03$ nach Gleichung 3.5. Für den Bereich zwischen Stau- und Flutpunkt erfolgt eine Interpolation gemäß Gleichung 3.6. Die Gasgeschwindigkeit am Flutpunkt wird mit Gleichung 3.7 vorhergesagt. Der dabei verwendete Tropfendurchmesser wird nach Gleichung 3.8 berechnet.

$$h_{L,0} = 0{,}57 \cdot Fr_L^{1/3} \qquad\qquad 3.4$$

$$h_{L,Fl} = \frac{\sqrt{1{,}44 \cdot \left(\dfrac{u_L}{u_{G,Fl}}\right)^2 + 0{,}8 \cdot \dfrac{u_L}{u_{G,Fl}} \cdot \left(1 - \dfrac{u_L}{u_{G,Fl}}\right) - 1{,}2 \cdot \dfrac{u_L}{u_{G,Fl}}}}{0{,}4 \cdot \left(1 - \dfrac{u_L}{u_{G,Fl}}\right)} \qquad 3.5$$

$$h_L = h_{L,Fl} - \left(h_{L,Fl} - h_{L,0}\right) \cdot \sqrt{1 - \left(\frac{\dfrac{u_G}{u_{G,Fl}} - 0{,}65}{0{,}35}\right)^2} \qquad 3.6$$

$$u_{G,Fl} = 0{,}8 \cdot \cos\varphi \cdot \varepsilon_0^{\,1{,}2} \cdot \xi_{Fl}^{-1/6} \cdot \left(\frac{d_T \cdot (\rho_L - \rho_G) \cdot g}{\rho_G}\right)^{0{,}5}$$
$$\cdot \left(\frac{4 \cdot \varepsilon_0}{a_{geo} \cdot d_T}\right)^{0{,}25} \cdot \left(1 - h_{L,Fl}\right)^{3{,}5} \qquad 3.7$$

$$d_T = \sqrt{\frac{\sigma_L}{(\rho_L - \rho_G) \cdot g}} \qquad 3.8$$

Zur Anwendung dieses Modells muss der Widerstandsbeiwert ξ_{Fl} der Packung in einphasiger Strömung am Flutpunkt bekannt sein. Der Widerstandsbeiwert lässt sich für Packungen aus Messungen des trockenen Druckverlustes als Funktion der Gasgeschwindigkeit bestimmen (Gleichung 3.9). Der feuchte Druckverlust wird für $Re_L \geq 2$ nach Gleichung 3.10 berechnet, wobei unterhalb des Staupunkts der Parameter $C_{B,0}$, zwischen Stau- und Flutpunkt der Parameter C_B und am Flutpunkt der Parameter $C_{B,Fl}$ verwendet wird (Gleichung 3.11). Somit ist mit diesem Modell eine Vorhersage aller fluiddynamischen Packungseigenschaften mit nur einem packungsspezifischen Parameter, dem Reibungsbeiwert des trockenen Druckverlustes, möglich.

$$\frac{\Delta p_{tr}}{L} = \frac{\xi(u_G)}{6} \cdot \frac{a_{geo}}{\varepsilon_0^3} \cdot F^2 \qquad 3.9$$

$$\frac{\Delta p}{L} = \frac{\xi(u_G)}{6} \cdot \frac{a_{geo}}{\varepsilon_0^3} \cdot F^2 \cdot \left(1 - \frac{C_B}{\varepsilon_0} \cdot a_{geo}^{1/3} \cdot u_L^{2/3}\right)^{-5} \qquad 3.10$$

$$C_{B,Fl} = 0{,}407 \cdot \left(\frac{u_{L,Fl}}{u_{G,Fl}}\right)^{-0{,}16} \mathrm{s}^{2/3}\mathrm{m}^{-1/3}$$

$$C_{B,0} = 0{,}4 \ \mathrm{s}^{2/3}\mathrm{m}^{-1/3} \qquad\qquad 3.11$$

$$C_B = C_{B,Fl} - \left(C_{B,Fl} - C_{B,0}\right) \cdot \left[1 - \left(\frac{F/F_{Fl} - 0{,}65}{0{,}35}\right)^{6/5}\right]^{5/6}$$

Eine weitere Korrelation, die die Interpolation mittels des Verhältnisses der aktuellen Gasgeschwindigkeit zur Gasgeschwindigkeit am Flutpunkt vornimmt, ist das seit langem etablierte und immer wieder überarbeitete Modell von **Billet und Schultes (1999)**. Die Form mit den hier dargestellten Gleichungen wurde entwickelt für Flüssigkeitsbelastungen mit $Re_L \geq 5$. Gleichung 3.12 beschreibt den Flüssigkeitsinhalt ohne Gasgegenstrom. Dabei stellt C_h eine packungsspezifische Konstante dar. Für den Flutpunkt wird der Flüssigkeitsinhalt nach Gleichung 3.13 berechnet. Die Interpolation erfolgt dann direkt über die relative Gasgeschwindigkeit in der dreizehnten Potenz (Gleichung 3.14).

$$h_{L,0} = \left(\frac{12}{g} \cdot \nu_L \cdot u_L \cdot a_{geo}^2\right)^{1/3} \cdot \left(0{,}85 \cdot C_h \cdot Re_L^{0{,}25} \cdot Fr_L^{0{,}1}\right)^{2/3} \qquad 3.12$$

$$h_{L,Fl} = 2{,}2 \cdot h_{L,0} \left(\frac{\nu_L}{\nu_{H_2O}}\right)^{0{,}05} \qquad\qquad 3.13$$

$$h_L = h_{L,0} + \left(h_{L,Fl} - h_{L,0}\right) \cdot \left(\frac{u_G}{u_{G,Fl}}\right)^{13} \qquad\qquad 3.14$$

Die Beschreibung des trockenen Druckverlustes (Gleichung 3.15) stimmt bis auf den konstanten Faktor $C_K/3$ (Gleichung 3.16) mit der von Maćkowiak überein (Gleichung 3.9). Für den Reibungsbeiwert des trockenen Druckverlustes gilt die Beziehung aus Gleichung 3.17 unter Verwendung der packungsspezifischen Konstante C_{tr}. Für die Modellierung des feuchten Druckverlustes wird die Verminderung des Hohlraumvolumens durch den Flüssigkeitsinhalt nach Gleichung 3.18 berücksichtigt.

$$\frac{\Delta p_{tr}}{L} = \frac{\xi(u_G)}{2} \cdot \frac{1}{C_K} \cdot \frac{a_{geo}}{\varepsilon_0^3} \cdot F^2 \qquad\qquad 3.15$$

$$\frac{1}{C_K} = 1 + \frac{4}{a_{geo} \cdot d_K} \tag{3.16}$$

$$\xi(u_G) = C_{tr} \cdot \left(\frac{64}{Re_G \cdot 6 \cdot (1 - \varepsilon_0) \cdot C_K} + \frac{1{,}8}{(Re_G \cdot 6 \cdot (1 - \varepsilon_0) \cdot C_K)^{0{,}08}} \right) \tag{3.17}$$

$$\frac{\Delta p}{L} = \frac{\xi(u_G)}{2} \cdot \frac{1}{C_K} \cdot \frac{a_{geo}}{(\varepsilon_0 - h_L)^3} \cdot F^2 \tag{3.18}$$

Die dritte Korrelation des ersten Typs wurde von Bornhütter und Mersmann entwickelt *(Bornhütter, 1991)*. Sie ist gültig für kinematische Viskositäten $v_L < 10^{-4}$m/s sowie Packungen mit spezifischen Oberflächen $a_{geo} > 200$m^2/m^3 und Porositäten $\varepsilon_0 < 0{,}8$. Hierbei werden der Flüssigkeitsinhalt ohne Gasgegenstrom (Gleichung 3.19) und der Flüssigkeitsinhalt am Flutpunkt (Gleichung 3.20) mit der relativen Gasgeschwindigkeit in der siebten Potenz direkt interpoliert (Gleichung 3.21). Auch in dieser Korrelation wird der trockene Druckverlust nach dem Ansatz aus Gleichung 3.9 modelliert. Für den feuchten Druckverlust existiert keine mathematische Korrelation, ebenso wenig für den Flutpunkt.

$$h_{L,0} = 1{,}56 \cdot Ga_L^{-0{,}095} \cdot \left(\left(\frac{Fr_L}{\varepsilon_0^4} \right)^{1/3} \right)^{0{,}85} \tag{3.19}$$

$$h_{L,Fl} = 0{,}62 \cdot \varepsilon_0 \cdot \left(\frac{u_L}{u_{G,Fl}} \cdot \left(\frac{\sigma_L}{(\rho_L - \rho_G) \cdot g} \right)^{1/2} \cdot \frac{a_{geo}}{\varepsilon_0} \right)^{1/4} \tag{3.20}$$

$$h_L = h_{L,0} + \left(h_{L,Fl} - h_{L,0} \right) \cdot \left(\frac{u_G}{u_{G,Fl}} \right)^7 \tag{3.21}$$

Zum zweiten Typ von vorgestellten Korrelationen, die den ansteigenden Flüssigkeitsinhalt bis zum Flutpunkt mit dem feuchten Druckverlust korrelieren, zählt die Arbeit von Stichlmair, Bravo und Fair *(Stichlmair et al., 1989)*. Der Ansatz für den Flüssigkeitsinhalt ohne Gasgegenstrom (Gleichung 3.22) ist vergleichbar mit den vorgestellten Korrelationen des ersten Typs. Die Beschreibung des Flüssigkeitsinhalts oberhalb des Flutpunkts erfolgt dann mit dem gemessenen oder vorausberechneten feuchten Druckverlust (Gleichung 3.23). Diese deckt sich mit der im Folgenden diskutierten Korrelation von Engel und wird daher hier nicht separat aufgeführt.

$$h_{L,0} = 0{,}555 \cdot \left(\frac{Fr_L}{\varepsilon_0^{4,65}}\right)^{1/3} \qquad\qquad 3.22$$

$$h_L = h_{L,0} \cdot \left[1 + 20 \cdot \left(\frac{\Delta p/L}{\rho_L \cdot g}\right)^2\right] \qquad\qquad 3.23$$

Eine Weiterentwicklung der Korrelation nach Stichlmair et al. findet sich in der Arbeit von **Engel (2000)**. Für diese Korrelation wird auch der statische Flüssigkeitsinhalt getrennt betrachtet, so dass sich der gesamte Flüssigkeitsinhalt aus der Summe von statischem und dynamischem Anteil ergibt (Gleichung 3.24). Die Korrelation für den statischen Flüssigkeitsinhalt ist nach oben bei einem Wert von 0,033 beschränkt (Gleichung 3.25), für den Engel angibt, dass er die Messwerte für Einbauten aus Metall zwar sehr gut, jene für Einbauten aus keramischen Werkstoffen hingegen nur schlecht wiedergeben kann **(Engel, 1999)**. Dies führt Engel auf die Mikroporosität des Materials zurück, die sich mit Flüssigkeit vollsaugen kann und daher zu erhöhten Flüssigkeitsinhalten führt. Für die Bestimmung des Flüssigkeitsinhalts ohne Gasgegenstrom führt Engel eine Dimensionsanalyse durch und gelangt so auf die dimensionslosen Kennzahlen in Gleichung 3.26, deren Exponenten er an eine Vielzahl von Messwerten anpasst. Gleichung 3.27 ist eine Anpassung der bereits von Stichlmair et al. verwendeten Formulierung zur Beschreibung des Flüssigkeitsinhalts mit Gasgegenstrom.

Der feuchte Druckverlust wird von Engel gemäß Gleichung 3.28 als Funktion des Flüssigkeitsinhalts beschrieben. Hierbei wird ein von Stoffwerten abhängiger Tropfendurchmesser d_T (Gleichung 3.29) angenommen, um den Zuwachs an spezifischer Oberfläche durch den Flüssigkeitsinhalt zu beschreiben. Der Druckverlustbeiwert ξ ergibt sich aus dem trockenen Druckverlust, für dessen Berechnung in Gleichung 3.28 der Wert des Flüssigkeitsinhalts zu Null gesetzt wird. Zur Vorausberechnung des Verlaufes von Flüssigkeitsinhalt und feuchtem Druckverlust können die Gleichungen 3.27 und 3.28 ineinander eingesetzt und exakt gelöst werden.

Die Vorhersage des Flutpunkts stützt Engel auf den unendlich steilen Anstieg des Druckverlustes als Funktion der Gasgeschwindigkeit und differenziert hierzu die Gleichung für den Druckverlust. Damit gelangt er zu den Gleichungen 3.30 und 3.31, aus denen sich der Druckverlust am Flutpunkt berechnen lässt. Mit Gleichung 3.32 lässt sich dann der Flüssigkeitsinhalt am Flutpunkt und mit Gleichung 3.33 die Gasgeschwindigkeit berechnen.

$$h_L = h_{stat} + h_{dyn} \qquad\qquad 3.24$$

$$h_{stat} = 0{,}033 \cdot exp\left(-0{,}22 \cdot \frac{1}{Bo_L}\right) \qquad\qquad 3.25$$

$$h_{dyn,0} = 3{,}6 \cdot Fr_L^{0,33} \cdot Ga_L^{-0,125} \cdot Bo_L^{0,1} \qquad\qquad 3.26$$

$$h_{dyn} = h_{dyn,0} \cdot \left[1 + 36 \cdot \left(\frac{\Delta p/L}{\rho_L \cdot g}\right)^2\right] \qquad\qquad 3.27$$

$$\frac{\Delta p}{L} = \frac{\xi}{8} \cdot \left(\frac{6 \cdot h_{dyn}}{d_T} + a_{geo}\right) \cdot \frac{\rho_G \cdot u_G^2}{\left(\varepsilon_0 - h_{dyn}\right)^{4,65}} \qquad\qquad 3.28$$

$$d_T = 0{,}8 \cdot \sqrt{\frac{6 \cdot \sigma_L}{(\rho_L - \rho_G) \cdot g}} \qquad\qquad 3.29$$

$$\begin{aligned}
\frac{\Delta p_{Fl}}{L} &= \frac{\rho_L \cdot g}{2988 \cdot h_{dyn,0}} \\
&\cdot \left(249 h_{dyn,0} \cdot \left(X^{0,5} - 60\varepsilon_0 - 558 h_{dyn,0} - 103 d_T a_{geo}\right)\right)^{0,5}
\end{aligned} \qquad 3.30$$

$$\begin{aligned}
X &= 3600 \cdot \varepsilon_0 + 186480 \cdot h_{dyn,0} \cdot \varepsilon_0 + 32280 \cdot d_T \cdot a_{geo} \cdot \varepsilon_0 \\
&+ 191844 \cdot + 95028 \cdot d_T \cdot a_{geo} \cdot h_{dyn,0} + 10609 \cdot d_T^2 \\
&\cdot a_{geo}^2
\end{aligned} \qquad 3.31$$

$$h_{dyn,Fl} = h_{dyn,0} \cdot \left[1 + 6 \cdot \left(\frac{\Delta p_{Fl}/L}{\rho_L \cdot g}\right)^2\right] \qquad\qquad 3.32$$

$$u_{G,Fl}^2 = \frac{8 \cdot \varepsilon_0^{4,65}}{\xi \cdot a_{geo} \cdot \rho_G} \cdot \frac{\Delta p_{Fl}}{L} \cdot \frac{a_{geo}}{\left(\frac{6 \cdot h_{dyn}}{d_T} + a_{geo}\right)} \cdot \left(1 - \frac{h_{dyn,Fl}}{\varepsilon_0}\right)^{4,65} \qquad 3.33$$

Die Korrelation von Engel ermöglicht daher eine prädiktive Ermittlung aller Betriebsparameter einer Packung, wobei als einziger packungsspezifischer Parameter der Reibungsbeiwert des trockenen Druckverlustes bestimmt werden muss.

Der dritte Korrelationstyp verwendet Ansätze aus der Strömungsmechanik. Hierzu zählt als erstes das Modell der relativen Permeabilitäten. Es ist aufgrund des theoretischen Ansatzes für Gleich- und Gegenstromführung anwendbar. ***Saez und Carbonell (1985)*** haben die Anwendbarkeit für den Gleichstrom in Packungen und Schüttungen gezeigt, ***Carbonell (2000)*** postuliert die Anwendbarkeit für verschiedene Stromführungen, da in den für beide Phasen aufgestellten Impulsbilanzen die Vorzeichen der Widerstandskräfte die Strömungsrichtungen der einzelnen Phasen wiedergeben. Hier ist nur der für diese Arbeit relevante Fall des Gegenstroms dargestellt.

$$\rho_G \cdot \hat{u}_G \cdot \frac{d\hat{u}_G}{dz} = -\frac{dp_G}{dz} + \rho_G \cdot g + \frac{K_G}{\varepsilon_0 - h_L} \qquad\qquad 3.34$$

$$\rho_L \cdot \hat{u}_L \cdot \frac{d\hat{u}_L}{dz} = -\frac{dp_L}{dz} + \rho_L \cdot g - \frac{K_L}{h_L} \qquad\qquad 3.35$$

$$0 = g \cdot (\rho_L - \rho_G) - \frac{K_L}{h_L} - \frac{K_G}{\varepsilon_0 - h_L} \qquad\qquad 3.36$$

$$\frac{K_L}{h_L} = \left(\frac{\varepsilon_0 - h_{stat}}{h_L - h_{stat}}\right)^{2,43} \cdot \left(\frac{\Delta p_L}{L}\right)_{Ergun} \qquad\qquad 3.37$$

$$\frac{K_G}{\varepsilon_0 - h_L} = \left(\frac{\varepsilon_0}{\varepsilon_0 - h_L}\right)^{4,8} \cdot \left(\frac{\Delta p_G}{L}\right)_{Ergun} \qquad\qquad 3.38$$

$$\left(\frac{\Delta p_i}{L}\right)_{Ergun} = A \cdot \frac{\eta_i \cdot a_{geo}^2}{36 \cdot \varepsilon_0^3} \cdot u_i + B \cdot \frac{\rho_i \cdot a_{geo}}{6 \cdot \varepsilon_0^3} \cdot u_i^2 \qquad\qquad 3.39$$

$$h_{stat} = \frac{1}{20 + 0,9 \cdot \dfrac{\rho_L \cdot g \cdot \varepsilon_0^2 \cdot 36}{\sigma_L \cdot a_{geo}^2}} \qquad\qquad 3.40$$

Die Impulsbilanzen für aufwärts strömendes Gas und abwärts strömende Flüssigkeit sind in den Gleichungen 3.34 und 3.35 gegeben. Unter Vernachlässigung der Abhängigkeit der Geschwindigkeit vom Ort und unter der Voraussetzung der gleichen Druckgradienten ergibt sich Gleichung 3.36. Für die Widerstandskräfte wird nun ein an Messdaten angepasster Ansatz basierend auf dem Druckverlust für die einphasige Strömung nach Ergun modifiziert mit relativen Permeabilitäten nach Gleichungen 3.37 und 3.38 gewählt. Der Druckverlust für die einphasige Strömung nach Ergun ist dabei durch Gleichung 3.39 gegeben, wobei wahlweise die von Ergun ermittelten Konstanten $A = 150$ und $B = 1,75$ oder von anderen Autoren später angepasste

Konstanten A' und B' verwendet werden können. Für die Korrelation des statischen Flüssigkeitsinhalts wurde Gleichung 3.40 an experimentell ermittelte Werte angepasst.

Das zweite Modell betrachtet die Kräftebilanz an der Filmströmung und wurde von **Rocha et al. (1993)** als Modell der benetzten Packungskanäle speziell für strukturierte Packungen aufgestellt. Hierbei gehen geometrische Überlegungen zur Bestimmung der lokalen Geschwindigkeiten der beiden Phasen, aufgrund der gegenüber der Horizontalen um den Winkel φ geneigten Packungslagen, in die Berechnung des auf das Hohlraumvolumen bezogenen Flüssigkeitsinhaltes h'_L nach Gleichung 3.41 ein. Dieser muss daher nach Gleichung 3.42 korrigiert werden.

Die Größe S gibt dabei als äquivalenter Durchmesser die benetzte Kantenlänge des Packungskanalquerschnittes wieder und kann für die Schwämme durch den hydrodynamischen Durchmesser nach Gleichung 3.3 ersetzt werden. Die Berechnung des Flüssigkeitsinhaltes muss aufgrund der vom Flüssigkeitsinhalt abhängigen modifizierten Ergun-Konstanten A' und B' (Gleichungen 3.43 und 3.44) implizit erfolgen. Der Einfluss des absoluten Wertes des Druckverlusts am Flutpunkt auf den Flüssigkeitsinhalt ist dabei im relevanten Wertebereich nicht signifikant.

$$
h'_L = \left(\frac{201{,}74 \cdot \left(\frac{S}{\mathrm{m}}\right)^{0{,}359} \cdot (\sin \varphi)^{0{,}2}}{\varepsilon_0^{0{,}1} \cdot (1 - 0{,}93 \cdot \cos \gamma)} \right)^{2/3}
\cdot \left(\frac{u_L^{1{,}8} \cdot \eta_L^{1{,}4}}{\sigma_L^{0{,}3} \cdot \rho_L^{0{,}1} \cdot (\rho_L - \rho_G) \cdot g^{1{,}3} \cdot S^{2{,}4}} \right)^{1/3}
\cdot \left(\frac{S^2 \cdot \left(\frac{\Delta p}{L}\right)_{Fl}}{S^2 \varepsilon_0^2 \cdot \sin^2 \varphi \cdot \left(\frac{\Delta p}{L}\right)_{Fl} - A' S \rho_G u_G^2 - B' \varepsilon_0 \eta_G u_G \cdot \sin \varphi} \right)^{1/3}
$$

$$\text{3.41}$$

$$
h_L = h'_L \cdot \varepsilon_0 \tag{3.42}
$$

$$
A' = \frac{0{,}177}{1 - \left(0{,}614 + 71{,}35 \cdot \frac{S}{\mathrm{m}}\right) \cdot h'_L} \tag{3.43}
$$

$$B' = \frac{88{,}774}{1 - \left(0{,}614 + 71{,}35 \cdot \frac{S}{m}\right) \cdot h'_L} \qquad 3.44$$

3.1.2 Stand des Wissens für Schwammstrukturen

Aufgrund der wenigen in der Literatur zu findenden Arbeiten zur mehrphasigen Durchströmung von Schwammstrukturen ist auch die Anwendbarkeit der bekannten fluiddynamischen Korrelationen für Schwämme nur sehr wenig erforscht. Sehr weitgehend untersucht wurde hingegen der trockene Druckverlust. Für die Bestimmung des Reibungsbeiwertes aus den bereits für Packungen in Kapitel 3.1.1 vorgestellten Korrelationen des trockenen Druckverlusts kann mittels eines Koeffizientenvergleiches für keramische Schwämme auf die Korrelation für den trockenen Druckverlust unter Verwendung der gesamten Porosität von *Dietrich et al. (2009)* zurückgegriffen werden, die für die von Vesuvius hergestellten und auch in diesem Projekt verwendeten Schwämme ermittelt wurde. Er gibt für alle Schwammtypen eine allgemeine Korrelation an (Gleichung 3.45), die in dieser Arbeit auch für die Schwämme von Johann Jacob Letschert Sohn verwendet wird, da es sich hierbei ebenfalls um nicht infiltrierte keramische Replikate mit einer ähnlichen Differenz zwischen äußerer und gesamter Porosität handelt. Eine Anpassung der Faktoren für die von Erbicol hergestellten, infiltrierten Schwämme ohne Mikroporosität erfolgte ebenfalls durch *Dietrich et al. (2010b)* (Gleichung 3.46). Somit konnte für alle verwendeten Schwammtypen eine theoretische Ermittlung des Reibungsbeiwerts erfolgen (siehe Anhang A 8).

Schwammtypen mit Mikroporosität (Hersteller *Vesuvius* und *Letschert*):

$$\frac{\Delta p_{tr}}{L} = 110 \cdot \frac{\eta_G \cdot a_{geo}^2}{16 \cdot \varepsilon_{ges}^3} \cdot u_G + 1{,}45 \cdot \frac{\rho_G \cdot a_{geo}}{4 \cdot \varepsilon_{ges}^3} \cdot u_G^2 \qquad 3.45$$

Schwammtypen ohne Mikroporosität (Hersteller *Erbicol*):

$$\frac{\Delta p_{tr}}{L} = 106 \cdot \frac{\eta_G \cdot a_{geo}^2}{16 \cdot \varepsilon_{ges}^3} \cdot u_G + 1{,}27 \cdot \frac{\rho_G \cdot a_{geo}}{4 \cdot \varepsilon_{ges}^3} \cdot u_G^2 \qquad 3.46$$

Für den Flüssigkeitsinhalt im Gegenstrom existieren in vier Arbeiten Untersuchungen, in drei Arbeiten werden diese auch mit einfachen Korrelationen verglichen. *Stemmet et al. (2005)* stellen experimentelle Ergebnisse zu Flüssigkeitsinhalt und Flutpunkt von Metallschwämmen verschiedener Porenzahlen vor. In einer folgenden Arbeit *(Stemmet et al., 2006)* verweisen die Autoren ebenso wie *Calvo et al. (2009)* auf das von Carbonell vorgeschlagene und bereits in Kapitel 3.1.1 vorgestellte Modell der relativen Permeabilitäten (Gleichungen 3.34 bis 3.40). Stemmet et al. überprüfen die Anwendbarkeit dieser Korrelation für Schwämme, wobei sowohl die Ergun-Parameter A und B als auch die Exponenten der relativen Permeabilitäten als Anpassungsparameter verwendet wurden. Calvo et al. verwenden nur die Korrelation des statischen Flüssigkeitsinhalts zum Vergleich mit ihren Messdaten.

Lévêque et al. (2009) gibt eine einfache Beziehung für den dynamischen Flüssigkeitsinhalt an (Gleichung 3.47), die unterhalb des Staupunkts gelten soll. Hierfür wird eine Abweichung aller Messwerte von unter 15% angegeben.

$$h_{dyn} = 0{,}0115 \cdot Re_L^{0,6} \qquad\qquad 3.47$$

Für den statischen Flüssigkeitsinhalt extrapolieren Lévêque et al. einen Wert von $h_{stat} = 0{,}019$. Dieser ist jedoch spezifisch für die von ihnen verwendete Schwammstruktur. Da keine Untersuchung des Einflusses von Schwammparametern erfolgt, kann dieser Wert nicht als allgemeingültig für alle Schwammtypen übernommen werden.

3.2 Experimentelle Vorgehensweise

Zur Bestimmung der fluiddynamischen Parameter keramischer Schwämme wurde ein Versuchsaufbau mit modularem Kolonnenschuss gewählt, der eine große Flexibilität bezüglich der verwendeten Packungshöhe aufweist und einen einfachen Ein- und Ausbau der Packungen ermöglicht. Zusätzlich wurde für die Bestimmung des statischen Flüssigkeitsinhalts eine Tauchvorrichtung konzipiert. Der Flüssigkeitsinhalt wurde dabei jeweils gravimetrisch bestimmt. Der Druckverlust wurde mit einem Flüssigkeits-Manometer gemessen.[3] Als Testsystem kam in allen Untersuchungen Wasser-Luft zum Einsatz.

3.2.1 Bestimmung des statischen Flüssigkeitsinhalts

Die Bestimmung des statischen Flüssigkeitsinhalts erfolgte getrennt von der Bestimmung des gesamten Flüssigkeitsinhalts im Betrieb. Diese Vorgehensweise ist bereits in der Literatur dokumentiert *(Stemmet et al., 2006; Lévêque et al., 2009)* und soll zu einer größeren Genauigkeit des bestimmten statischen

---

[3] Die vorgestellten Versuchsmethodiken wurden publiziert *(Große und Kind, 2011)*.

Flüssigkeitsinhalts führen. Bei der getrennten Bestimmung des statischen Flüssigkeitsinhalts wird die Packung vollständig in die Flüssigkeit eingetaucht und so vollständig benetzt. Bei der Bestimmung z.B. durch Abtropfen in der Kolonne ist die vorherige Benetzungssituation nicht genau bekannt.

Die Tauchvorrichtung zur Bestimmung des statischen Flüssigkeitsinhalts sollte demnach die Einbau-Situation der Schwammpackung in der Kolonne abbilden können, um eine vergleichbare Abtropfsituation zu schaffen. Daher wurde ein Plexiglas-Schuss mit variabler Höhe für Experimente mit verschiedenen Packungshöhen gewählt, in dem die Schwämme vollständig in die Flüssigkeit eingetaucht werden können. Das anschließende Abtropfen in gesättigter Atmosphäre dient zur Vermeidung von Verdunstungseffekten. Die Massendifferenz zwischen der trockenen und der feuchten Schwammpackung erlaubt die Bestimmung der darin befindlichen Flüssigkeitsmasse. Mittels der Dichte kann diese in ein Volumen umgerechnet werden.[4]

3.2.2 Bestimmung der fluiddynamischen Parameter im Betrieb

Der gewählte modulare Aufbau zur Bestimmung des gesamten Flüssigkeitsinhalts im Betrieb und des feuchten Druckverlustes sowie der Betriebsgrenzen ist in Abb. 3.1 dargestellt. Die DN 100-Kolonne ist mit einem feststehenden Sumpf und einem verschiebbaren Kopf ausgestattet, so dass dazwischen Schwammpackungen verschiedener Höhen eingebaut und einfach ausgewechselt werden können. Zugleich sind dadurch die Konfigurationen von Kopf und Sumpf relativ zur Packung gleich, so dass kein zusätzlicher Endeffekt durch unterschiedliche Packungshöhen zu erwarten ist. Die Packungselemente werden dabei zur Vermeidung von Bypass-Strömen mit Polyethylen-Folie umwickelt und so ohne Spalt in die Kolonnenschüsse eingepasst.

Die Flüssigkeit wird durch eine Zahnradpumpe und eine Schlauchpumpe im Kreislauf gefahren und über einen Sternverteiler mit 8 Tropfstellen von 1mm Durchmesser auf einem Kreis mit 50mm Durchmesser über der Packung verteilt. Dies entspricht circa 1000 Tropfstellen/m². Der Flüssigkeitsvolumenstrom wird über einen Schwebekörperdurchflussmesser erfasst. Die Aufteilung des Flüssigkeitsstroms in einen Hauptstrom aus dem Vorratsgefäß und einen Seitenstrom aus dem kleinen Behälter wurde zur Stabilisierung der Messung gewählt. Das Vorratsgefäß dient durch seine größere Oberfläche als Puffer für Schwankungen im Flüssigkeitsdurchsatz. Der Füllstand im Vorratsgefäß wird durch den Überlauf in den kleinen Behälter konstant gehalten.

---

[4] Alle verwendeten Stoffwerte und Stoffwertkorrelationen sind im Anhang A 5 zusammengestellt.

Die Flüssigkeitsmasse und damit der Flüssigkeitsinhalt in der Kolonne im kleinen Behälter wird durch eine Waage online erfasst.

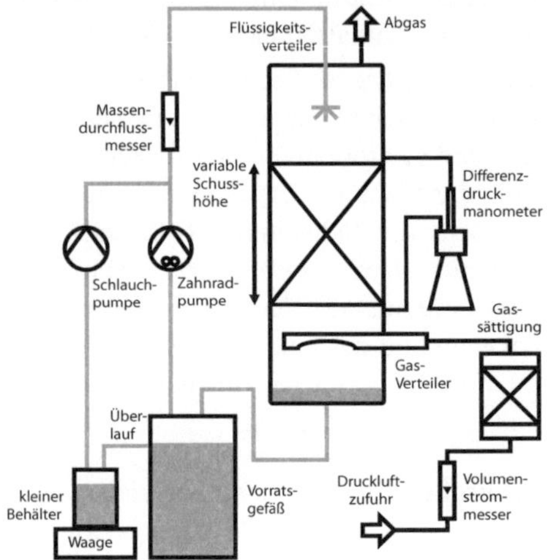

Abb. 3.1: Schematischer Versuchsaufbau zur Bestimmung der fluiddynamischen Parameter Flüssigkeitsinhalt und Flutpunkt im Betrieb. Ein detailliertes R&I-Fließbild sowie die Spezifikationen der Messgeräte befinden sich im Anhang A 6.

Der Gasstrom wird aus dem Druckluftnetz entnommen und anschließend in einem unbeheizten Sättiger mit Wasser aufgesättigt, um Verdunstungseffekte in der Kolonne zu vermeiden. Bei kleinen Volumenströmen ($\dot{V}_G < 14\,\mathrm{Nm^3/h}$) ist dabei der Wärmeeintrag aus der Umgebung ausreichend zum Ausgleich der Verdunstungswärme im Sättiger. Gemessen wird der trockene Luftstrom über einen Schwebekörperdurchflussmesser. Für höhere Volumenströme stehen ein Massflowcontroller sowie ein beheizter Sättiger zur Verfügung, um große Differenzen zwischen Luft- und Umgebungstemperatur sowie einen zu geringen Sättigungsgrad zu vermeiden. Die feuchte Luft wird über ein Gaseinleitrohr mit nach unten gerichteter, ovaler Öffnung von 50mm × 13mm in die Kolonne eingebracht. Die Richtungsumkehr des Gases in der Kolonne dient der Vergleichmäßigung der Strömung. Ein mit Flüssigkeit gefüllter Siphon am Kolonnensumpf verhindert Gasdurchbruch entgegen der vorgesehenen Strömungsrichtung. Der Druckverlust über die Packung kann mittels eines U-Rohr-Manometers mit Nonius für die Millibar-Skala (sog. *Betz*-Manometer) bestimmt werden.

Der Versuch startet dabei mit trockenen Schwämmen, da in Vorversuchen eine deutliche Hysterese im Flüssigkeitsinhalt für die Variation der Berieselungsdichte gemessen wurde (siehe Anhang A 7). Dieses Phänomen ist für Schwämme auch aus der Literatur bekannt *(Lévêque et al., 2009)*. Ein höherer Flüssigkeitsinhalt aufgrund eines zu einem höheren Flüssigkeitsdurchsatz gehörenden Benetzungszustandes kann zu früherem Fluten und damit einer Verfälschung der Ergebnisse führen.

Während einer Versuchsreihe werden bei konstanter Berieselungsdichte B_L nacheinander steigende Gasbelastungsfaktoren F eingestellt, bis es zum Fluten der Packung kommt oder die Betriebsgrenze der Anlage erreicht ist. Dabei muss sich für jede Kombination aus Betriebsparametern ein stationärer Zustand einstellen, der dann einige Zeit gefahren wird. Die Messdaten für die Flüssigkeitsmasse werden über den stationären Zustand zeitlich gemittelt.

Der gesamte Flüssigkeitsinhalt der Schwammpackung im Betrieb kann dabei aus der Differenz zweier Messungen des Flüssigkeitsinhalts der Kolonne mit und ohne eingebaute Packung bei sonst gleichen Betriebsparametern ermittelt werden. Dabei müssen der Flüssigkeitskreislauf sowie der Vorratstank vor Versuchsbeginn vollständig mit Flüssigkeit gefüllt sein. Während des Versuchs darf außerdem kein Gas in den Flüssigkeitskreislauf gelangen, um die Reproduzierbarkeit der Messungen zu gewährleisten. Im Betrieb ist der absolute Füllstand des Vorratsgefäßes vom geförderten Volumenstrom abhängig. Da jedoch die Bestimmung des Flüssigkeitsinhalts aus der Differenz zweier Messungen bei gleichem Volumenstrom erfolgt, wird dieser Effekt kompensiert. Der kleine Behälter muss zu Versuchsbeginn mit ausreichend Wasser gefüllt sein, um den Flüssigkeitsinhalt der Kolonne mit Schwamm im Betrieb ausgleichen zu können. Außerdem müssen gegebenenfalls durch den erhöhten Druckverlust der Packung sowie durch veränderten Tropfenmitriss auftretende Differenzen berücksichtigt werden. Eine detaillierte Beschreibung der Versuchsauswertung ist im Anhang A 7 zu finden.

Für die Bestimmung der Betriebsgrenzen ist eine Definition der Betriebszustände unerlässlich, um die Ergebnisse mit anderen trennwirksamen Einbauten vergleichen zu können. Im Allgemeinen wird bei Packungen zwischen dem normalen Betriebsbereich, in dem ein in etwa konstanter Flüssigkeitsinhalt unabhängig vom Gasgegenstrom vorhanden ist, dem Staubereich oberhalb des Staupunktes, in dem sich vermehrt Flüssigkeit in der Packung ansammelt und der Druckverlust stärker als zuvor ansteigt, sowie dem Flutpunkt unterschieden.

Die Definition des Flutpunktes kann sich dabei auf verschiedene Kriterien stützen, die bei unterschiedlichen Gasdurchsätzen auftreten können. Für diese

Arbeit wird die von *Kister (1992)* gewählte Definition verwendet, bei der der Beginn des Flutens einer Kolonne durch einen rasch ansteigenden Druckverlust mit gleichzeitigem Einbruch in der Stoffübergangseffizienz und starkem Tropfenmitriss gekennzeichnet ist. Dabei kommt es zu einer vollständigen Phaseninversion, so dass oberhalb des Flutpunktes die Kolonne zu einer Blasensäule mit Einbauten wird. Es handelt sich dabei um einen instationären und instabilen Betriebszustand. Da der Flutpunkt aus den Messungen der fluiddynamischen Parameter bestimmt wird, werden als Hauptkriterien die Ausbildung einer ausgeprägten Sprudelschicht über der Packung, ein starker Tropfenmitriss und der stark überproportionale Anstieg des Druckverlustes gewählt. In Abgrenzung hierzu werden am Staupunkt eine Änderung im Verlauf des Druckverlustes sowie das Aufstauen von Flüssigkeit innerhalb, jedoch noch nicht oberhalb der Packung beobachtet.

Bei einigen Schwammtypen ist der Übergang zwischen Staubereich und Einsetzen des Flutens fließend. Meist ist dann weiter ein Betrieb möglich, jedoch bei deutlich instationärem Verhalten. Andere Schwammtypen weisen keinen ausgeprägten Staubereich auf sondern fluten sofort. Eine Messung des Flüssigkeitsinhaltes ist dann in jedem Fall nicht mehr möglich.

3.3 Versuchsergebnisse zur Fluiddynamik

Die Fluiddynamik der Schwämme wird unter mehreren Aspekten untersucht. Zum einen soll der Einfluss der Schwammparameter wie Porosität, Porenzahl und Material untersucht werden. Zum zweiten wird der Einfluss der Elementhöhe und der dadurch bedingten Anzahl an Intersektionen im Hinblick auf die Gesamthöhe der Packung untersucht.[5]

3.3.1 Statischer Flüssigkeitsinhalt

Der statische Flüssigkeitsinhalt ist zunächst bei allen Schwammtypen für einzelne Elemente bestimmt worden. Die dabei erhaltenen Ergebnisse sind in Abb. 3.2 dargestellt. Hierbei wurde auch die Reproduzierbarkeit der Messungen untersucht. Zum einen wurden die Messungen mehrmals für ein und dasselbe Element, zum anderen für verschiedene Elemente des gleichen Schwammtyps durchgeführt. Es ergab sich dabei eine Schwankung im Bereich von ± 5% für die Wiederholung des Experiments an ein und demselben Element und von ± 10% für den gleichen Typ.

---

[5] Die hier vorgestellten Ergebnisse wurden zum größten Teil publiziert *(Große und Kind, 2011)*.

Es lassen sich hierbei zwei grundlegende Dinge erkennen. Zum einen steigt der statische Flüssigkeitsinhalt mit steigender spezifischer Oberfläche, also steigender Porenzahl, innerhalb einer Reihe von Schwammtypen gleicher Porosität, gleicher Elementhöhe und gleichen Materials (gleiche Symbole). Zum anderen weisen Schwammtypen mit geringerer Porosität, also einem höheren Feststoffvolumenanteil, sowie gleicher Porenzahl, gleicher Elementhöhe und gleichem Material einen leicht erhöhten statischen Flüssigkeitsinhalt auf (vergleiche beispielsweise V 75 XX 25 mit V 85 XX 25).

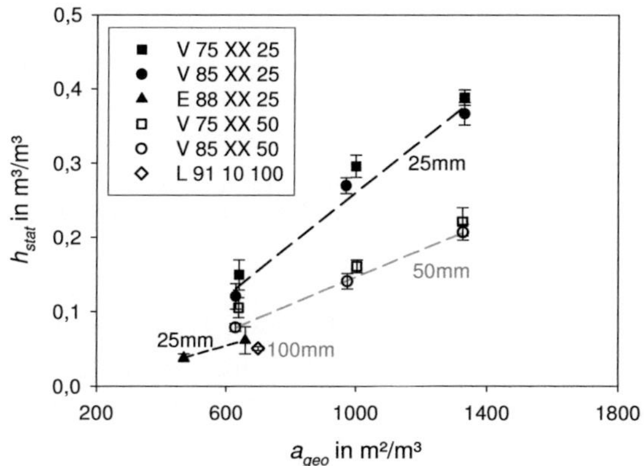

Abb. 3.2: Statischer Flüssigkeitsinhalt als Funktion der geometrischen Oberfläche für einzelne Elemente der verschiedenen Schwammtypen. Die Fehlerbalken geben die Standardabweichung der Messwerte an. Kurzbezeichnungen siehe Kapitel 2.1. Linien dienen der optischen Führung.

Die Silikat-Schwämme (L 91 10 100) zeigen bei etwa gleicher spezifischer Oberfläche einen deutlich niedrigeren statischen Flüssigkeitsinhalt als die Schwammtypen aus Aluminiumoxid (V XX XX XX). Dies könnte zum einen auf die höheren Porositätswerte der Silikat-Schwämme zurückzuführen sein. Außerdem besitzen die Silikat-Schwämme weit weniger geschlossene Fenster im Gegensatz zu den Aluminiumoxid-Schwämmen, die, bedingt durch den Herstellungsprozess, stärker verklebt sind. Dies könnte ein weiterer Grund für die niedrigeren statischen Flüssigkeitsinhalte der Silikat-Schwämme sein.

Die schlechter benetzbaren Schwämme aus Silicium-infiltriertem Siliciumcarbid (E 88 XX 25) weisen generell sowohl niedrigere Oberflächen als auch niedrigere statische Flüssigkeitsinhalte auf. Dies kann auf die Benetzungseigenschaften genauso zurückzuführen sein wie auf die Tatsache, dass diese Schwämme herstellungsbedingt weniger geschlossene Fenster aufweisen und somit weniger Rückhaltevermögen für die Flüssigkeit besitzen. Daher wurde der Einfluss des Kontaktwinkels γ im Weiteren ebenfalls untersucht.

Sehr auffällig und zunächst verwunderlich ist die Tatsache, dass die Schwämme aus Aluminiumoxid mit größerer Elementhöhe (V XX XX 50) gegenüber den Schwämmen mit gleicher Spezifikation aber halber Höhe (V XX XX 25) einen etwa doppelt so großen statischen Flüssigkeitsinhalt aufweisen. Dies bedeutet, dass sich in beiden jeweils vergleichbaren Schwammtypen unterschiedlicher Elementhöhe das gleiche absolute Flüssigkeitsvolumen befindet. Es stellt sich also die Frage, welches Profil des Flüssigkeitsinhaltes sich für diese Schwammtypen in einem Stapel über die Höhe ausbildet. An den Übergängen zwischen zwei Elementen, den sogenannten Intersektionen, könnte sich ein erhöhter Flüssigkeitsinhalt ausbilden. Im Folgenden sind daher an ausgewählten Schwammtypen Untersuchungen zum Einfluss der Intersektionen auf den statischen Flüssigkeitsinhalt von Elementstapeln durchgeführt worden.

3.3.2 Einfluss der Intersektionen auf den statischen Flüssigkeitsinhalt

Der Einfluss der Intersektionen auf den statischen Flüssigkeitsinhalt wurde zunächst für verschiedene Packungshöhen, also Stapelhöhen, für den Schwammtyp V 85 20 25 untersucht. Dabei wurde der Flüssigkeitsinhalt für jedes einzelne Element im Stapel durch Abheben vom oberen Stapelende her bestimmt und anschließend der Mittelwert für den gesamten Stapel gebildet.

In Abb. 3.3 sind die erhaltenen Ergebnisse aufgetragen. Es ist zu erkennen, dass der Flüssigkeitsinhalt im Gesamtstapel mit der Stapelhöhe abnimmt, während der Flüssigkeitsinhalt im untersten Element des Stapels zunimmt. Der Flüssigkeitsinhalt im obersten Element ist stets am kleinsten, während jener in allen mittleren Elementen demgegenüber leicht erhöht ist. Diese beiden Werte bleiben mit der Stapelhöhe etwa konstant.

Dieses sich im Elementstapel ausbildende Profil lässt auf einen erschwerten Abtropfvorgang im untersten Element eines Stapels gegenüber den anderen Elementen schließen. Die Zunahme des Flüssigkeitsinhalts im untersten Element mit der Stapelhöhe ist nicht erklärlich. Experimentelle Fehler durch das Abheben der Elemente können aufgrund der guten Reproduzierbarkeit der Messungen ausgeschlossen werden. Das Abheben des gesamten Elementstapels oberhalb des untersten Elements führte zu vergleichbaren Resultaten (siehe Anhang A 12).

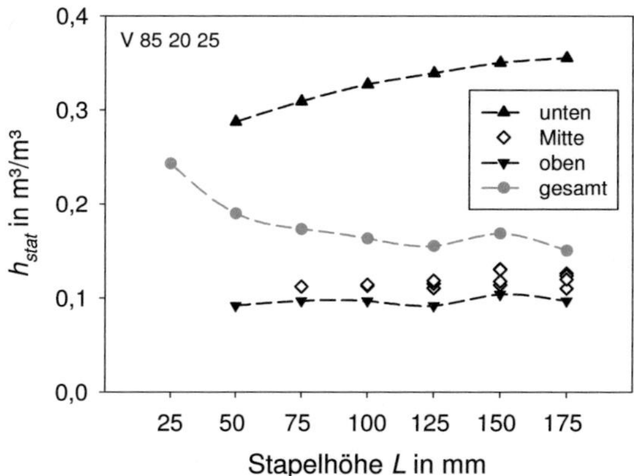

Abb. 3.3: Statischer Flüssigkeitsinhalt für Schwämme vom Typ V 85 20 25 an unterschiedlichen Positionen in Elementstapeln verschiedener Stapelhöhen. Reproduzierbarkeit ähnlich wie in vorherigen Versuchen, auf Fehlerbalken wurde aus Gründen der Übersichtlichkeit verzichtet. Linien dienen der optischen Führung.

Die Abnahme des Flüssigkeitsinhalts des gesamten Stapels ist auf die zurückgehende Gewichtung des untersten Elements mit seinem stark erhöhten Flüssigkeitsinhalt zurückzuführen. Für Stapelhöhen größer als 150mm laufen die Werte in ein Plateau, so dass keine Abhängigkeit von der Stapelhöhe mehr zu erwarten ist.

Der Vergleich dieses Effekts für verschiedene Schwammtypen ist in Abb. 3.4 dargestellt. Die Auswahl der für diese Untersuchungen verwendeten Schwammtypen basiert auf ihrem Einsatzpotential für die Untersuchungen zum Flüssigkeitsinhalt im Betrieb. Die gewählten Schwammtypen lassen sich im Gegenstrom mit nennenswerter Gasbelastung betreiben. Alle zeigen im statischen Flüssigkeitsinhalt des Stapels ein ähnliches Verhalten, lediglich für die Silikat-Schwämme (L 91 10 100) mit größerer Elementhöhe ist der Effekt weniger stark ausgeprägt. Generell führen höhere Porenzahlen und kleinere Elementhöhen zu einem stärker ausgeprägten Profil innerhalb des Stapels. Auch ist bei dieser größeren Stapelhöhe eine breitere Auffächerung der Werte in der Mitte des Stapels zu erkennen.

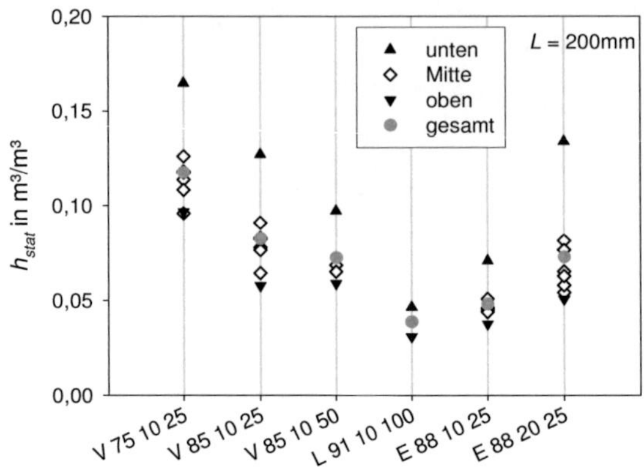

Abb. 3.4: Statischer Flüssigkeitsinhalt der einzelnen Positionen in Stapeln mit 200mm Höhe für verschiedene Schwammtypen. Reproduzierbarkeit ähnlich wie in vorherigen Versuchen, auf Fehlerbalken wurde aus Gründen der Übersichtlichkeit verzichtet.

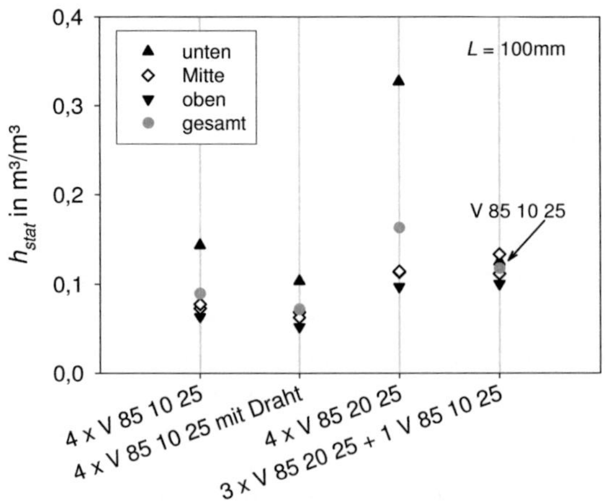

Abb. 3.5: Vergleich verschiedener Drainagevarianten zur Minimierung des Profils des statischen Flüssigkeitsinhalts im Schwammstapel der Höhe 100mm.

Generell lässt sich also sagen, dass alle Schwammtypen eine erhöhte Flüssigkeitsmenge im untersten Element eines Stapels aufweisen. Dies ist möglich-

44

erweise durch ein ungünstiges Abtropfverhalten bedingt. Um diesen Einfluss näher zu untersuchen, wurden weitere Versuche mit verbesserter Drainage durchgeführt. Dazu wurde zum einen der unterste Schwamm im Stapel durch einen Schwamm gleichen Materials mit größeren Poren, also kleinerer Porenzahl, ersetzt. Zum anderen wurden im untersten Schwamm des Stapels durch das Einbringen von Drahtstücken definierte Abtropfstellen geschaffen, die zu einer verbesserten Drainage führen sollten.

In Abb. 3.5 sind die Ergebnisse zur Wirksamkeit der Drainagevarianten aufgetragen. Die zusätzliche Einbringung von Abtropfstellen an den großporigen Aluminiumoxid-Schwämmen (V 85 10 25) in Form von Drähten führt zu einer generellen Erniedrigung des Flüssigkeitsinhalts in allen Elementen im Stapel. Das Profil innerhalb des Stapels bleibt jedoch erhalten. Hier war der Flüssigkeitsinhalt jedoch schon zuvor vergleichsweise gering.

Der Austausch des untersten Elements in einem Stapel aus 20ppi-Schwämmen durch ein Element mit 10ppi (Stapel aus drei V 85 20 25 mit einem V 85 10 25) zeigt die zu erwartende Erniedrigung des Flüssigkeitsinhalts im untersten Element, da die Schwammtypen mit größeren Poren generell einen niedrigeren Flüssigkeitsinhalt aufweisen. Das unterste der in der Mitte des Stapels befindlichen 20ppi-Elemente hat in dieser Konfiguration einen leicht erhöhten Flüssigkeitsinhalt, der jedoch gegenüber der Erniedrigung im untersten Element nicht ins Gewicht fällt. Generell ist das Profil in dieser Stapelreihenfolge vergleichsweise ausgeglichen und der Flüssigkeitsinhalt des gesamten Stapels ist erwartungsgemäß erniedrigt.

3.3.3 Einfluss des Kontaktwinkels auf den statischen Flüssigkeitsinhalt

Der Einfluss des Kontaktwinkels γ auf den statischen Flüssigkeitsinhalt der Schwämme ist bereits in Abb. 3.2 aus dem Unterschied zwischen den Schwämmen aus Silicium-infiltriertem Siliciumcarbid ($\gamma = 21°$) und Aluminiumoxid ($\gamma = 0°$) erkennbar. Ein höherer Kontaktwinkel führt dabei zu niedrigeren Flüssigkeitsinhalten. Jedoch ist dieser Einfluss hier noch nicht getrennt von anderen Parametern wie Offenporigkeit und Porosität beobachtbar.

Der Vergleich zwischen unbeschichteten und mit Paraffin beschichteten Aluminiumoxid-Schwämmen der nominell gleichen Parameter erlaubt es, den Vergleich zwischen den Kontaktwinkeln bei nur leicht unterschiedlicher Porosität vorzunehmen. Die Änderung der Porosität resultiert aus der Beschichtung mit Paraffin und beläuft sich auf einen Volumenanteil von etwa 5%. Aus vorangegangenen Messungen ist bekannt, dass der Flüssigkeitsinhalt mit fallender Porosität steigt. Für die mit Paraffin beschichteten Schwämme mit erniedrigter Porosität ist also ein erhöhter Flüssigkeitsinhalt zu erwarten, wenn der Kontaktwinkel keine Rolle spielt.

In Abb. 3.6 sind die Ergebnisse für den statischen Flüssigkeitsinhalt von Schwämmen mit verschiedenen Kontaktwinkeln erkennbar. Die mit Paraffin beschichteten Schwämme (V 85 10 25 P) weisen oben und in der Mitte des Stapels einen ähnlichen Flüssigkeitsinhalt wie die unbeschichteten Schwämme (V 85 10 25) auf. Im untersten Element ist der Flüssigkeitsinhalt hingegen stark erniedrigt. Der erhöhte Kontaktwinkel und damit die schlechtere Benetzbarkeit führen zu einer verbesserten Drainage. Dieser Trend ist auch bei den Schwämmen aus Silicium-infiltriertem Siliciumcarbid (E 88 10 25) zu erkennen, die ebenfalls einen größeren Kontaktwinkel gegenüber den Aluminiumoxid-Schwämmen aufweisen. Hier ist der gesamte Flüssigkeitsinhalt zusätzlich zum Flüssigkeitsinhalt im untersten Schwamm erniedrigt. Diese Schwämme weisen im Gegensatz zu den Schwämmen aus Aluminiumoxid weniger geschlossene sowie leicht größere Poren auf (siehe Anhang A 1) und reihen sich daher nicht zwischen den anderen beiden Schwammtypen ein.

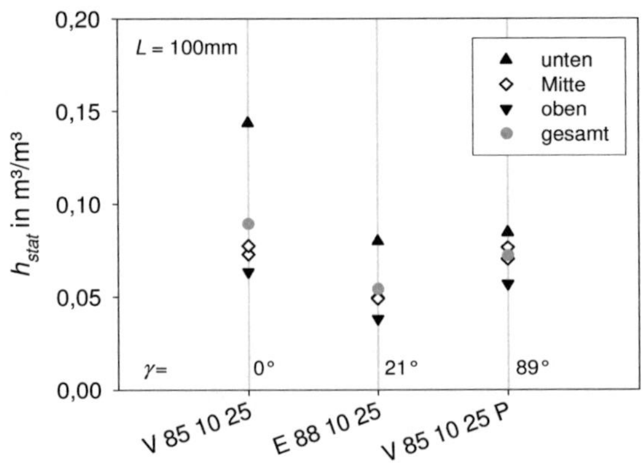

Abb. 3.6: Vergleich von Stapeln der Höhe 100mm aus Materialien mit verschiedenen Kontaktwinkeln: 0° (V 85 10 25), 21° (E 88 10 25), 89° (V 85 10 25 P).

Die Verringerung des Profils innerhalb des Stapels ist diesen Ergebnissen zufolge auf den erhöhten Kontaktwinkel und die schlechtere Benetzbarkeit zurückzuführen. Je größer der Kontaktwinkel, desto weniger ausgeprägt ist das Profil innerhalb des Stapels. Die vergleichbaren Werte zwischen den unbeschichteten und beschichteten Schwämmen oben und in der Mitte des

Stapels sowie der erniedrigte Flüssigkeitsinhalt der Schwämme aus SiSiC deuten auf einen geringeren Einfluss der Porosität und einen größeren Einfluss des Anteils an geschlossenen Poren sowie der leicht unterschiedlichen Porengröße bei gleicher nomineller Porenzahl hin.

3.3.4 Gesamter Flüssigkeitsinhalt im Betrieb

Der gesamte Flüssigkeitsinhalt im Betrieb wurde für verschiedene Konfigurationen von Schwammpackungen bestimmt. Dabei konnten nur Schwammtypen von großer Offenporigkeit eingesetzt werden. Alle Schwammtypen des Herstellers Vesuvius mit 20 und 30ppi (V XX 20 XX bzw. V XX 30 XX) sowie die Schwämme mit 10ppi, Porosität 0,75 und 50mm Elementhöhe (V 75 10 50) führten in der Kolonne zu einem sofortigen Fluten bei Zuschalten des Gasgegenstroms. Unter der Packung konnte für diese Schwammtypen eine mehr oder minder geschlossene Fluidschicht beobachtet werden, die die Problematik des Abtropfens der Schwämme verdeutlicht und in guter Übereinstimmung mit dem stark erhöhten statischen Flüssigkeitsinhalt des untersten Elements im Stapel dieser Schwammtypen steht.

Zum Vergleich der verschiedenen Schwammtypen und Berieselungsdichten wurde eine konstante Packungshöhe von $L = 200$mm gewählt, bei der von einem höhenunabhängigen Wert für den statischen Flüssigkeitsinhalt ausgegangen werden konnte. Im Folgenden werden nur die Ergebnisse ausgewählter Schwammtypen und Berieselungsdichten diskutiert, die exemplarisch für die beobachteten Ergebnisse stehen. Alle weiteren Versuchsergebnisse sind im Anhang A 12 zusammengestellt. Die Reproduzierbarkeit der Ergebnisse wurde anhand der Messungen mit unterschiedlichen Stapelhöhen überprüft und wird dort diskutiert.

In Abb. 3.7 sind die Ergebnisse für eine konstante Berieselungsdichte von $B_L = 13$m^3/(m^{2}h) dargestellt. Generell ist ein konstanter Flüssigkeitsinhalt der Packungen unterhalb des Staupunktes zu erkennen. Dieser ist somit nicht von der Gasbelastung abhängig, solange es zu keinen Stau- oder Fluterscheinungen kommt. Damit entsprechen Schwämme in ihrem Verhalten konventionellen Packungen und Schüttungen.

Wie bereits der statische Flüssigkeitsinhalt ist auch der gesamte Flüssigkeitsinhalt für die Schwammtypen mit der niedrigsten Porosität (V 75 10 25) am höchsten. Die Schwämme mit 10ppi aus Silicium-infiltriertem Siliciumcarbid (E 88 10 25) weisen den niedrigsten Flüssigkeitsinhalt auf. Gleichzeitig bildet sich für diese Schwämme sowie die Silikat-Schwämme (L 91 10 100) ein Staubereich aus, bevor es zum Fluten kommt. Die Schwämme aus Aluminiumoxid und die SiSiC-Schwämme mit 20ppi fluten hingegen ohne ausgeprägten Staubereich und schon bei vergleichsweise niedrigen Gasbelastungsfaktoren. Die Hauptvoraussetzung für die Ausbildung eines Staubereiches ist demzufolge die Offenporigkeit des Schwammtyps.

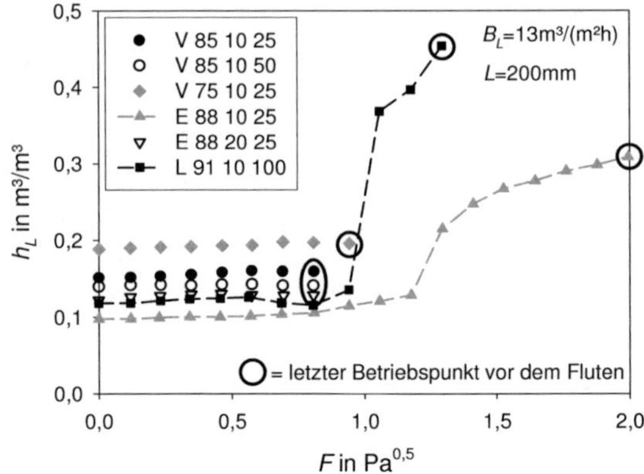

Abb. 3.7: Gesamter Flüssigkeitsinhalt für Packungen mit 200mm Höhe aus verschiedenen Schwammtypen bei konstanter Berieselungsdichte als Funktion der Gasbelastung. Linien dienen der optischen Führung.

Insgesamt lässt sich erkennen, dass die Werte für den gesamten Flüssigkeitsinhalt nur maximal etwa Faktor 1,5 - 3 höher liegen als die Mittelwerte für den statischen Flüssigkeitsinhalt der gleichen Schwammtypen bei gleicher Stapelhöhe (Abb. 3.4). Die kleinsten Faktoren treten dabei bei den Schwammtypen mit den größten statischen Flüssigkeitsinhalten auf (V 75 10 25), während die größten Faktoren bei den Schwammtypen mit den kleinsten Flüssigkeitsinhalten auftreten (L 91 10 100). Dies führt zu der weiteren Hypothese, dass die schlecht abtropfende Flüssigkeit in den Schwammtypen mit niedriger Porosität oder kleinerer Porengröße – und daher hohem statischem Flüssigkeitsinhalt – im Betrieb teilweise durchströmt und damit Teil des dynamischen Flüssigkeitsinhaltes wird. Eine detaillierte Betrachtung dieser Hypothese wird im Zusammenhang mit der gemessenen Verweilzeitverteilung in Kapitel 3.6.3 durchgeführt.

Wie in Abb. 3.8 zu erkennen ist, hat die Berieselungsdichte in erster Linie auf das Flutverhalten der Packung einen Einfluss. Bei höheren Berieselungsdichten kommt es bereits früher zum Stauen und Fluten (vergleiche $B_L = 18,5\text{m}^3/(\text{m}^2\text{h})$ mit $B_L = 13\text{m}^3/(\text{m}^2\text{h})$). Der Staubereich kann bei noch höheren Berieselungsdichten auch ganz entfallen ($B_L = 24,2\text{m}^3/(\text{m}^2\text{h})$)

und ein sofortiges Fluten tritt ein. Der gesamte Flüssigkeitsinhalt steigt etwas mit steigender Berieselungsdichte. Im abgebildeten Fall liegt dies fast innerhalb der Schwankungsbreite der Messergebnisse. Generell lässt sich bei anderen Schwammtypen jedoch derselbe Trend erkennen, so dass sich das Verhalten der Schwämme hierbei ebenfalls mit herkömmlichen Packungen und Schüttungen deckt, auch wenn der Anstieg des Flüssigkeitsinhalts mit der Berieselungsdichte unterhalb des Staupunktes weniger ausgeprägt ist.

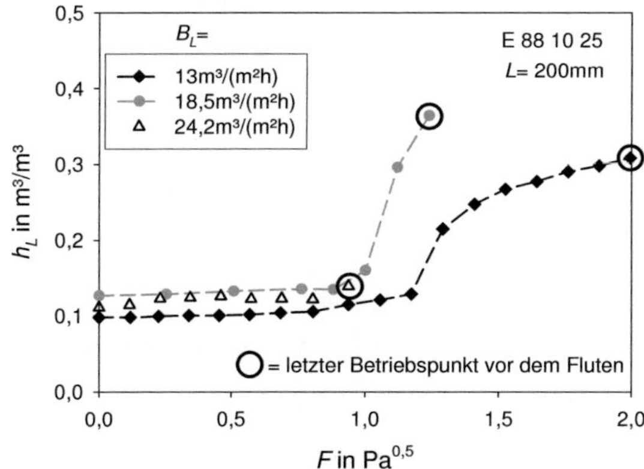

Abb. 3.8: Vergleich der gesamten Flüssigkeitsinhalte bei verschiedenen Berieselungsdichten für Stapel des Schwammtyps E 88 10 25 mit Höhe 200mm als Funktion des Gasbelastungsfaktors. Linien dienen der optischen Führung.

3.3.5 Einfluss der Intersektionen auf den gesamten Flüssigkeitsinhalt

Aufgrund der Erkenntnisse aus den Untersuchungen zum statischen Flüssigkeitsinhalt ist der Einfluss der Intersektionsanzahl auf den gesamten Flüssigkeitsinhalt ebenfalls untersucht worden. Abb. 3.9 zeigt den Einfluss der Element- und Packungshöhe auf den gesamten Flüssigkeitsinhalt für Schwämme vom Typ V 85 10 XX, die in zwei Elementhöhen bei sonst identischen Parametern zur Verfügung standen.

Es ist deutlich zu erkennen, dass der Flüssigkeitsinhalt des einzelnen Elements mit Höhe 50mm sowie der von zwei Elementen mit je 25mm Höhe gegenüber größeren Packungshöhen deutlich erhöht ist. Alle anderen Packungshöhen liegen bei in etwa konstantem Flüssigkeitsinhalt, wobei die Packungen mit mehr Intersektionen (V 85 10 25) stärker schwanken als die Packungen mit weniger Intersektionen (V 85 10 50). Einzelne Konfigurationen mit kleinen Packungshöhen fluten zudem bereits bei einer niedrigeren Gasbelastung, während alle größeren Packungshöhen beider Elementhöhen bei der gleichen Gasbelastung fluten. Die Wahl der Packungshöhe von 200mm für den Vergleich verschiedener Berieselungsdichten oder Schwammtypen sollte daher die Einflüsse der Intersektionsanzahl weitgehend vernachlässigbar machen.

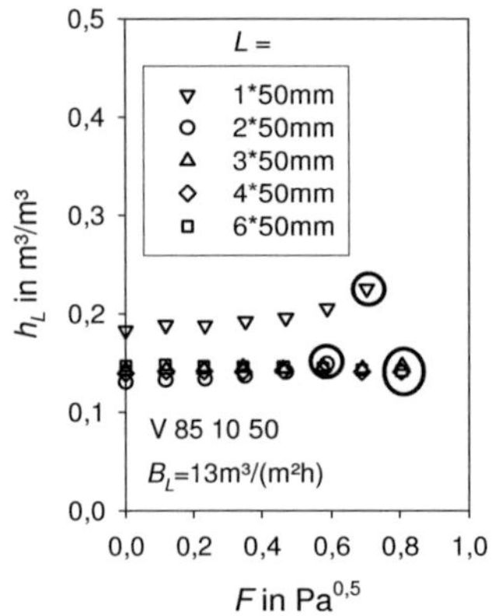
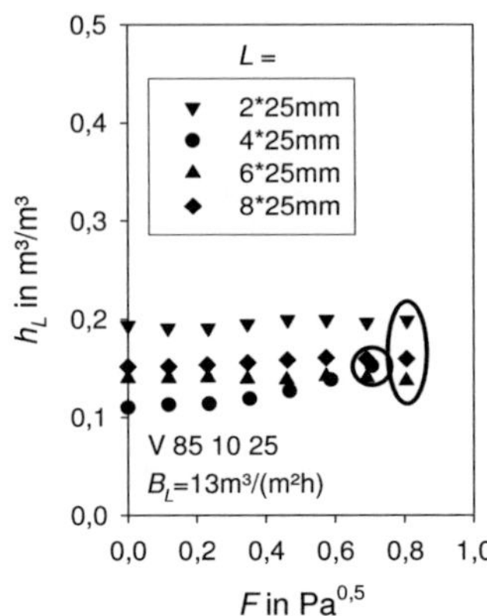

Abb. 3.9: Vergleich des gesamten Flüssigkeitsinhalts verschiedener Element- und Stapelhöhen für den Schwammtyp V 85 10 XX bei konstanter Berieselungsdichte als Funktion des Gasbelastungsfaktors. Letzter Betriebspunkt vor dem Fluten: ○.

In Abb. 3.10 sind die erhaltenen Ergebnisse für eine konstante Berieselungsdichte und unterschiedliche Packungshöhen sowie Auslauf-Konfigurationen der Silikat-Schwämme aufgetragen. Für diesen Schwammtyp lässt sich ein leicht sinkender gesamter Flüssigkeitsinhalt mit steigender Packungshöhe beobachten. Ebenso tritt das Fluten bei der normalen Konfiguration mit steigender Packungshöhe zunehmend früher ein, zuletzt sogar ohne das Auftreten eines Staubereiches. Die Konfiguration mit konischem Auslauf-Element hingegen konnte mit der gewählten Anlagenkonfiguration, die bis zu einer maximalen Gasbelastung von $F = 2\,\mathrm{Pa}^{0,5}$ gefahren werden kann, nicht zum Stauen oder Fluten gebracht werden. Dies ist ein weiterer Beleg dafür, dass die Drainage aus der Packung eine für den Betriebsbereich bestimmende Größe bei keramischen Schwämmen ist.

Das Anfügen eines Drainageelements am unteren Ende einer Packung ist in der Literatur für Monolithen bereits dokumentiert. ***Lebens et al. (1997)*** und ***Heibel et al. (2004)*** arbeiteten mit verschiedenen Auslauf-Konfigurationen für Wabenkörper-Monolithen mit hohen cpsi-Zahlen (*channels per square inch*). Dabei kommen neben Stapeln aus Monolithen verschiedener cpsi-Zahlen auch Bleche sowie abgeschrägte Monolithe als Auslauf-Elemente zur Anwendung *(Adusei und Heibel, 2003)*.

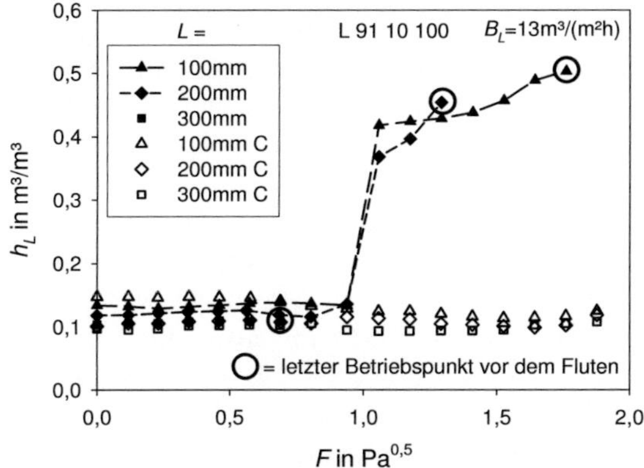

Abb. 3.10: Einfluss der Packungshöhe und des konischen Auslauf-Elements auf den gesamten Flüssigkeitsinhalt der Silikat-Schwämme (L 91 10 100) bei konstanter Berieselungsdichte als Funktion des Gasbelastungsfaktors. Linien dienen der optischen Führung.

3.3.6 Schlussfolgerungen zum Flüssigkeitsinhalt

Aufgrund des ähnlichen Verhaltens von Schwämmen und Wabenkörper-Monolithen lässt sich auf ähnliche Strömungsverhältnisse in den beiden Strukturen schließen. Die Strömungsform der Flüssigkeit in Wabenkörper-monolithen kann in der Regel als Strömung in Strähnenform aufgefasst werden. Dabei befindet sich in einem Kanal des Wabenkörpers je eine Strähne der Flüssigkeit. In Analogie hierzu lässt sich als eine weitere Hypothese formulieren, dass sich in den Schwämmen abhängig von der Flüssigkeitsaufgabe ebenfalls einzelne Flüssigkeitssträhnen ausbilden, die am unteren Schwamm-Ende aus je einer Pore wieder austreten. Diese Hypothese soll durch weitere Betrachtungen zu Fluiddynamik und Stoffübergang überprüft werden.

Ein erster Hinweis für die Neigung zur Ausbildung von einzelnen Flüssigkeitssträhnen als Strömungsform im Schwamm konnte mittels Kernspintomographie-Messungen in der im Rahmen dieser Arbeit durchgeführten Studienarbeit von *Schansker (2007)* gefunden werden. Hierbei wurde mit einer

Tropfstelle Flüssigkeit ohne Gasgegenstrom auf den Schwamm aufgegeben und der Weg der Flüssigkeit mittels zeitlich und örtlich aufgelöster Kernspintomographie-Aufnahmen durch den Schwamm verfolgt. Dabei wurde eine Strähne mit vom Flüssigkeitsdurchsatz abhängigen Durchmesser beobachtet. Bei höheren Durchsätzen kam es zu Fluktuationen im Strömungsweg der Strähne, die Strömungsform als Strähne blieb jedoch erhalten.

Wie schon bei den nicht im Gegenstrom betreibbaren Schwammtypen beobachtet neigt die Flüssigkeit dazu, Bereiche mit geschlossenem Flüssigkeitsfilm an der Unterseite des Schwammstapels auszubilden und nur an durch die Geometrie bevorzugten Stellen abzutropfen, wie zum Beispiel hervorstehenden Stegen. Bei den im Gegenstrom betreibbaren Schwammtypen werden diese Bereiche vermutlich ebenfalls vorhanden sein, nur zunächst in kleinerer Ausprägung. Sollte dies der Fall sein, so würden sie sich bei zunehmendem Gas-Gegenstrom vergrößern, da es zu einem Aufstauen der Flüssigkeit kommen müsste. Bei Einsetzen des Stauens oder Flutens könnte das Gas den Flüssigkeitsfilm zunächst nicht mehr durchbrechen und würde die Flüssigkeit daran hindern, aus der Packung abzulaufen. Je nach Verhältnis von Gas- zu Flüssigkeitsbelastung sowie der Porengröße und der Offenporigkeit könnte es zu einem unmittelbaren Fluten der Schwammpackung kommen. Dieses Verhalten entspräche dem Verhalten von Wabenkörper-Monolithen. Der Vorteil der Schwämme gegenüber den Wabenkörper-Monolithen wäre hierbei, dass das Gas zwischen den einzelnen Kanälen quertauschen kann und somit zumindest gasseitig eine gute Durchmischung vorliegt.

Die Ergebnisse der Schwammpackungen mit Drainage untermauern diese Hypothese ebenfalls. Durch den Einsatz des konischen Auslauf-Elementes wird die Flüssigkeit gezielt zur Spitze des Konus geführt, aus der sie als ein Strahl aus dem Schwammkörper abfließt. Dadurch kommt es zu keiner Tropfenbildung an den einzelnen Poren und damit zu keiner Ausbildung einer geschlossenen Fluidschicht am unteren Schwammende. Diese ließ sich im Betrieb auch nicht beobachten. Der Betriebsbereich wird wie bei anderen monolithischen Strukturen auch durch das Auslauf-Element deutlich verbessert *(Adusei und Heibel, 2003)*. All diese vorgestellten Ergebnisse weisen bereits auf die Gültigkeit dieser Hypothese hin.

3.3.7 Feuchter Druckverlust

Als weiterer Parameter zur Charakterisierung der Schwammpackungen wurde der feuchte Druckverlust gemessen. Hierfür werden im Folgenden die gemessenen Werte für die in den vorangegangenen Kapiteln präsentierten Flüssigkeitsinhalte vorgestellt und näher diskutiert. Alle weiteren Ergebnisse finden sich im Anhang A 12.

Im Vergleich der einzelnen Schwammtypen miteinander (siehe Abb. 3.11) kann eine analoge Reihenfolge zum gesamten Flüssigkeitsinhalt (siehe Abb. 3.7) gefunden werden. Dabei weisen die Schwammtypen mit dem größten Flüssigkeitsinhalt auch den höchsten Druckverlust auf. Generell liegt der feuchte Druckverlust für eine Berieselungsdichte von $B_L = 13 \mathrm{m}^3/(\mathrm{m}^2\mathrm{h})$ bis zum Erreichen des Flutpunktes bei Werten von $\Delta p/L < 60 \mathrm{mbar/m}$. Schwämme mit sehr offenporigen Strukturen (E 88 XX 25 und L 91 10 100) liegen unterhalb des Staupunkts sogar bei Werten von $\Delta p/L \leq 3 \mathrm{mbar/m}$, während der feuchte Druckverlust bei den nicht ganz so offenporigen Aluminiumoxid-Schwämmen (V 85 10 XX) Werte bis zu $\Delta p/L \leq 7 \mathrm{mbar/m}$ annimmt. Der Schwamm mit der niedrigsten Porosität (V 75 10 25) weist erwartungsgemäß den höchsten Druckverlust mit $\Delta p/L \leq 25 \mathrm{mbar/m}$ auf.

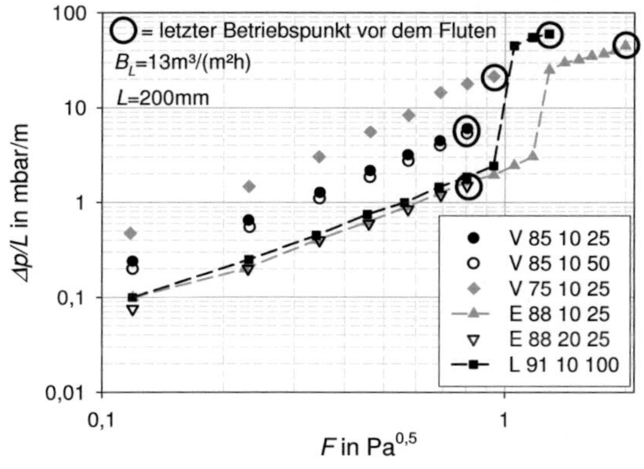

Abb. 3.11: Feuchter Druckverlust für die verschiedenen Schwammtypen bei konstanter Berieselungsdichte und Packungshöhe als Funktion des Gasbelastungsfaktors. Linien dienen der optischen Führung.

Der Vergleich der Werte für einen Schwammtyp (hier E 88 10 25) bei verschiedenen Berieselungsdichten (Abb. 3.12) lässt ebenfalls eine Übereinstimmung mit den Werten für den Flüssigkeitsinhalt (Abb. 3.8) erkennen. Der Druckverlust ist für die Berieselungsdichte von $B_L = 13 \mathrm{m}^3/(\mathrm{m}^2\mathrm{h})$ mit dem geringsten Flüssigkeitsinhalt ebenfalls am geringsten. Für die beiden höheren Berieselungsdichten von $B_L = 18{,}5 \mathrm{m}^3/(\mathrm{m}^2\mathrm{h})$ und $B_L = 24{,}2 \mathrm{m}^3/(\mathrm{m}^2\mathrm{h})$ liegt in etwa der gleiche Wert für den Flüssigkeitsinhalt und auch den Druckverlust vor. Bei der sprunghaften Erhöhung des Flüssigkeitsinhalts am Staupunkt ist ebenfalls ein sprunghafter Druckverlustanstieg zu beobachten. Danach verläuft der Druckverlust mit ähnlicher Steigung wie vor dem Staupunkt.

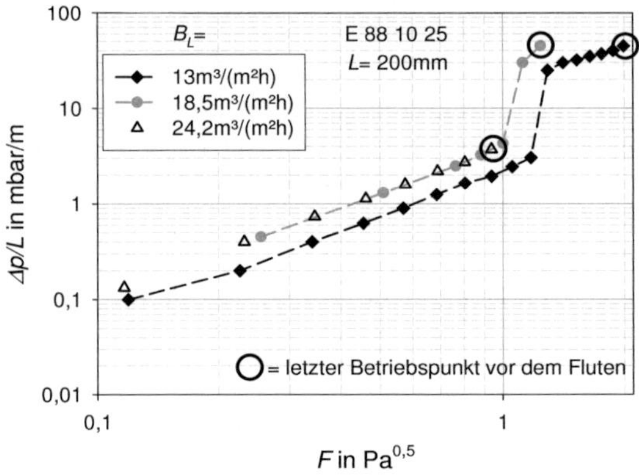

Abb. 3.12: Feuchter Druckverlust für die SiSiC-Schwämme vom Typ E 88 10 25 bei verschiedenen Berieselungsdichten und konstanter Packungshöhe als Funktion des Gasbelastungsfaktors. Linien dienen der optischen Führung.

Dieses Verhalten ist für herkömmliche Kolonneneinbauten nicht typisch. Hier werden meist eine Zunahme der Steigung des Druckverlustes am Staupunkt und ein fast unendlich steiler Anstieg bei Einsetzen des Flutens beobachtet. Dies spricht dafür, dass sich in den Schwämmen oberhalb des Staupunktes nicht wie in Packungen allmählich ein steigender Flüssigkeitsinhalt ausbildet, der nach und nach die Packung füllt. Vielmehr füllt sich die komplette Packung am Staupunkt mit Flüssigkeit und bildet anschließend eine Sprudelschicht aus, die aber je nach Schwammtyp noch betreibbar bleibt und nicht über die Packung hinausragt. In dieser Sprudelschicht ist die Proportionalität des Druckverlustes zur Gasgeschwindigkeit in etwa vergleichbar zu der Proportionalität unterhalb des Staupunktes.

Der Einfluss der Intersektionsanzahl auf den Druckverlust ist für die Aluminiumoxid-Schwämme vom Typ V 85 10 XX in Abb. 3.13 dargestellt. Im Vergleich zu den Werten für den gesamten Flüssigkeitsinhalt aus Abb. 3.9 ist hier ebenfalls eine gute Reproduzierbarkeit der Messwerte zu erkennen. Generell schwanken die Werte für den feuchten Druckverlust weniger stark als für den Flüssigkeitsinhalt. Ein deutlicher Einfluss für die Anzahl an Intersektionen auf den gemessenen Druckverlust ist nicht erkennbar.

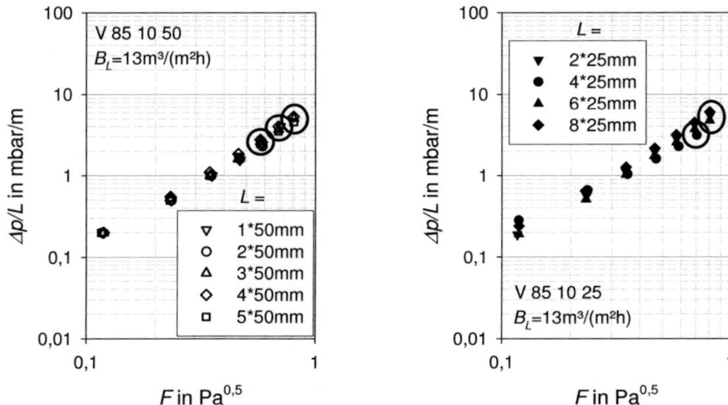

Abb. 3.13: Feuchter Druckverlust für verschiedene Element- und Stapelhöhen der Schwämme V 85 10 XX bei konstanter Berieselungsdichte als Funktion des Gasbelastungsfaktors. Letzter Betriebspunkt vor dem Fluten: o

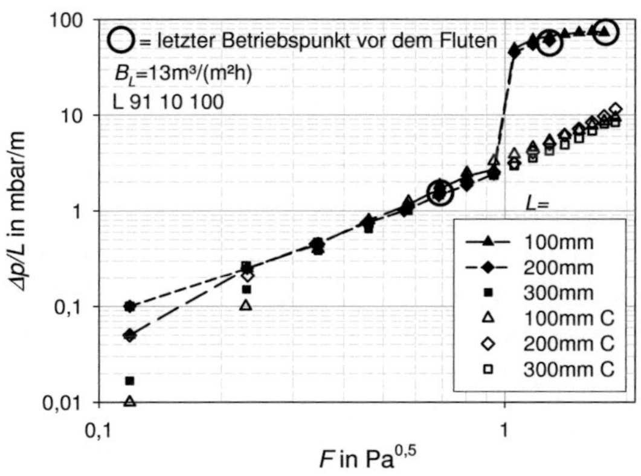

Abb. 3.14: Feuchter Druckverlust für die Silikat-Schwämme (L 91 10 100) bei verschiedenen Stapelhöhen mit und ohne konisches Auslauf-Element bei konstanter Berieselungsdichte als Funktion des Gasbelastungsfaktors. Linien dienen der optischen Führung.

Ähnliche Ergebnisse zeigen sich auch für die Silikat-Schwämme (L 91 10 100), wie in Abb. 3.14 zu sehen ist. Hier ist ebenfalls in Analogie zum gesamten Flüssigkeitsinhalt (Abb. 3.10) nur ein geringer Unterschied zwischen den einzelnen Stapelhöhen zu erkennen. Der höchste Stapel hat hier den kleinsten Flüssigkeitsinhalt. Für den Druckverlust kann dies ebenfalls festgestellt werden.

Generell sind die gemessenen Werte für den Druckverlust in guter Übereinstimmung mit den gemessenen Werten für den Flüssigkeitsinhalt. Bei niedrigen Gasbelastungsfaktoren ist der gemessene Absolutwert aufgrund der limitierten Packungshöhe zudem sehr gering, sodass es aufgrund der Messungenauigkeit hier zu stärkeren Abweichungen kommen kann. Für alle Messkurven lässt sich in doppeltlogarithmischer Auftragung eine Steigung wenig kleiner als 2 feststellen, was sich mit den in der Literatur dokumentierten Abhängigkeiten des Druckverlustes vom Quadrat der Gasgeschwindigkeit und somit auch vom Quadrat des Gasbelastungsfaktors $F = u_G \cdot \sqrt{\rho_G}$ deckt.

3.4 Vergleich mit Korrelationen aus der Literatur

Für die Verifikation der Hypothese, dass sich keramische Schwämme mit für herkömmliche Packungen und Schüttungen aufgestellten Korrelationen beschreiben lassen, wurde eine Analyse der gemessenen Daten für den Flüssigkeitsinhalt mit den in Kapitel 3.1.1 vorgestellten Berechnungsmodellen durchgeführt. Dafür wurde der Flüssigkeitsinhalt für die Packungen als Funktion der Gasbelastung vorausberechnet.[6] Die Konfiguration mit konischem Auslauf für die Silikat-Schwämme wurde dabei hinsichtlich ihres Flutverhaltens nicht berücksichtigt, da kein Flutpunkt experimentell ermittelt werden konnte. Darüber hinaus decken sich die Ergebnisse für den Flüssigkeitsinhalt unterhalb des Staupunktes mit denen für die Konfiguration ohne konischen Auslauf und wurden daher nicht doppelt aufgetragen. Des Weiteren wurden für den gesamten Flüssigkeitsinhalt nur die Daten für Packungen mit 200mm Stapelhöhe bei den drei gemessenen Berieselungsdichten berücksichtigt, da hier kein Einfluss der Intersektionen auf den Flüssigkeitsinhalt mehr beobachtet werden konnte. Generell ist keine allzu gute Übereinstimmung der Korrelationen mit den Messwerten zu erwarten, da in den experimentellen Ergebnissen zum Teil ein von herkömmlichen Packungen und Schüttungen abweichendes Verhalten der Schwämme beobachtet wurde.

---

[6] Alle verwendeten Stoffwerte und Stoffwertkorrelationen sind im Anhang A 5 zusammengestellt.

3.4.1 Statischer Flüssigkeitsinhalt

Für den statischen Flüssigkeitsinhalt liefern lediglich die Korrelationen von Engel sowie Saez und Carbonell eine Vorhersage. Der von Lévêque et al. vorhergesagte konstante Wert für Schwammstrukturen ist aufgrund der fehlenden Untersuchung von Einflussparametern nicht auf die Ergebnisse dieser Arbeit anwendbar. In allen anderen Korrelationen ist der statische Flüssigkeitsinhalt implizit im gesamten Flüssigkeitsinhalt enthalten.

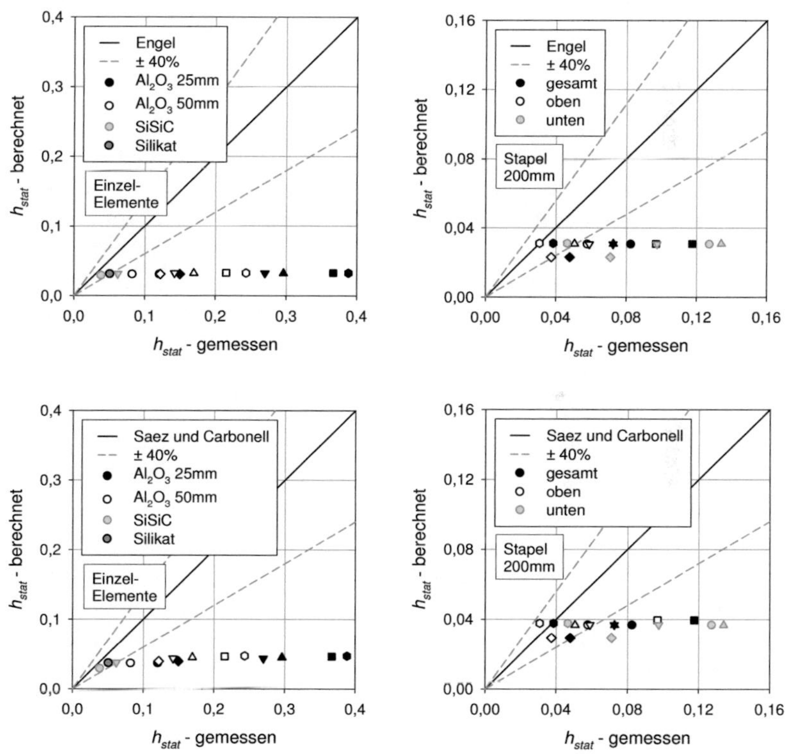

Abb. 3.15: Vergleichs-Diagramme für die Vorhersage des statischen Flüssig-keitsinhalts nach den Korrelationen von Engel (oben) sowie Saez und Car-bonell (unten) für einzelne Elemente (links) sowie zwei Positionen und den gesamten Schwammstapes der Höhe 200mm (rechts).

Abb. 3.15 zeigt Vergleichs-Diagramme für die Korrelationen von Engel (oben) sowie Saez und Carbonell (unten). In der linken Abbildung ist jeweils der Vergleich für alle einzelnen Elemente aufgetragen. Hier ist zu erkennen, dass beide Korrelationen für den Großteil der einzelnen Elemente den Flüssigkeitsinhalt nicht korrekt wiedergeben können. Die Korrelation von Saez und Carbonell sagt dabei leicht größere Werte vorher als die Korrelation von Engel. Lediglich für die Silikat-Schwämme und die Schwämme aus SiSiC kann eine gute Übereinstimmung erreicht werden.

Da aber bereits bei den Versuchen zum Flüssigkeitsinhalt in Schwammstapeln festgestellt wurde, dass der Flüssigkeitsinhalt einzelner Elemente stets erhöht gegenüber dem Flüssigkeitsinhalt eines Schwammstapels des gleichen Typs ist, wurden die Korrelationen ebenfalls an den Werten für die gesamten Schwammstapel mit Höhe 200mm überprüft sowie für das oberste und unterste Element in diesen Stapeln. Die Ergebnisse sind jeweils rechts in Abb. 3.15 dargestellt.

Bei der Betrachtung der Ergebnisse für die Schwammstapel ist für beide Korrelationen eine geringfügig bessere Beschreibung der Daten zu erkennen. Erwartungsgemäß werden die Werte des obersten Elements am besten wiedergegeben, während das unterste Element sehr schlecht wiedergegeben wird. Der Mittelwert für den Stapel liegt dazwischen. Generell wird der statische Flüssigkeitsinhalt für die betrachteten Schwammtypen auch hier unterschätzt. *Engel (1999)* gibt für die Gültigkeit seiner Korrelation an, dass der statische Flüssigkeitsinhalt für metallische Einbauten sowie Einbauten aus Kunststoff gut wiedergegeben werden kann, es für keramische Körper jedoch zu einer Überschreitung der berechneten Werte um ein Vielfaches kommen kann. Die Limitierung des Wertes auf 0,033 kann also die Werte für keramische Strukturen im Allgemeinen nicht wiedergeben.

Engel erklärt die Abweichungen zwischen Korrelation und Messdaten für Metall- oder Kunststoffpackungen einerseits und den Messdaten für keramische Kolonneneinbauten andererseits mit der Mikroporosität und Hydrophilie der keramischen Materialien. Diese saugen größere Mengen Flüssigkeit in das Feststoffmaterial hinein. Diese Erklärung trifft im vorliegenden Fall jedoch nur zum Teil zu. Aus den Messungen zur gesamten und äußeren Porosität der Schwämme ist bekannt, dass der Unterschied zwischen den beiden Porositätswerten in der Regel etwa 0,05 beträgt, für die SiSiC-Schwämme ist er hingegen fast nicht vorhanden. Sollte die Mikroporosität der Hauptgrund für den erhöhten Flüssigkeitsinhalt sein, so müsste der Unterschied zwischen Messung und Rechnung in der gleichen Größenordnung liegen wie der Porositätsunterschied. Für die meisten einzelnen Elemente ist dies jedoch nicht der Fall.

Bei der Betrachtung der Elementstapel kann diese Erklärung ebenfalls als lediglich einer der möglichen Gründe angesehen werden, da die beobachteten

Werte für die Silikat-Schwämme sogar niedriger sind als die Differenz der beiden Porositätswerte bei diesen Schwämmen. Zudem wurde bei den SiSiC-Schwämmen, deren Mikroporosität infiltriert wurde und die somit im Verhalten eher einer metallischen Packung entsprechen sollten, ebenfalls ein erhöhter statischer Flüssigkeitsinhalt festgestellt. Vielmehr scheint bei den Schwämmen die Anzahl an geschlossenen Poren sowie die Porengröße und damit die Drainage ein entscheidender Faktor für den erhöhten statischen Flüssigkeitsinhalt zu sein.

3.4.2 Gesamter Flüssigkeitsinhalt

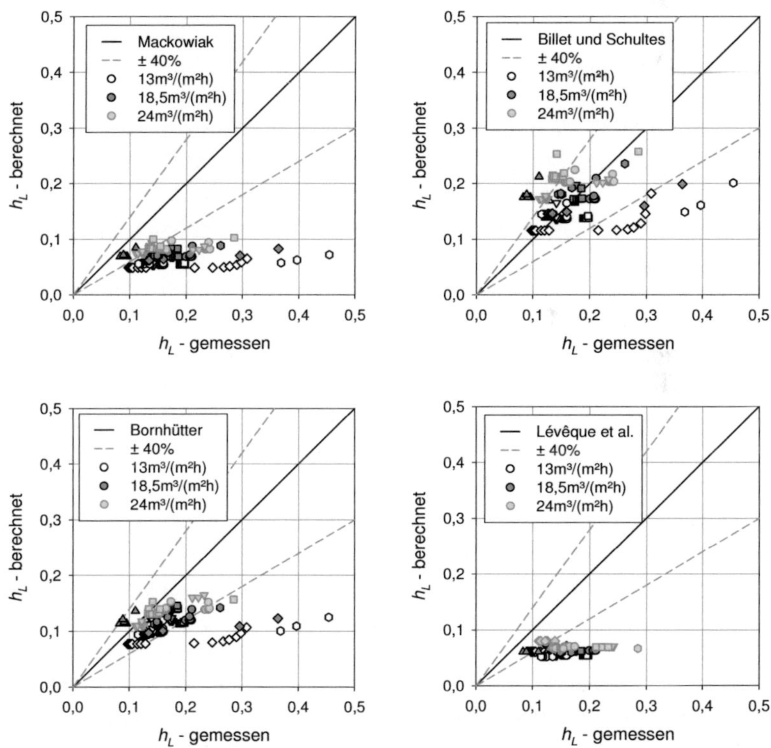

Abb. 3.16: Vergleichs-Diagramme für die Korrelationen von Maćkowiak, Billet und Schultes, Bornhütter (alle erster Modell-Typ) sowie Lévêque et al. (Schwammstrukturen unterhalb des Staupunktes) zur Bewertung der Gültigkeit der Berechnungsmodelle für den Flüssigkeitsinhalt angewandt auf Stapel einer Höhe von 200mm.

In Abb. 3.16 sind die berechneten Werte für den gesamten Flüssigkeitsinhalt für die Korrelationen vom ersten Typ von Maćkowiak, Billet und Schultes sowie Bornhütter und für die für Schwämme vorgenommene Modellierung von Lévêque et al. über den gemessenen Werten dargestellt. Für die Korrelation von Billet und Schultes ist eine packungsspezifische Konstante erforderlich, die für diese Berechnungen auf den Wert $C_h = 1{,}9$ gesetzt wurde, den **Billet und Schultes (1999)** für die keramische Packung vom Typ „Impulse Ceramic Packing" angeben. Für das Modell von Maćkowiak wurde das gemessene Verhältnis von Flüssigkeitsgeschwindigkeit zu Gasgeschwindigkeit am Flutpunkt verwendet.

Es ist zu erkennen, dass die Korrelation von Maćkowiak den Flüssigkeitsinhalt stets um mehr als 40% unterschätzt und somit nicht für die Beschreibung von Schwammstrukturen geeignet ist. Die ebenfalls zum ersten Typ gehörende Korrelation von Bornhütter kann lediglich einen Teil der Messergebnisse mit $\pm 40\%$ wiedergeben, insbesondere der Anstieg des Flüssigkeitsinhaltes oberhalb des Staupunkts kann nur eingeschränkt dargestellt werden. Die Korrelation von Billet und Schultes streut sehr stark, kann die Werte aber für manche Schwammtypen im Vergleich zu den anderen Korrelationen des ersten Typs gut wiedergeben. Die Korrelationen vom ersten Typ sind daher allenfalls eingeschränkt geeignet, um das Verhalten der Schwammstrukturen wiederzugeben.

Die Korrelation nach Lévêque et al. verhält sich vergleichbar zu den Korrelationen vom ersten Typ. Hier ist jedoch nur der Bereich unterhalb des Staupunktes im Vergleichsdiagramm aufgetragen, in dem die Korrelation gültig ist. Die ermittelten Messwerte werden von dieser Korrelation meist ebenfalls um mehr als 40% unterschätzt.

In Abb. 3.17 sind die zum dritten Typ gehörenden Modelle von Saez und Carbonell sowie Rocha et al. aufgetragen. Für das erste Modell wurden die von **Saez und Carbonell (1985)** vorgeschlagenen abgewandelten Ergun-Konstanten $A' = 180$ und $B' = 1{,}8$ verwendet, die die größte Übereinstimmung mit den Messwerten lieferten. Dieses Modell ist nur eingeschränkt in der Lage die Messwerte wiederzugeben. Insbesondere für den Anstieg des Flüssigkeitsinhalts oberhalb des Staupunkts ist das Modell wenig geeignet. Das Modell nach Rocha et al. benötigt als packungsspezifische Parameter den Neigungswinkel der Packungslagen gegenüber der Horizontalen φ sowie die benetzte Kanallänge S. Diese beiden Größen wurden für die Schwämme zu $\varphi = 90°$ aufgrund des fast vertikalen Verlaufs der Stege sowie $S = d_h$ gewählt. Dies geschah in Übereinstimmung mit den für die Stoffübergangskorrelation des gleichen Autors gewählten Parametern, siehe Kapitel 4.4.1.

Die Korrelation überschätzt für die meisten Schwammtypen den Flüssigkeits-inhalt deutlich. Auch hier ist keine korrekte Wiedergabe des Anstiegs mit der Gaslast zu erkennen. Der dritte Modelltyp ist daher ebenfalls nicht in der Lage, das Verhalten der Schwämme umfassend zu beschreiben.

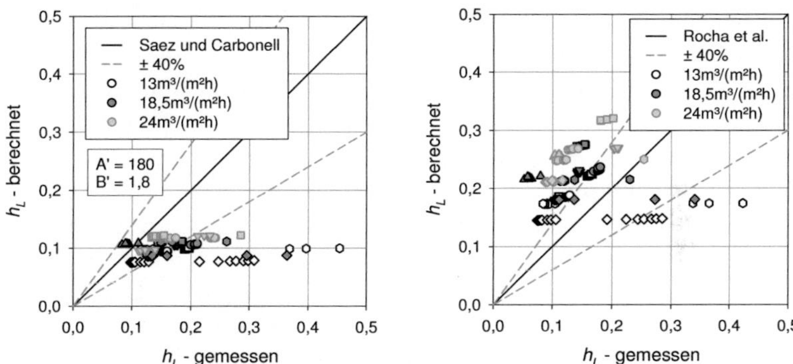

Abb. 3.17: Vergleichs-Diagramme für die Modelle von Saez und Carbonell sowie Rocha et al. (Typ III) zur Bewertung der Gültigkeit der Berechnungs-modelle für den Flüssigkeitsinhalt angewandt auf Stapel einer Höhe von 200mm.

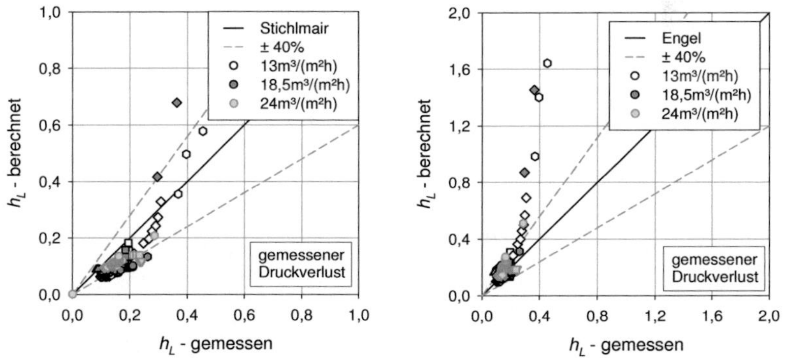

Abb. 3.18: Vergleichs-Diagramme für die Korrelationen von Stichlmair et al. und Engel unter Verwendung des gemessenen Druckverlustes zur Berechnung des Flüssigkeitsinhaltes angewandt auf Stapel einer Höhe von 200mm.

In Abb. 3.18 sind die beiden Korrelationen des zweiten Typs von Stichlmair et al. und Engel in Vergleichs-Diagrammen aufgetragen. Für beide Korrelationen wurde der gemessene Druckverlust zur Anpassung des Flüssigkeitsinhalts mit der Gasbelastung verwendet. Dabei wurde für die Korrelation von Engel der gesamte Flüssigkeitsinhalt als Summe des theoretisch berechneten statischen und dynamischen Flüssigkeitsinhalts ermittelt. Ein Vergleich zwischen den beiden dynamischen Werten erschien aufgrund der großen Abweichungen von Messung und berechnetem Wert des statischen Flüssigkeitsinhalts nicht sinnvoll.

Es ist zu erkennen, dass die Korrelation von Stichlmair et al. die Messwerte leicht unterschätzt, dies aber mit maximal 40% Abweichung nach unten. Der starke Anstieg oberhalb des Staupunktes kann hingegen durch die Verwendung des Druckverlustes sehr gut wiedergegeben werden. Die Korrelation von Engel, als eine Weiterentwicklung der Korrelation von Stichlmair et al., gibt den Flüssigkeitsinhalt unterhalb des Staupunktes hingegen sehr gut wieder, überschätzt jedoch den ansteigenden Flüssigkeitsinhalt bis hin zu unrealistischen Werten > 1. Diese Werte liegen größtenteils bereits über dem von dieser Korrelation vorhergesagten Flutpunktes und sind daher nicht vollständig in der Bewertung zu berücksichtigen. Die Korrelationen vom zweiten Typ scheinen zunächst neben der Korrelation von Billet und Schultes als einzige in der Lage zu sein, den Anstieg des Flüssigkeitsinhalts mit Gasgegenstrom richtig wiederzugeben.

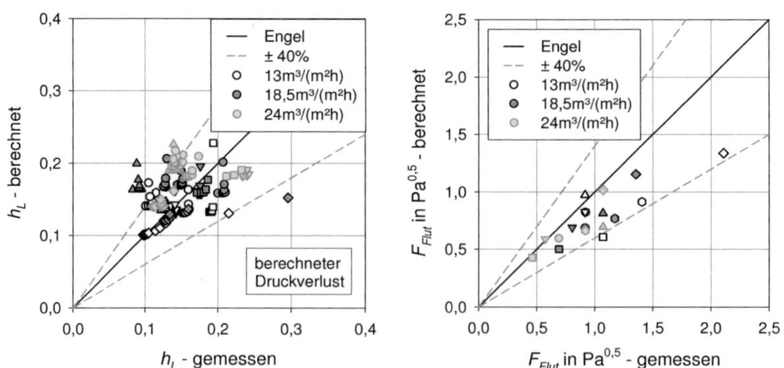

Abb. 3.19: Vergleichs-Diagramm für die Korrelation von Engel unter Verwendung des berechneten Druckverlustes für die Berechnung des Flüssigkeitsinhalts (links) sowie Vergleichs-Diagramm für die Vorhersagegüte der Flutgasbelastung (rechts).

Daher wurde eine weitere Berechnung für das besser geeignete Modell von Engel unter Verwendung der von Engel vorgeschlagenen Gleichung zur

Vorhersage des Druckverlustes durchgeführt, die auch in Kapitel 3.4.3 hinsichtlich ihrer Vorhersagegüte nochmals betrachtet wird. Druckverlust und Flüssigkeitsinhalt sind dabei miteinander verknüpft, daher erfolgt die Lösung der Gleichung numerisch. Der hierfür benötigte Reibungsbeiwert stammt aus einem Koeffizientenvergleich (siehe Anhang A 8) mit den Druckverlustkorrelationen von Dietrich, die für die in diesem Projekt verwendeten keramischen Schwämme entwickelt und in Kapitel 3.1.2 vorgestellt wurden. Die Ergebnisse sind in Abb. 3.19 auf der linken Seite dargestellt. Hierbei wurde die Berechnung abgebrochen, wenn der Flutpunkt erreicht war, da die Korrelation für Werte oberhalb des theoretischen Flutpunktes unter Verwendung des berechneten Druckverlustes keine Lösung mehr liefert. Die aus dieser Berechnung erhaltenen Werte stimmen gut mit den gemessenen Werten überein, dabei kommt es eher zu einer leichten Überschätzung des Flüssigkeitsinhalts durch die Korrelation.

Die Vorhersage der Gasbelastung am Flutpunkt durch die Korrealtion von Engel ist rechts in Abb. 3.19 dargestellt. Der Flutpunkt der Schwämme wird tendenziell unterschätzt mit maximal 40% Abweichung. Die Unterschätzung kann zum einen aus der Tatsache herrühren, dass bei der Messung die Gasbelastung in diskreten Schritten erhöht wurde und so systematisch ein zu hoher Wert für den Flutpunkt ermittelt wird. Diese systematische Abweichung liegt jedoch bei maximal $+0{,}15\,\mathrm{Pa}^{0,5}$ und kann daher die Abweichungen zwischen Messung und Korrelation nicht alleine erklären.

3.4.3 Feuchter Druckverlust

Für den feuchten Druckverlust wurden drei Korrelationen ausgewertet, die jeweils auf einen Reibungsbeiwert zurückgreifen. Dieser wurde durch Koeffizientenvergleich aus den von Dietrich et al. bestimmten trockenen Druckverlustgleichungen 3.45 und 3.46 ermittelt (siehe Anhang A 8). Für die Korrelation nach Engel (Gleichung 3.28) ergab sich dabei für jeden Schwammtyp ein eigener konstanter Reibungsbeiwert, da der lineare Term der Gleichung von Dietrich et al. vernachlässigt wurde. Aus dem Koeffizientenvergleich für die Korrelation nach Maćkowiak (Gleichung 3.9) sowie Billet und Schultes (Gleichung 3.15) ergibt sich hingegen jeweils ein von der Gasgeschwindigkeit abhängigen Reibungsbeiwert, der sich zudem nach den Schwammtypen entsprechend der beiden von Dietrich et al. aufgestellten Korrelationen unterscheidet. Die Korrelationen unterscheiden sich also in der Abhängigkeit von der Gasgeschwindigkeit. Die Korrelation nach Engel ist rein quadratisch von dieser abhängig, die Korrelationen nach Maćkowiak sowie Billet und Schultes berücksichtigt auch den linearen Term.

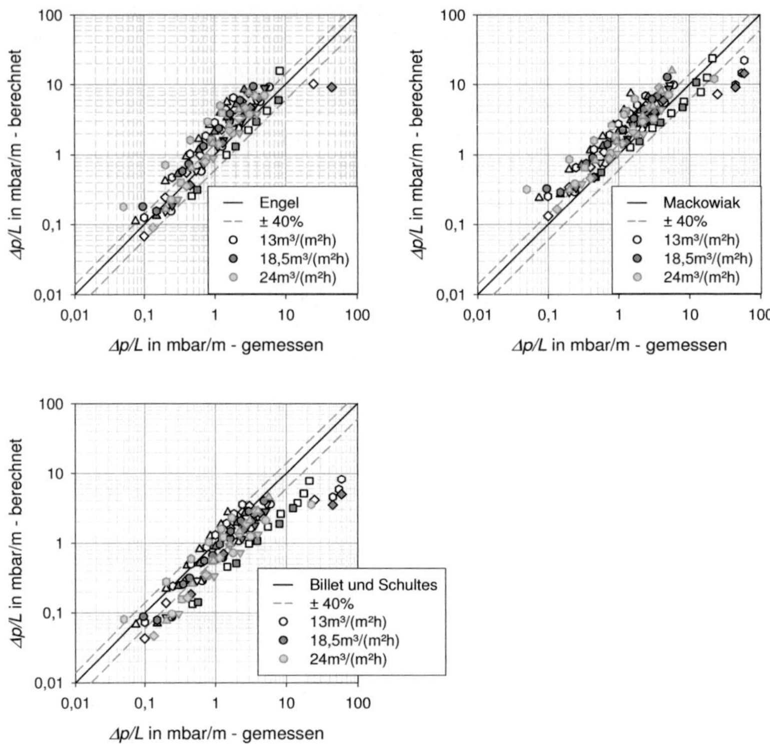

Abb. 3.20: Vergleichsdiagramme für die Druckverlustkorrelationen nach Engel (oben links), Maćkowiak (oben rechts) sowie Billet und Schultes (unten) in doppeltlogarithmischer Auftragung.

In Abb. 3.20 sind Vergleichsdiagramme für die Korrelationen zur Berechnung des feuchten Druckverlustes aufgetragen. Zu beachten ist, dass oberhalb des von der Korrelation nach Engel vorhergesagten Flutpunktes keine Berechnung des Druckverlustes mehr möglich ist. Somit konnte für einige Messdaten nur den anderen Korrelationen folgend ein Druckverlust vorhergesagt werden. Generell überschätzen die Korrelationen nach Engel und Maćkowiak den feuchten Druckverlust, während die Korrelation nach Billet und Schultes zu kleine Werte vorhersagt. Hierbei ist die absolute Fehlerquadratsumme für die Anpassungen von Engel und Maćkowiak in etwa gleich groß, bei der Korrelation nach Maćkowiak erfolgte die Anpassung jedoch für mehr Datenpunkte, da auch die hohen Druckverlustwerte vorhergesagt werden konnten. Diese Korrelation ist also geringfügig besser geeignet. Die Korrelation nach

Billet und Schultes sagt Werte für gleich viele Daten wie die Korrelation nach Maćkowiak voraus und weist dabei eine etwa 25% größere Fehlerquadratsumme auf.

3.4.4 Schlussfolgerungen für den Vergleich mit Korrelationen

Generell lassen sich Schwämme in ihrem Verhalten bezüglich des gesamten Flüssigkeitsinhalts nur mit der Korrelation von Engel unter Verwendung des berechneten Druckverlustes mit einer Genauigkeit von $\pm40\%$ sowie mit der Korrelation nach Billet und Schultes mit leicht schlechterer Genauigkeit beschreiben. Engel gibt für seine Korrelation eine Abweichung von $\pm30\%$ für die meisten herkömmliche Packungen und Schüttungen an. Schwämme verhalten sich also nur bedingt wie herkömmliche Kolonneneinbauten hinsichtlich des Flüssigkeitsinhalts und des Flutverhaltens. Eine gute Wiedergabe des statischen Flüssigkeitsinhalts ist nicht möglich, wobei Engel bei der Entwicklung der Korrelation hier schon eine Einschränkung der Gültigkeit für keramische Materialien angibt. Das frühe Fluten der Schwammpackungen ist nach der Korrelation von Engel hingegen zu erwarten, es wird meistens bei noch geringeren Gasbelastungen vorhergesagt als gemessen wurden. Für den feuchten Druckverlust ist nur eine schlechte Wiedergabe der Messwerte mittels der vorgestellten Korrelationen möglich. Hierbei ist die Korrelation nach Maćkowiak geringfügig besser geeignet. Für eine erste Abschätzung der fluiddynamischen Betriebsparameter ist die Korrelation von Engel über alle Parameter jedoch hinreichend genau.

Zwischen der vergleichsweise guten Wiedergabe des gesamten Flüssigkeitsinhalts und der deutlichen Unterschätzung des statischen Flüssigkeitsinhalts ergibt sich ein Widerspruch. Hierbei ist jedoch die Größenordnung des berechneten statischen Flüssigkeitsinhalts im Vergleich zu der des berechneten gesamten Flüssigkeitsinhalts zu beachten. Die Werte für den gesamten Flüssigkeitsinhalt bewegen sich zwischen 0,08 und 0,3, während der statische Flüssigkeitsinhalt mit einem Maximalwert von 0,03 hierbei nur für die kleineren Werte ins Gewicht fällt. Eine gute Vorhersage des dynamischen Flüssigkeitsinhalts als dominante Größe des gesamten Flüssigkeitsinhalts ist für eine gute Wiedergabe der Messwerte daher hinreichend.

Des Weiteren bestärkt dieser Widerspruch die bereits zuvor abgeleitete Hypothese, dass der durch eine schlechte Drainage verursachte erhöhte statische Flüssigkeitsinhalt im Betrieb partiell zu einem Teil des dynamischen Flüssigkeitsinhalts wird und damit auch durchströmt wird. Dies könnte ebenfalls zu der beobachteten Abweichung führen. Eine genauere Betrachtung dieser Hypothese erfolgt nochmals im Zusammenhang mit der gemessenen Verweilzeitverteilung in Kapitel 3.6.

Die Hypothese, dass sich Schwämme mit für herkömmliche Packungen und Schüttungen entwickelten Korrelationen in ihrem fluiddynamischen Verhalten beschreiben lassen, konnte somit für den gesamten Flüssigkeitsinhalt verifiziert werden. Für den statischen Flüssigkeitsinhalt war dies jedoch nicht möglich, hier ergab sich ein Widerspruch. Die Auflösung dieses Widerspruchs soll mittels der Betrachtungen zur Verweilzeitverteilung erfolgen.

Aus den Drainage-Eigenschaften ließ sich außerdem die Hypothese ableiten, dass die Flüssigkeitsströmungsform in den Schwämmen in Strähnen ausgeprägt ist. Dazu konnten aus Kernspintomographie-Messungen bereits erste Hinweise gewonnen werden. Ebenso deuten alle Ergebnisse zum Betriebsbereich auf dieses Verhalten hin. Diese Hypothese soll durch die den Korrelationen zum Stoffübergang zugrunde liegenden Annahmen zur Strömungsform der Flüssigkeit weiter überprüft werden.

3.5 Verweilzeitverteilung der Flüssigphase

Aufgrund der ungewöhnlichen Struktur der Schwämme ist eine Aufklärung der Verhältnisse von Totvolumina zu durchströmten Volumen in der Flüssigkeit von besonderem Interesse. Die Netzstruktur lässt vermuten, dass sich im Schwamm neben der zu erwartenden Geschwindigkeitsverteilung und den verschiedenen möglichen Strömungswegen größere mit Flüssigkeit gefüllte Totzonen ausbilden können. Die ermittelten Durchströmungseigenschaften können außerdem Aufschluss geben über Rückvermischung und Rückströmungen in der Flüssigphase. Ein gängiges Maß für die Beschreibung der Durchströmungseigenschaften ist die Verweilzeit in Form einer mittleren Verweilzeit $\bar{\tau}$ sowie der differentiellen Verweilzeitverteilung $e(\tau)$, die sich auch in der integralen Form $E(\tau)$ bestimmen lässt.

Die Verweilzeit entspricht dabei der Zeit, die ein Fluidteilchen benötigt, um die Versuchsanordnung zu passieren. Da verschiedene Fluidteilchen unterschiedlich lange für den Weg durch die Anlage brauchen, erhält man für die Gesamtheit aller Fluidteilchen eine Verteilung von Verweilzeiten. Die Breite dieser Verteilung gibt Aufschluss über die Rückvermischung im System und die Abweichungen vom idealen Pfropfstrom.

Zur Beschreibung der Verweilzeitverteilung eines Systems kann auf die Stoß- oder Sprungantwort des Systems zurückgegriffen werden, die dieses eindeutig beschreiben *(Levenspiel, 1999)*. Der Dirac-Stoß oder Sprung wird dabei mittels eines Tracers aufgegeben und die Antwort des Systems am Ende der Messstrecke aufgenommen. Die Stoßantwort entspricht der differentiellen Verweilzeitverteilung $e(\tau)$, die Sprungantwort der integralen Verweilzeitverteilung $E(\tau)$. Die Fläche unter der differentiellen Verweilzeitverteilung wird zu 1 normiert. Daher lassen sich die beiden Verweilzeitverteilungen ineinander überführen, wie in Gleichung 3.48 gezeigt.

$$E(\tau) = \int_0^{\tau} e(\tau')d\tau' \qquad\qquad 3.48$$

3.5.1 Gemessene und berechnete mittlere Verweilzeit

Die theoretische mittlere Verweilzeit der Flüssigkeit $\bar{\tau}$ wird allgemein aus der lokalen Flüssigkeitsgeschwindigkeit $\hat{u}_L$ und der von der Flüssigkeit durchströmten Länge L nach Gleichung 3.49 definiert und entspricht der Zeit, die der Flüssigkeitsstrom als Pfropfstrom durch die Versuchsanordnung braucht. Für das im Folgenden vorgestellte Dispersionsmodell ist die mittlere Verweilzeit nach der Definition aus Gleichung 3.49 bereits ein Parameter, der im Modell enthalten ist und bei der Auswertung an die Messdaten angepasst wird.

$$\bar{\tau} = \frac{L}{\hat{u}_L} \qquad\qquad 3.49$$

Zugleich kann die mittlere Verweilzeit der Flüssigphase auch aus dem arithmetischen Mittelwert oder ersten Moment der gemessenen Verweilzeitverteilung bestimmt werden (Gleichung 3.50). Bei symmetrischen Verteilungen entsprechen sich diese beiden Definitionen.

$$\bar{\tau}_{arith} = \int_0^{\infty} \tau \cdot e(\tau)d\tau \qquad\qquad 3.50$$

Aus dem im vorangegangenen Teil dieses Kapitels vorgestellten Flüssigkeitsinhalt h_L lässt sich zudem mit dem Flüssigkeitsdurchsatz $\dot{V}_L$ eine theoretische mittlere Verweilzeit $\bar{\tau}_{ber}$ der Flüssigkeit im Schwamm nach Gleichung 3.51 berechnen.

$$\bar{\tau}_{ber} = \frac{V_L}{\dot{V}_L} = \frac{h_L \cdot V_{ges}}{\dot{V}_L} \qquad\qquad 3.51$$

Die gemessene mittlere Verweilzeit kann demselben Volumenstrom zugeordnet werden wie die berechnete, der jedoch verschiedene Volumina durchquert hat. Aus dem Vergleich der beiden Volumina und damit der beiden mittleren Verweilzeiten lässt sich daher auf Totvolumina und Rückströmungen schließen.

In einem System aus mehreren Teilsystemen hat jedes der Teilsysteme einen Einfluss auf die Verweilzeitverteilung des Gesamtsystems. Nach *Levenspiel (1999)* können diese Teilsysteme durch ihre Impulsantworten $e(\tau)$ und deren Laplacetransformierten, den sogenannten Übertragungsfunktionen, eindeutig beschrieben werden. Eine Reihenschaltung von Systemen weist demnach als Impulsantwort die Faltung der Impulsantworten der Einzelsysteme auf (Gleichung 3.52). Dabei spielt die Reihenfolge der Durchströmung keine Rolle.

$$e_{ges}(\tau) = e_1(\tau) * e_2(\tau) = \int\limits_{-\infty}^{\infty} e_1(\tau - t) \cdot e_2(t)\, dt \qquad\qquad 3.52$$

3.5.2 Das Dispersionsmodell

Zur mathematischen Beschreibung der Verweilzeitverteilung existieren verschiedene Modelle. Das gängigste dieser Modelle ist das Dispersionsmodell, welches das reale Verhalten des Durchflusses gegenüber einer idealen Pfropfströmung berücksichtigt *(Levenspiel, 1999)*. Es basiert auf der Annahme einer Analogie zwischen Rückvermischung im strömenden Fluid und Diffusionsprozessen. Daher wird ein Dispersionskoeffizient D_L in Analogie zum Diffusionskoeffizienten δ_L definiert (Gleichung 3.53), der ein Maß für die Rückvermischung im Fluidstrom darstellt.

$$\frac{\partial \tilde{c}_L}{\partial \tau} = D_L \cdot \frac{\partial^2 \tilde{c}_L}{\partial z^2} - \hat{u}_L \cdot \frac{\partial \tilde{c}_L}{\partial z} \qquad\qquad 3.53$$

In dimensionsloser Form wird der Dispersionskoeffizient zu einem Äquivalent der Péclet-Zahl, die in Analogie zur Wärmeübertragung definiert werden kann (Gleichung 3.54). Sie gibt das Verhältnis von konvektivem zu dispersivem Stoffübergang wieder und wird mit der Packungslänge L als charakteristische Länge sowie der lokalen Strömungsgeschwindigkeit der Flüssigkeit $\hat{u}_L$ gebildet.

$$Pe_L = \frac{\hat{u}_L \cdot L}{D_L} \qquad\qquad 3.54$$

Für eine totale Rückvermischung geht die Péclet-Zahl gegen Null, bei einer idealen Pfropfströmung gegen unendlich. Die Péclet-Zahl gibt also Aufschluss über das Strömungsverhalten der Flüssigkeit in der Schwammpackung. Die benötigte lokale Strömungsgeschwindigkeit der Flüssigkeit $\hat{u}_L$ kann dabei nach Gleichung 3.55 aus der Kontinuitätsgleichung unter Verwendung von Gleichung 3.1 ermittelt werden.

$$\hat{u}_L = u_L \cdot \frac{A_K}{A_L} \cdot \frac{\rho_L}{\rho_L} = u_L \cdot \frac{V_{ges}}{V_L} = \frac{u_L}{h_L} \qquad 3.55$$

Zur Lösung der Differentialgleichung 3.53 wird eine Entdimensionierung für Zeit (Gleichung 3.56) und Ort (Gleichung 3.57) durchgeführt. Weiterhin wird die Péclet-Zahl eingeführt und die Differentialgleichung reduziert sich zu Gleichung 3.58.

$$\theta = \frac{\tau \cdot \hat{u}_L}{L} = \frac{\tau}{\bar{\tau}} \qquad 3.56$$

$$\zeta = \frac{z}{L} \qquad 3.57$$

$$\frac{\partial \tilde{c}_L}{\partial \theta} = \frac{1}{Pe_L} \cdot \frac{\partial^2 \tilde{c}_L}{\partial \zeta^2} - \frac{\partial \tilde{c}_L}{\partial \zeta} \qquad 3.58$$

Weiterhin kann man für die Verweilzeitverteilung in Summenform angeben, dass diese dem auf die maximal auftretende Konzentration normierten Konzentrationsverlauf einer Sprungantwort am Reaktorausgang entspricht (Gleichung 3.59). Für die differentielle Verweilzeitverteilung wird der Konzentrationsverlauf der Stoßantwort am Reaktorausgang auf die Gesamtmenge an durchgesetztem Tracer normiert, der wiederum der Integralfläche unter der aufgenommenen Konzentrationskurve entspricht (Gleichung 3.60).

$$E = \left(\frac{\tilde{c}}{\tilde{c}_{max}} \right)^{Sprung}_{\zeta=1} \qquad 3.59$$

$$e = \left(\frac{\tilde{c}}{n_{ges}/\dot{V}_L} \right)^{Stoß}_{\zeta=1} \qquad 3.60$$

Als Lösung der Differentialgleichung für die Sprungantwort gibt **Smith (1981)** Gleichung 3.61 an. Dies entspricht einer Verteilung in Summenform unter Verwendung der Fehlerfunktion (Gleichung 3.62).

$$E_\theta = \frac{1}{2} \cdot \left[1 - erf \left(\frac{1}{2} \cdot \sqrt{Pe_L} \cdot \frac{1-\theta}{\sqrt{\theta}} \right) \right] \qquad 3.61$$

$$erf(x) = \frac{2}{\sqrt{\pi}} \cdot \int_0^x e^{-y^2} dy \qquad\qquad 3.62$$

Leitet man diese integrale Verweilzeitverteilung nach der Zeit ab, so erhält man für die differentielle Verweilzeitverteilung Gleichung 3.63, die in ihrer Form einer schiefen Glockenkurve entspricht. Die in diesen Gleichungen enthaltene mittlere Verweilzeit $\bar{\tau} = L/\hat{u}_L$ entspricht dem Median der Verteilung, da Gleichung 3.61 für $\theta = 1$ den Wert $E_\theta = 0{,}5$ annimmt. Das arithmetische Mittel der Verweilzeit stimmt damit nur für große Péclet-Zahlen in etwa überein und nimmt den Wert $\bar{\tau}_{\mathrm{arith}} = \bar{\tau} \cdot (1 + \mathrm{Pe}^{-1})$ an.

$$e_\theta = \frac{1}{4} \cdot \frac{1 + \theta}{\theta} \cdot \sqrt{\frac{Pe_L}{\pi \cdot \theta}} \cdot exp\left[-\frac{Pe_L}{4} \cdot \frac{(1-\theta)^2}{\theta} \right] \qquad\qquad 3.63$$

Levenspiel (1999) gibt hingegen für die differentielle Verweilzeitverteilung die Beziehung in Gleichung 3.64 an, bei der er auf die ursprüngliche Arbeit von ***Levenspiel und Smith (1957)*** verweist. Bei dieser Gleichung entspricht die im Modell enthaltene mittlere Verweilzeit $\bar{\tau} = L/\hat{u}_L$ nicht dem Median. Der arithmetische Mittelwert nimmt den Wert $\bar{\tau}_{arith} = \bar{\tau} \cdot (1 + 2 \cdot Pe^{-1})$ an.

$$e_\theta = \frac{1}{2} \cdot \sqrt{\frac{Pe_L}{\pi \cdot \theta}} \cdot exp\left[-\frac{Pe_L}{4} \cdot \frac{(1-\theta)^2}{\theta} \right] \qquad\qquad 3.64$$

Für $\theta = 1$ liefern beide Kurven den gleichen Wert, für $\theta < 1$ liefert die abgeleitete Verteilung nach Smith größere und für $\theta > 1$ kleinere Werte. Sie weist damit eine größere Schiefe auf. Beide Modelle können grundsätzlich zur Auswertung von gemessenen Kurven der Verweilzeitverteilung verwendet werden, eine detailliertere Diskussion dieses Sachverhalts ist im Anhang A 9 zu finden.

Generell gilt für die mit entdimensionierten Parametern gebildeten Formen und die dimensionsbehafteten Formen der Verweilzeitverteilung folgender Zusammenhang:

$$E_\theta(\theta) = E(\tau) \qquad\qquad 3.65$$

$$e_\theta(\theta) = \bar{\tau} \cdot e(\tau) \qquad\qquad 3.66$$

3.5.3 Experimentelle Vorgehensweise

Für die Messungen der Verweilzeitverteilung wurde auf die in Kapitel 3.2.2 vorgestellte Versuchsanlage zurückgegriffen. Dabei wurde auf den Gasgegenstrom verzichtet, da in den vorangegangenen Untersuchungen zum Flüssigkeitsinhalt unterhalb des Staupunktes keine Abhängigkeit von der Gasbelastung zu erkennen war. Die im Rahmen der Studienarbeit von *Schansker (2007)* durchgeführten ersten Messungen zeigen, dass die Schwämme des Herstellers Vesuvius mit nominell gleichen Schwammdaten und gleicher Elementhöhe aber unterschiedlichem Material im Rahmen der Messgenauigkeit gleiche Ergebnisse liefern. Daher kamen für die Messungen der Verweilzeitverteilung die Schwämme aus oxidisch gebundenem Siliciumcarbid, kurz OBSiC, mit der Kurzbezeichnung O 85 10 50 anstelle der zuvor verwendeten Schwämme V 85 10 50 aus Aluminiumoxid zum Einsatz. Für die im Kapitel 4 vorgestellten Messungen zum Stoffübergang wurden ebenfalls die Schwämme aus OBSiC eingesetzt, da davon eine ausreichende Anzahl für die Realisierung der benötigten Packungshöhe vorhanden war.

Für die Silikat-Packung wurde auf Messungen ohne konischen Auslauf verzichtet, da sich diese im Flüssigkeitsinhalt unterhalb des Staupunkts nicht von der Packung mit konischem Auslauf unterscheidet. Zudem wurde bereits aus den Ergebnissen des Flüssigkeitsinhalts klar, dass die Packung mit konischem Auslauf aufgrund des größeren Betriebsbereiches von größerer Relevanz ist.

Um die Verweilzeitverteilung der Flüssigkeit messen zu können, wird dem Flüssigkeitsstrom ein Eingangssignal aufgeprägt, das am Austritt aus der Packung als Ausgangssignal detektiert werden kann. Dabei kommt als Tracer Natriumchloridlösung in entmineralisiertem Wasser zum Einsatz, so dass die Leitfähigkeit der Flüssigkeit als eine zur Tracerkonzentration proportionale Größe gemessen werden kann. Als Eingangssignal wird eine Sprungfunktion gewählt, die durch das Zuschalten der die NaCl-Lösung fördernden Schlauchpumpe einfach realisiert werden kann. Eine schematische Darstellung der Versuchsanordnung ist in Abb. 3.21 zu finden.

Bei dieser Versuchsführung muss die Packung zunächst gut benetzt werden, was durch eine Kreislaufführung von entmineralisiertem Wasser mit der Zahnradpumpe realisiert wird. Vor dem Zuschalten der NaCl-Lösung muss die Betriebsweise von Kreislaufführung auf Ausschleusung der aus der Packung austretenden Flüssigkeit umgestellt werden, damit die gemessenen Leitfähigkeitswerte nicht verfälscht werden. Aus der leichten Zunahme des Massenstroms beim Zuschalten der NaCl-Lösung lässt sich der Versuchsbeginn eindeutig bestimmen. Für alle Berieselungsdichten werden dabei mehrere Kurven gemessen.

Auch hierbei ist eine Messung ohne Schwammpackung erforderlich, um die Verweilzeitverteilung der nichttrennwirksamen Kolonnenbauteile zu ermitteln. Die gemessene Verweilzeitverteilung mit eingebauter Schwammpackung entspricht der des Gesamtsystems, die sich aus der Faltung der Verweilzeitverteilungen der einzelnen Teilsysteme ergibt. Daher kann die Verweilzeitverteilung der leeren Kolonne als Eingangssignal für die Schwammpackung interpretiert werden. Dieses Eingangssignal gefaltet mit der Verweilzeitverteilung der Packung entspricht dem Ausgangssignal der gesamten Versuchsanordnung mit Schwammpackung. Die Einflüsse aller anderen Teile der Versuchsanordnung wie beispielsweise die Dosierung der NaCl-Lösung, das Sammeln der Flüssigkeit unter der Packung und die Trägheit der Leitfähigkeitssonde sind so in der aus der Messung der leeren Kolonne gewonnenen Verweilzeitverteilung zusammengefasst.

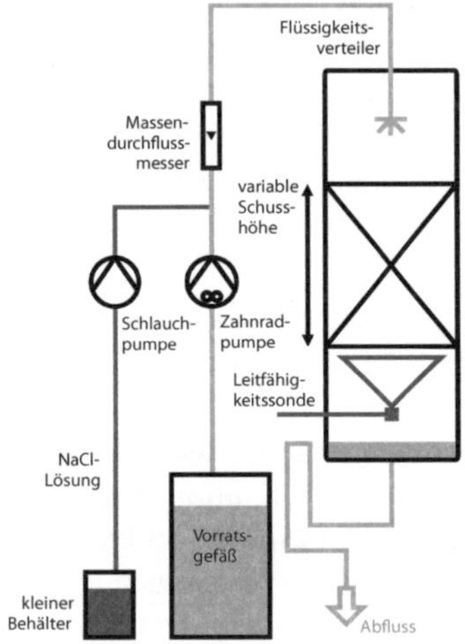

Abb. 3.21: Schematischer Versuchsaufbau zur Bestimmung der Verweilzeitverteilung. Ein detailliertes R&I-Fließbild sowie die Spezifikationen der Messgeräte befinden sich im Anhang A 6.

Für die Auswertung der gemessenen Verweilzeitverteilungen wird auf das in Kapitel 3.5.2 vorgestellte Dispersionsmodell zurückgegriffen. Dabei werden die mittlere Verweilzeit und die Péclet-Zahl des Schwammes durch Fehlerquadratminimierung an die Messdaten angepasst. Es kann eine Anpassung der Parameter für das Einschalten und das Ausschalten der Tracer-Zufuhr erfolgen. Die Unterschiede zwischen diesen Anpassungen geben Aufschlüsse über schlecht durchströmte Toträume. Eine detaillierte Beschreibung der Vorgehensweise bei der Auswertung der Daten sowie eine schematische Darstellung des hierfür erstellten Matlab-Programmes sind in Anhang A 9 zu finden. Dort sind auch exemplarische Messkurven sowie die an diese Kurven angepasste Summenfunktion, deren differentielle Form und die differentiellen Verteilungen für den Schwamm und die leere Kolonne dargestellt.

3.6   Untersuchungen zur Verweilzeitverteilung

Im Folgenden werden die aus den Tracer-Experimenten gewonnen Daten für mittlere Verweilzeit und Péclet-Zahl bzw. Dispersionskoeffizient der Flüssigkeit vorgestellt. Sie sollen insbesondere hinsichtlich der Strömungsform der Flüssigkeit sowie der zuvor aufgestellten Hypothese untersucht werden, dass der durch eine schlechte Drainage verursachte erhöhte statische Flüssigkeitsinhalt im Betrieb partiell zu einem Teil des dynamischen Flüssigkeitsinhalts wird und damit auch durchströmt wird.

3.6.1   Mittlere berechnete und gemessene Verweilzeit

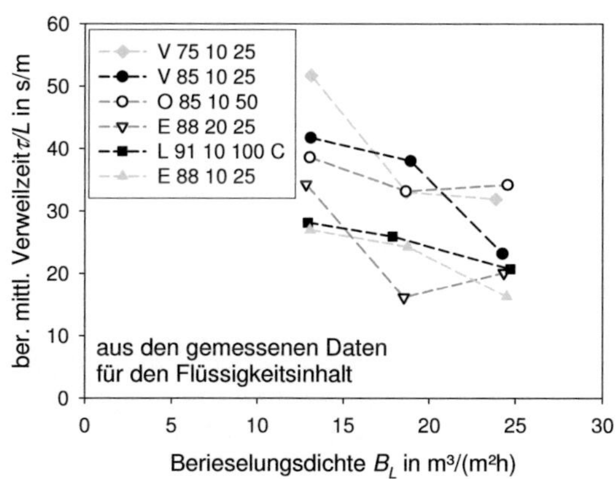

Abb. 3.22: Aus den gemessenen Daten für den Flüssigkeitsinhalt berechnete mittlere Verweilzeit bezogen auf die Packungslänge für die untersuchten Schwammtypen.

Zunächst wurden für alle Schwammtypen aus den Daten für den dynamischen Flüssigkeitsinhalt theoretische mittlere Verweilzeiten nach Gleichung 3.51

berechnet. Dabei wurden die Daten für die Schwammstapel mit 200mm Höhe verwendet. Um die Ergebnisse bei verschiedenen Packungslängen vergleichbar zu machen wurde die Verweilzeit auf die Packungslänge bezogen aufgetragen. Die Ergebnisse sind in Abb. 3.22 dargestellt.

Wie aus den berechneten Werten ersichtlich ist, sollte die Verweilzeit mit zunehmender Berieselungsdichte abnehmen, da der Durchsatz stärker steigt als der Flüssigkeitsinhalt. Da die Verweilzeit proportional zum Flüssigkeitsinhalt ist, sollte sie mit fallendem Flüssigkeitsinhalt bei gleicher Berieselungsdichte abnehmen, wie ebenfalls in Abb. 3.22 zu erkennen ist. Der Messwert für den Flüssigkeitsinhalt der SiSiC-Schwämme mit 20ppi (E 88 20 25) bei einer Berieselungsdichte von $B_L = 18\text{m}^3/(\text{m}^2\text{h})$ scheint bereits aus dem Vergleich der Ergebnisse des Flüssigkeitsinhalts deutlich zu niedrig zu liegen. Demzufolge ist die hierfür berechnete Verweilzeit vermutlich zu klein.

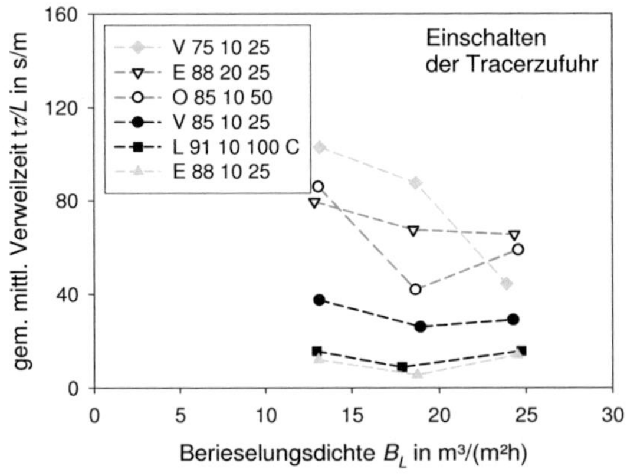

Abb. 3.23: Angepasste Werte für die auf die Packungslänge bezogene mittlere Verweilzeit aus der Anpassung des Dispersionsmodells an die Sprungantwort beim Einschalten der Tracer-Zufuhr (Ausschalten: siehe Anhang A 12).

Aus der Anpassung einer Kurve nach dem Dispersionsmodell an die gemessenen Werte werden außerdem gemessene Werte für die mittlere Verweilzeit nach Gleichung 3.49 sowie die Péclet-Zahl ermittelt. Diese mittlere Verweilzeit entspricht dem Median der Verteilung, bei dem 50% der maximalen Tracer-Konzentration erreicht wurden. Die aus den Messungen ermittelten und auf die Packungslänge bezogenen mittleren Verweilzeiten für die verschiedenen Packungen bei unterschiedlichen Berieselungsdichten sind für das Einschalten der Tracer-Zufuhr in Abb. 3.23 aufgetragen.

Die Abhängigkeit der gemessenen Verweilzeit von der Berieselungsdichte ist nicht ganz so ausgeprägt wie bei der rechnerischen Ermittlung aus dem Flüssigkeitsinhalt. Zum Teil finden sich sogar für die höchste Berieselungsdichte ebenso hohe oder höhere Verweilzeiten als für die mittlere Berieselungsdichte. Das Verhältnis aus gemessenem und berechnetem Wert für die Verweilzeit beim Einschalten der Tracer-Zufuhr ist in Abb. 3.24 aufgetragen und zeigt, dass der Flüssigkeitsstrom im Mittel für Schwammtypen mit großem Flüssigkeitsinhalt eher langsamer und solche mit kleinem Flüssigkeitsinhalt eher schneller ist als berechnet.

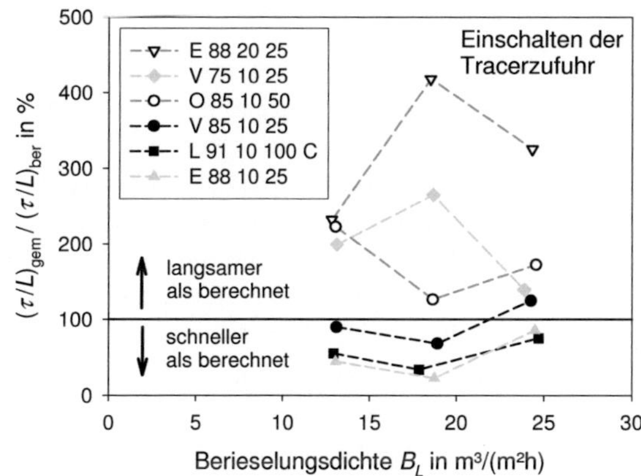

Abb. 3.24: Verhältnis aus gemessenem und berechnetem Wert für die Verweilzeit der verschiedenen Schwammtypen beim Einschalten der Tracer-Zufuhr (Ausschalten: siehe Anhang A 12).

Auffällig ist, dass die Schwämme vom Typ V 85 10 25 im Vergleich zu den anderen Schwammtypen deutlich niedrigere gemessene Verweilzeiten aufweisen und sich daher besser mit den errechneten Werten decken. Diese Schwämme zeichnen sich durch einen recht hohen Flüssigkeitsinhalt aus. Dahingegen wird für die Schwämme vom Typ E 88 20 25 eine deutlich größere Verweilzeit gemessen als berechnet wurde. Das Verhältnis aus Messung zu Rechnung ist für diesen Schwammtyp daher besonders groß, obwohl der Flüssigkeitsinhalt dieser Schwämme eher gering ist.

Ist das Verhältnis aus gemessener zu berechneter Verweilzeit kleiner als 100%, so wird nur ein Teil der Flüssigkeit in der Packung tatsächlich für die Durchströmung genutzt. Für die Silikat-Schwämme mit konischem Auslauf-Element L 91 10 100 C sowie die SiSiC-Schwämme mit 10ppi E 88 10 25 ist dies besonders ausgeprägt, hier wird bei niedrigen und mittleren Berieselungsdichten nur etwa ein Viertel bis die Hälfte des Flüssigkeitsinhaltes tatsächlich durchströmt. Diese Konfigurationen haben sich in den Versuchen zum Flüssigkeitsinhalt als diejenigen mit dem größten Betriebsbereich herausgestellt. Sie folgen einem ähnlichen Trend, bei dem bei der größten Berieselungsdichte der Flüssigkeitsinhalt am effektivsten genutzt wird. Hier scheint die Strömungsform dafür optimal zu sein. Diesem generellen Verlauf mit einem Minimum im genutzten Flüssigkeitsinhalt folgen auch die beiden nominell gleichen Schwammtypen mit unterschiedlichen Elementhöhen, V 85 10 25 und O 85 10 50.

Ist das Verhältnis aus gemessener und berechneter mittlerer Verweilzeit größer als 100%, so kommt es zu Rückvermischung und Rückströmungen in der Flüssigphase. Dies ist vor allem bei den Schwammtypen mit dem höchsten Flüssigkeitsinhalt der Fall (E 88 20 25 und V 75 10 25). Hier kehrt sich auch der Trend mit der Berieslungsdichte um, wobei für die Schwämme vom Typ E 88 20 25 der berechnete Wert wie bereits erwähnt vermutlich zu klein ist. Die Trendumkehr ist jedoch so stark, dass sie selbst durch eine Korrektur des Flüssigkeitsinhaltes nicht kompensiert werden könnte.

Die auftretenden Werte bis zu 450% sind sehr groß. Rückvermischung und Rückströmungen alleine können solch große Abweichungen kaum verursachen. Hier ist zu beachten, dass der gravimetrische gemessene Flüssigkeitsinhalt der Packung hinsichtlich der Flüssigkeit in der Umwicklung der Packung korrigiert wurde (siehe Anhang A 7), während dies bei den Tracer-Experimenten nicht möglich war, so dass möglicherweise ein größeres Flüssigkeitsvolumen durchströmt wurde. Außerdem könnten die Messunsicherheiten bei der Leitfähigkeitsmessung von Bedeutung sein.

Das Verhältnis der beiden Verweilzeiten beim Ausschalten und Einschalten der Tracer-Zufuhr ist in Abb. 3.25 aufgetragen. Für die Schwämme vom Typ E 88 10 25 konnte bei der niedrigsten Berieselungsdichte beim Ausschalten keine Anpassung erfolgen, da bei der Fehlerquadratminimierung eine gegen unendlich gehende Péclet-Zahl ermittelt wurde. Auch eine Wiederholungsmessung konnte dieses Problem nicht beheben. Aus der Auftragung lässt sich erkennen, dass für die meisten Schwammtypen das Auswaschen des Tracers deutlich länger dauert als das Aufbauen der Tracer-Konzentration beim Einschalten. Dies spricht für schlecht durchmischte Zonen in der Flüssigkeit, insbesondere bei den Schwammtypen V 85 10 25 und E 88 10 25. Diese zeichnen sich durch geringe Verweilzeiten und eine gute Übereinstimmung zwischen Messung und Rechnung aus. Die Reihung der Schwammtypen mit steigender mittlerer Verweilzeit bleibt erhalten, trotz der starken Veränderung beim Schwammtyp V 85 10 25.

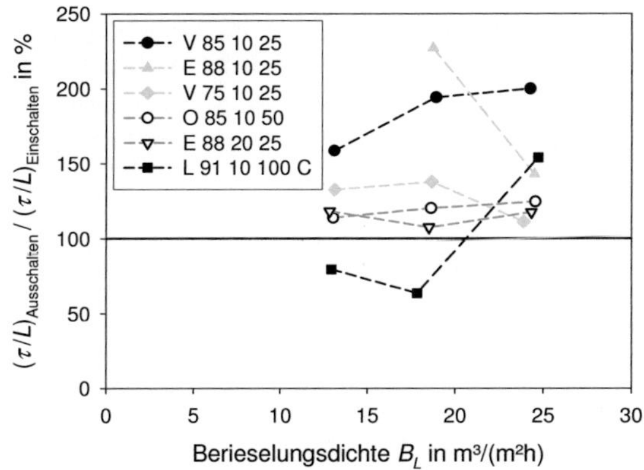

Abb. 3.25: Verhältnis der gemessenen mittleren Verweilzeiten beim Ausschalten der Tracer-Zufuhr zu der beim Einschalten gemessenen.

Bei den Silikat-Schwämmen mit konischem Auslauf hingegen ist bei der niedrigen und mittleren Berieselungsdichte sogar eine leicht niedrigere mittlere Verweilzeit beim Ausschalten als beim Einschalten zu erkennen. Dies lässt sich auf die gute Drainage in dieser Schwammpackung zurückführen, sowie auf den geringen durchströmten Anteil des Flüssigkeitsinhaltes.

3.6.2 Péclet-Zahl und Dispersionskoeffizient

Zusätzlich zur mittleren Verweilzeit wird bei der Anpassung nach dem Dispersionsmodell noch eine Péclet-Zahl bestimmt, die der dimensionslosen Form des axialen Dispersionskoeffizienten entspricht. Die Ergebnisse für das Einschalten der Tracer-Zufuhr sind in Abb. 3.26 dargestellt.

Nach *Levenspiel (1999)* kann ab einer Péclet-Zahl von $Pe_L < 100$ von starker Dispersion gesprochen werden und die Verteilungen werden unsymmetrisch. Dies trifft auf alle hier gemessenen Verteilungen für Schwämme zu. Die Verteilungen der leeren Kolonne weisen hingegen beim Einschalten der Tracer-Zufuhr stets nur geringe Dispersion auf, während beim Ausschalten ebenfalls starke Dispersion vorliegt. Die Péclet-Zahlen der Schwämme sind meist etwa eine knappe Größenordnung kleiner als die der Kolonne. Bei Péclet-Zahlen $Pe_L < 1$ spricht Levenspiel von sehr starker Dispersion und weist darauf hin, dass die Anwendbarkeit des Dispersionsmodells für diesen Fall fragwürdig ist. In diesen Bereich kommen nur die Silikat-Schwämme vom Typ L 91 10 100 C beim Ausschalten der Tracer-Zufuhr. Generell ist beim Einschalten der Tracer-Zufuhr eine deutlich erhöhte Péclet-Zahl für die kleinste Berieselungsdichte zu beobachten. Beim Ausschalten hingegen ist die Péclet-Zahl weitgehend unabhängig von der Berieselungsdichte (siehe Anhang A 12). Dabei stimmt die Reihenfolge der Schwammtypen für die Péclet-Zahl nicht mit der Reihenfolge für die mittlere Verweilzeit überein.

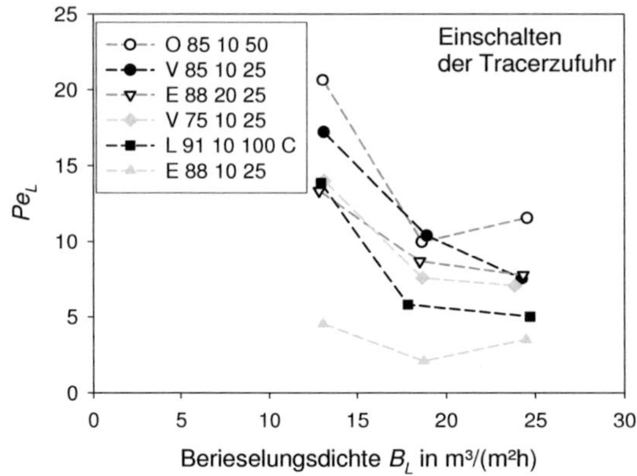

Abb. 3.26: Angepasste Werte für die Péclet-Zahl aus der Anpassung des Dispersionsmodell an die Sprungantwort beim Einschalten der Tracer-Zufuhr (Ausschalten: siehe Anhang A 12).

Das Verhältnis von Péclet-Zahl beim Aus- und Einschalten ist in Abb. 3.27 aufgetragen. Auch hier ist die Reihung der Schwammtypen wieder unterschiedlich, was bei der mittleren Verweilzeit nicht der Fall ist. Besonders große Unterschiede sind dabei bei den Schwämmen vom Typ O 85 10 50 und L 91 10 100 vorhanden sowie bei E 88 10 25 mit umgekehrter Ausprägung.

Es lassen sich daher drei Gruppen von Schwämmen identifizieren. Die erste Gruppe (Typ O 85 10 50 sowie L 91 10 100 C) weisen eine deutlich kleinere Péclet-Zahl beim Ausschalten als beim Einschalten auf. Für die zweite Gruppe von Schwämmen (Typ V 75 10 25, V 85 10 25 und E 88 20 25) bewegt sich die Péclet-Zahl in ähnlichen Bereichen. Der

Schwammtyp E 88 10 25 als dritte Gruppe weist beim Ausschalten eine höhere Péclet-Zahl auf als beim Einschalten. Innerhalb dieser Gruppen sind keine gemeinsamen geometrischen Eigenschaften vertreten.

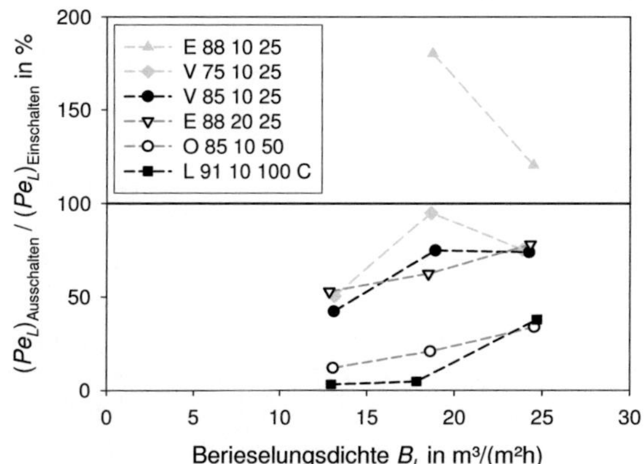

Abb. 3.27: Verhältnis der Péclet-Zahl beim Ausschalten der Tracer-Zufuhr zur Péclet-Zahl beim Einschalten.

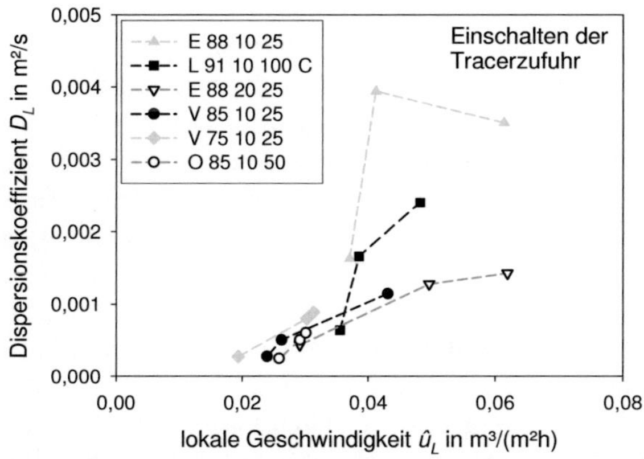

Abb. 3.28: Aus der Péclet-Zahl berechnete Dispersionskoeffizienten beim Einschalten der Tracer-Zufuhr (Ausschalten: siehe Anhang A 12).

Aus der Péclet-Zahl kann nun der Dispersionskoeffizient nach Gleichung 3.54 bestimmt werden. Die Ergebnisse für das Einschalten der Tracer-Zufuhr sind in Abb. 3.28 dargestellt. Der Dispersionskoeffizient verhält sich umgekehrt proportional zur Péclet-Zahl, wobei zusätzlich der Einfluss des Flüssigkeitsinhalts eine Rolle spielt, da die lokale Geschwindigkeit ebenfalls eingeht. Bei stark unterschiedlichen Flüssigkeitsinhalten kann eine höhere Berieselungsdichte mit einer niedrigeren lokalen Geschwindigkeit verknüpft sein. Der Dispersionskoeffizient ist daher über der lokalen Flüssigkeitsgeschwindigkeit anstelle der Berieselungsdichte aufgetragen.

Aus der Auftragung für den Dispersionskoeffizienten ist zu erkennen, dass dieser mit zunehmender lokaler Geschwindigkeit steigt. Der Großteil der Schwammtypen liegt dabei in der gleichen Größenordnung. Für die Schwämme vom Typ L 91 10 100 C sind beim Einschalten bei höheren Geschwindigkeiten deutlich erhöhte Dispersionskoeffizienten zu erkennen. Die Werte der Schwämme vom Typ E 88 10 25 sind noch stärker erhöht gegenüber den anderen Schwammtypen. Beim Ausschalten sind diese Effekte ebenfalls vertreten, wie schon aus den Verhältnissen der Péclet-Zahl zu erkennen war. Der Effekt des Typs E 88 10 25 wird dabei aber deutlich kompensiert, da dieser als einziger beim Einschalten einen höheren Dispersionskoeffizienten aufweist als beim Ausschalten. Zu beachten ist hierbei, dass für diesen Schwammtyp bei niedriger Berieselungsdichte aus der Anpassung keine sinnvollen Daten ermittelt werden konnten.

3.6.3 Schlussfolgerungen für die Verweilzeitverteilung

Die gemessenen mittleren Verweilzeiten und Péclet-Zahlen sowie der Vergleich mit den aus dem Flüssigkeitsinhalt berechneten Daten lassen darauf schließen, dass die Strömung durch die Schwammstruktur stark vom Schwammtyp abhängt. Lediglich bei den Dispersionskoeffizienten lässt sich eine größere Übereinstimmung zwischen einigen, wenn auch nicht allen Schwammtypen finden.

Aus dem Vergleich der Messung und der Rechnung für die mittlere Verweilzeit lässt sich ableiten, dass bei den Schwämmen mit niedrigem Flüssigkeitsinhalt und großem Betriebsbereich (E 88 10 25 und L 91 10 100 C) zusätzlich ein erhebliches Totvolumen für die Durchströmung existiert, da die gemessene Verweilzeit deutlich kleiner ist als die berechnete. Dieses Totvolumen zählt nicht zum dynamischen und damit durchströmten Anteil und kann daher mit dem statischen Flüssigkeitsinhalt der Schwämme gleichgesetzt werden. Die Größenordnung stimmt dabei mit den Ergebnissen aus den gravimetrischen Bestimmungen überein. Für diese Schwammtypen gibt auch die Korrelation für den statischen Flüssigkeitsinhalt die gemessenen Werte am besten wieder.

Der Schwammtyp V 85 10 25 mit recht hohem Flüssigkeitsinhalt, aber dennoch nicht allzu kleinem Betriebsbereich, zeigt in etwa gleiche gemessene und berechnete Verweilzeiten. Hier ist der aus den gravimetrischen Versuchen ermittelte statische Flüssigkeitsinhalt deutlich höher als das sich aus den Verweilzeitmessungen ergebende Totvolumen in der Flüssigkeit. Bei der hohen Berieselungsdichte ist die gemessene Verweilzeit bereits größer als die berechnete, wodurch sich kein direktes Totvolumen mehr ermitteln lässt.

Für die restlichen Schwammtypen mit höheren Flüssigkeitsinhalten und kleineren Betriebsbereichen (V 75 10 25, E 88 20 25 und O 85 10 50 bzw. V 85 10 50) zeigt sich hingegen, dass die gemessene Verweilzeit beim Einschalten deutlich über der berechneten liegt. Auch hier lässt sich direkt kein Totvolumen mehr ermitteln. Die ermittelten Werte für die gemessene Verweilzeit müssen aufgrund der großen Abweichung zu den gravimetrisch ermittelten Werten mit Vorsicht interpretiert werden.

All diese Erkenntnisse stützen dennoch die zuvor aufgestellte Hypothese, dass der statische Flüssigkeitsinhalt im Betrieb zum Teil mit durchströmt wird und somit der gravimetrisch gemessene Zahlenwert des statischen Flüssigkeitsinhalts für den dynamischen Betrieb an Relevanz verliert. Der gesamte Flüssigkeitsinhalt lässt sich daher mit den Korrelationen gut wiedergeben, während der statische Flüssigkeitsinhalt nur unzureichend durch die Korrelationen beschrieben werden kann. Der entstandene Widerspruch ist somit aufgelöst.

Des Weiteren lässt sich aus diesen Erkenntnissen die Limitierung des Betriebsbereiches besser verstehen. Insbesondere die Schwammtypen mit deutlich höheren gemessenen als berechneten Verweilzeiten (V 75 10 25, E 88 20 25 und O 85 10 50 bzw. V 85 10 50) zeigen eine starke Limitierung. Hier kommt es in der Flüssigkeit zu Rückvermischung und Rückströmungen und daher bereits durch die Struktur bedingt zu einer erschwerten Passage der Flüssigkeit durch den Schwamm. Zusätzlicher Widerstand durch eine Gasgegenströmung führt daher zu früherem Fluten. Bei diesen Schwammtypen ist zudem ein geringerer Unterschied zwischen der gemessenen Verweilzeit beim Ein- und Ausschalten der Tracer-Zufuhr zu erkennen. Ein Auswaschen von Totvolumina ist also nicht zu erkennen.

Die Schwammtypen mit größerem Betriebsbereich dagegen zeigen eine deutliche Erhöhung der Verweilzeit beim Ausschalten der Tracerzufuhr, außer die Silikat-Schwämme mit konischem Auslauf (L 91 10 100 C) bei niedriger und mittlerer Berieselungsdichte. Für diesen Schwammtyp nimmt die Flüssigkeit offensichtlich einen direkten Weg durch die Packung, sowohl beim Ein- als auch beim Ausschalten. Dafür ist die Péclet-Zahl beim Ausschalten sehr niedrig und der axiale Dispersionskoeffizient sehr hoch. Dies spricht für schlecht durchströmte Bereiche neben dem Hauptstrom, die sich nur langsam mit Tracer füllen und daher beim Einschaltvorgang nicht ins Gewicht fallen. Beim Ausschalten hingegen entleert sich der Hauptstrom schnell, daher die verhältnismäßig geringe mittlere Verweilzeit, wohingegen die Breite und vor allem die Schiefe der Verteilung durch das Auswaschen der schlechter durchströmten Bereiche stark zunehmen.

Auffällig ist auch das Verhalten der SiSiC-Schwämme mit verschiedenen Porenzahlen (E 88 10 25 und E 88 20 25), die sich auch bereits in den gravimetrischen Messungen in ihrem Verhalten unterschieden haben, jedoch nicht so deutlich wie in den Messungen zur Verweilzeitverteilung. Während die Schwämme mit 10ppi (E 88 10 25) eine deutlich geringere gemessene Verweilzeit gegenüber der berechneten aufweisen, zeigen die Schwämme mit 20ppi (E 88 20 25) gerade das gegenteilige Verhalten. Auch hinsichtlich des Vergleichs zwischen Ein- und Ausschalten ist das Verhalten sehr unterschiedlich, sowohl bezüglich der mittleren Verweilzeit als auch hinsichtlich der Péclet-Zahl. Insbesondere hervorzuheben ist die Tatsache, dass der Schwamm mit 10ppi sowohl eine größere Verweilzeit als auch einen kleineren Dispersionskoeffizienten beim Ausschalten gegenüber dem Einschalten aufweist. Kein anderer Schwamm zeigt ein solches Verhalten. Zugleich war es für diese Packung extrem schwierig, Messdaten aufzunehmen, die zu sinnvollen Anpassungen führten. Ein ähnliches Problem zeigte sich schon bei den gravimetrischen Messungen des Flüssigkeitsinhalts beider Schwammtypen, was stets mehrere Messungen erforderte. Das Verhalten dieser Schwämme scheint offensichtlich von erheblich größerer Schwankungsbreite zu sein als das aller anderen Schwammtypen.

Es ist daher zu erwarten, dass die Schwämme mit großem Betriebsbereich in ihren Eigenschaften hinsichtlich der Verbesserung des Stoffaustausches starken Schwankungen unterliegen werden. Der größere Betriebsbereich wird durch große Totvolumina ermöglicht, die in der Praxis ein Problem im Kolonnenbetrieb darstellen können. Schwammtypen mit besseren Durchströmungseigenschaften sind dagegen sehr limitiert im Betriebsbereich und damit für den Einsatz in Packungskolonnen nur sehr eingeschränkt geeignet. Eine detaillierte Abwägung der Vorteile gegen die Nachteile der Schwammpackung ist daher vor einer möglichen Anwendung notwendig.

4 Stoffübergang bei Absorption und Desorption

Der realisierbare Stoffübergang zwischen den beiden fluiden Phasen in der Durchströmung eines Kolonneneinbaus ist eines der maßgeblichen Kriterien für seine technische Anwendbarkeit. Die Eignung keramischer Schwämme als Kolonneneinbauten wird daher durch ihre Fähigkeit zur Intensivierung des Stoffübergangs und zur Erzeugung von effektiver Phasengrenzfläche entscheidend mitbestimmt. Dabei ist wiederum der Vergleich zu herkömmlichen Packungen zu suchen, um eine Einordnung der Schwämme zu ermöglichen. Als weitere Hypothese lässt sich also formulieren, dass der Stoffübergang und die effektive Phasengrenzfläche zwischen den durchströmenden Phasen in keramischen Schwämmen durch für herkömmliche Kolonneneinbauten entwickelte Korrelationen beschrieben werden können.

Die einzelnen Schritte zur Überprüfung dieser Hypothese beinhalten zunächst die experimentelle Bestimmung der effektiven Phasengrenzfläche, des gasseitigen und des flüssigseitigen Stoffübergangskoeffizienten. Diese drei Parameter charakterisieren die Effizienz des Stoffübergangs vollständig. Anschließend werden die erhaltenen Daten mit berechneten Daten verglichen, die nach aus der Literatur entnommenen Korrelationen bestimmt wurden.

Aus dem Vergleich der experimentellen Daten mit auf physikalischen Grundlagen, wie zum Beispiel der Strömungsform, basierenden Modellen lassen sich außerdem Rückschlüsse auf die im Schwamm vorherrschenden Strömungsformen ziehen. Damit können die in Kapitel 3 aus dem fluiddynamischen Verhalten abgeleiteten Erkenntnisse weiter untermauert oder auch widerlegt werden.

4.1 Stoffübergang in durchströmten Packungen

Die Bestimmung von Stoffübergangsdaten ist eines der Kernthemen bei der Charakterisierung von Kolonneneinbauten. Bereits in den Anfängen des Chemieingenieurwesens war die Bestimmung experimenteller Daten für den Stoffübergang ein zentrales Thema, auch als die Theorie dazu bereits seit Jahren bekannt war *(Sherwood und Holloway, 1940a)*. Die experimentelle Vorgehensweise wurde dabei als ein kritischer Schritt angesehen.

Generell wird der übergehende Stoffstrom vom Kern der einen Phase in den Kern der anderen Phase durch ein treibendes Konzentrationsgefälle bewirkt. Der Stoffübergangswiderstand wird dabei durch zwei hintereinandergeschaltete Widerstände der beiden Phasen an der Grenzschicht beschrieben. Die Durchtrittsfläche für den Stoffstrom wird durch die effektiv wirksame Phasengrenzfläche bestimmt. Bei einer vollständig benetzten Blech- oder Gewebepackung geht man im Allgemeinen davon aus, dass die gesamte geometrische Oberfläche der Packung auch für den Stoffübergang benutzt wird. Bei Füllkörpern hingegen wird meist nur ein Teil der Oberfläche von Flüssigkeitssträhnen benetzt. Treten größere Totzonen oder entnetzte Packungsbereiche auf oder kommt es zu Maldistribution der Flüssigkeit, so kann dies zu einer verminderten effektiven Phasengrenzfläche führen.

4.1.1 Das HTU-NTU-Modell mit Overall-Ansatz

Der theoretische Ansatz zur Beschreibung des Stoffübergangs basiert in dieser Arbeit für Absorption und Desorption auf einem Trennstufen-Modell, dem HTU-NTU-Modell. Dieser Modelltyp zählt zu den sogenannten „Rate-based Models", die im Gegensatz zu den Gleichgewichtsstufenmodellen auf einem Ansatz für den Stoffübergang beruhen. Dabei wird – bei einer gegebenen Trennaufgabe – für eine Phase die Gesamtanzahl an Trennstufen NTU ermittelt und jeder Trennstufe eine von Betriebsparametern und Packungstyp abhängige Höhe HTU zugeordnet. In dieser Höhe einer Übertragungseinheit sind der Stoffübergangskoeffizient und die effektive Phasengrenzfläche enthalten. Meist wird der HTU mit einem Ersatz-Widerstand für den Stoffübergang gebildet, der die Widerstände beider Phasen enthält, dem sogenannten Overall-Modell. Damit verändert sich auch die Trennstufenzahl NTU.

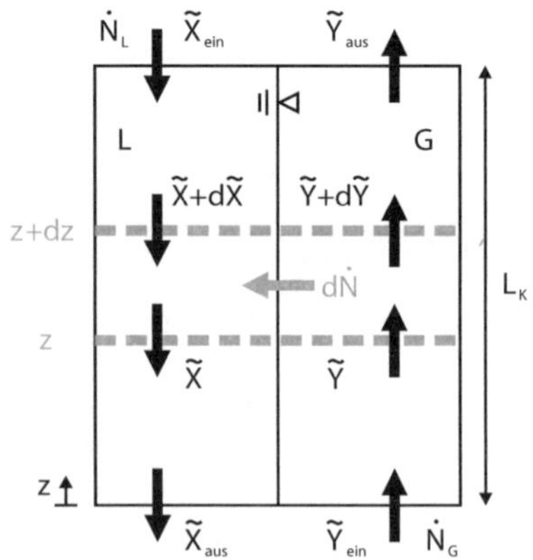

Abb. 4.1: Differentielles Bilanzelement für den Absorptionsfall.

Der Ansatz für das HTU-NTU-Modell lässt sich aus einer differentiellen Bilanz um eine Phase kombiniert mit einer Kinetik nach dem Overall-Modell herleiten. Ein differentielles Bilanzelement an der Stelle z in der Packung für die Absorption aus der Gas- in die Flüssigphase ist in Abb. 4.1 dargestellt. Im Folgenden soll am Beispiel der Gasphase das HTU-NTU-Modell hergeleitet und dabei der Ansatz eines gasseitigen Overall-Stoffdurchgangskoeffizienten erläutert werden.

Für alle in dieser Arbeit untersuchten Fälle kann von kleinen Konzentrationen ausgegangen werden, so dass die Molanteile und molaren Beladungen in etwa identisch sind: $\tilde{x} \approx \tilde{X}$ bzw. $\tilde{y} \approx \tilde{Y}$. Daher können trotz der vorliegenden einseitigen Diffusion lineare Ansätze für den Stofftransport gewählt werden (***Weimer und Schaber, 1996***).

Die stationäre differentielle Bilanz für die Gasphase ist in Gleichung 4.1 gegeben. Diese lässt sich zu Gleichung 4.2 vereinfachen.

$$0 = \dot{N}_G \cdot \left(\tilde{Y} - \left(\tilde{Y} + d\tilde{Y} \right) \right) - d\dot{N} \qquad\qquad 4.1$$

$$\dot{N}_G \cdot d\tilde{Y} = -d\dot{N} \qquad\qquad 4.2$$

Für die Kinetik des differentiellen Stoffstroms $d\dot{N}$ sind verschiedene Ansätze möglich, wie aus den Konzentrationsprofilen an der Phasengrenze in Abb. 4.2 ersichtlich wird. Hier wird ein linearer Overall-Ansatz gewählt, dessen Parameter sich aus dem Koeffizientenvergleich der drei Formen der Kinetik für das Gas, die Flüssigkeit und nach dem Overall-Modell ergeben, siehe Gleichungen 4.3 bis 4.5.

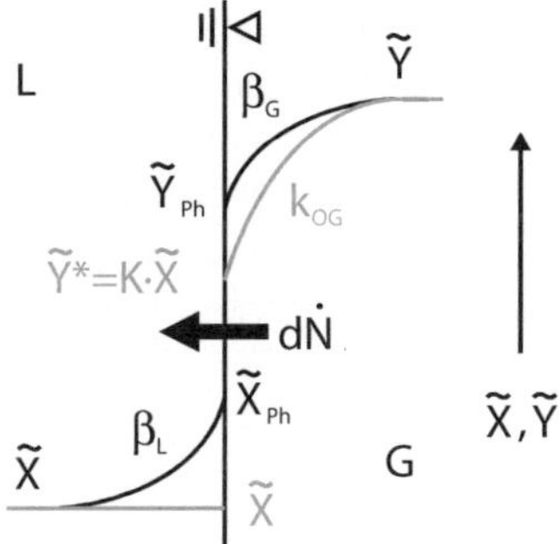

Abb. 4.2: Konzentrationsprofile an der Phasengrenzfläche für die beiden Stoffübergangswiderstände sowie den Stoffdurchgangskoeffizienten bei der Absorption.

$$dÑ = \beta_G \cdot \tilde{\rho}_G \cdot a_{eff} \cdot A_K \cdot dz \cdot \left(\tilde{Y} - \tilde{Y}_{Ph} \right) \qquad\qquad 4.3$$

$$dÑ = \beta_L \cdot \tilde{\rho}_L \cdot a_{eff} \cdot A_K \cdot dz \cdot \left(\tilde{X}_{Ph} - \tilde{X} \right) \qquad\qquad 4.4$$

$$dÑ = k_{OG} \cdot \tilde{\rho}_G \cdot a_{eff} \cdot A_K \cdot dz \cdot \left(\tilde{Y} - \tilde{Y}^* \right) \qquad\qquad 4.5$$

Für die Kinetik nach dem Overall-Ansatz wird eine fiktive Gleichgewichts-konzentration gewählt, die zur Konzentration des Kerns der Flüssigphase im Gleichgewicht steht (Gleichung 4.6). Die verwendete Gleichgewichtskonstan-te K kann aufgrund der kleinen Konzentrationen nach dem Henryschen Gesetz in seiner originalen Form bestimmt werden.

$$\tilde{Y}^* = K \cdot \tilde{X} = \frac{He_{px}}{p} \cdot \tilde{X} \qquad\qquad 4.6$$

Der Stoffdurchgangswiderstand nach dem Overall-Modell ist ein Ersatzwi-derstand, der aus Gründen der einfacheren Berechenbarkeit gebildet wird. Dabei werden beide Stoffübergangswiderstände zusammengefasst und in eine der beiden Phasen verlegt, hier im Beispiel in die Gasphase. Dadurch ist keine Bestimmung der unbekannten Konzentrationen $\tilde{X}_{Ph}$ und $\tilde{Y}_{Ph}$ an der Phasengrenze notwendig. Der gasseitige Ersatzwiderstand lässt sich nach Gleichung 4.7 bestimmen:

$$\frac{1}{k_{OG}} = \frac{1}{\beta_G} + \frac{\tilde{\rho}_G \cdot K}{\tilde{\rho}_L \cdot \beta_L} \qquad\qquad 4.7$$

Mittels der in Gleichung 4.5 aufgestellten Kinetik nach dem Overall-Ansatz sowie der in Gleichung 4.2 hergeleiteten Bilanz kann nun durch Trennung der Variablen und Integration das HTU-NTU-Modell hergeleitet werden (Glei-chungen 4.8 bis 4.12). Eine Voraussetzung für die Integration ist die Annah-me, dass die effektive Phasengrenzfläche unabhängig von der Position in der Packung konstant ist und somit in Gleichung 4.9 vor das Integral gezogen werden kann. Kommt es zu nennenswerten Flüssigkeits-Maldistributionen in axialer Richtung, so ist diese Voraussetzung nicht mehr erfüllt.

$$\dot{N}_G \cdot d\tilde{Y} = -k_{OG} \cdot \tilde{\rho}_G \cdot a_{eff} \cdot A_K \cdot dz \cdot \left(\tilde{Y} - \tilde{Y}^* \right) \qquad\qquad 4.8$$

$$\int_0^L dz = \frac{\dot{N}_G}{k_{OG} \cdot \tilde{\rho}_G \cdot a_{eff} \cdot A_K} \cdot \int_{ein}^{aus} \frac{d\tilde{Y}}{\tilde{Y}^* - \tilde{Y}} \qquad\qquad 4.9$$

$$HTU_{OG} = \frac{\dot{N}_G}{k_{OG} \cdot \tilde{\rho}_G \cdot a_{eff} \cdot A_K} \qquad 4.10$$

$$NTU_{OG} = \int\limits_{ein}^{aus} \frac{d\tilde{Y}}{\tilde{Y}^* - \tilde{Y}} \qquad 4.11$$

$$L = HTU_{OG} \cdot NTU_{OG} \qquad 4.12$$

Eine analoge Herleitung kann man für die Flüssigseite oder den Desorptionsfall durchführen. Die Betrachtung der Desorption für die Flüssigseite führt zu Gleichung 4.13. Der flüssigseitige Overall-Stoffdurchgangswiderstand ist dabei nach Gleichung 4.14 definiert.

$$L = HTU_{OL} \cdot NTU_{OL} = \frac{\dot{N}_L}{k_{OL} \cdot \tilde{\rho}_L \cdot a_{eff} \cdot A_K} \cdot \int\limits_{ein}^{aus} \frac{d\tilde{X}}{\tilde{X}^* - \tilde{X}} \qquad 4.13$$

$$\frac{1}{k_{OL}} = \frac{1}{\beta_L} + \frac{\tilde{\rho}_L}{\tilde{\rho}_G \cdot K \cdot \beta_G} \qquad 4.14$$

Die Berechnung des NTU für den jeweiligen Fall kann je nach den möglichen Vereinfachungen analytisch erfolgen, ansonsten ist eine numerische Lösung notwendig.

4.1.2 Stand des Wissens für herkömmliche Kolonneneinbauten

In der Literatur findet sich eine Reihe von Korrelationen zur Vorhersage von Stoffübergangskoeffizienten und effektiven Phasengrenzflächen für verschiedenste Arten von Kolonneneinbauten. Einige – vor allem ältere – Ansätze beschränken sich auf wenige Typen von Füllkörpern. Neuere Arbeiten unterscheiden entweder zwischen Schüttungen und Packungen, hierbei manchmal auch zwischen den Packungstypen, oder aber sie versuchen alle Einbauten in einer Korrelation zu vereinen. Teilweise kommen dabei packungsspezifische Parameter zum Einsatz. Im Folgenden wird eine Auswahl an Korrelationen vorgestellt, die für die Schwämme evaluiert wurde. Dabei handelt es sich um die gängigsten Korrelationen, die in der Praxis zur Vorhersage der Stoffübergangsdaten bei der Absorption verwendet werden (*Hölemann und Górak, 2006*) sowie einige weitere, die für Flüssigkeitsströmungen in Rinnsalen entwickelt wurden oder bereits von anderen Autoren für Schwämme verwendet wurden. Diese wurden dabei an die in dieser Arbeit verwendeten Nomenklaturen und Einheiten angepasst.

Für die Korrelationen werden verschiedene geometrische Kenngrößen als charakteristische Längen verwendet. In allen dimensionslosen Kennzahlen ist im Folgenden die inverse geometrische Oberfläche nach Gleichung 3.2 als charakteristische Länge eingesetzt. Des Weiteren ist für Füllkörper-Korrelationen häufig ein äquivalenter Partikeldurchmesser d_P erforderlich, der den Kugeldurchmesser einer monodispersen Kugelschüttung mit gleicher Oberfläche repräsentiert. In diesem Fall wird Gleichung 4.15 verwendet. In einigen anderen Fällen wird aufgrund der Analogie zu durchströmten Rohren ein hydraulischer Durchmesser benötigt. In diesen Fällen wird auf die von **Dietrich et al. (2009)** hergeleitete und bereits in Kapitel 3.1.1 vorgestellte Beziehung (Gleichung 3.3) zurückgegriffen.

$$d_P = \frac{6}{(1 - \varepsilon_0) \cdot a_{geo}} \qquad\qquad 4.15$$

$$d_h = 4 \cdot \frac{\varepsilon_0}{a_{geo}} \qquad\qquad 3.3$$

Shulman et al. (1955) untersuchen den gasseitigen Stoffübergang anhand sublimierender Naphtalin-Füllkörper der ersten Generation in Form von Raschig-Ringen und Berl-Sätteln. Die Messdaten führen zu Gleichung 4.16. Aus den Daten anderer Autoren leiten sie die Korrelation für den flüssigseitigen Stoffübergang ab (Gleichung 4.17).

$$\beta_G = 1{,}195 \cdot u_G \cdot \left(\frac{d_P \cdot u_G}{\nu_G \cdot (1 - \varepsilon_0)} \right)^{-0{,}36} \cdot Sc_G^{-2/3} \qquad\qquad 4.16$$

$$\beta_L = 25{,}1 \cdot \frac{\delta_L}{d_P} \cdot \left(\frac{d_P \cdot u_L}{\nu_L} \right)^{0{,}45} \cdot Sc_L^{0{,}5} \qquad\qquad 4.17$$

Eine häufig benutzte Stoffübergangskorrelation ist die Arbeit von **Onda et al. (1968)**. Sie ist für verschiedene Füllkörper der ersten Generation entwickelt worden, im Einzelnen für Raschig-Ringe, Berl-Sättel, Kugeln und Stäbe. Dabei kommen verschiedene Größen und Materialien der Füllkörper zum Einsatz. Onda et al. geben Korrelationen für den gas- und flüssigseitigen Stoffübergang an (Gleichungen 4.18 und 4.19). Für die Korrelation der effektiven Phasengrenzfläche (Gleichung 4.20) verwenden sie eine material-abhängige kritische Oberflächenspannung. Für Keramik beträgt dieser Wert $\sigma_C = 61$ mN/m.

$$\beta_L = 0{,}0051 \cdot (\nu_L \cdot g)^{1/3} \cdot Re_L^{2/3} \cdot Sc_L^{-1/2} \cdot \left(a_{geo} \cdot d_P \right)^{0{,}4} \qquad\qquad 4.18$$

$$\beta_G = 5{,}23 \cdot a_{geo} \cdot \delta_G \cdot Re_G^{0{,}7} \cdot Sc_G^{1/3} \cdot \left(a_{geo} \cdot d_P\right)^{-2{,}0} \qquad 4.19$$

$$\frac{a_{eff}}{a_{geo}} = 1 - exp\left\{-1{,}45 \cdot \left(\frac{\sigma_c}{\sigma_L}\right)^{0{,}75} \cdot Re_L^{0{,}1} \cdot Fr_L^{-0{,}05} \cdot We_L^{0{,}2}\right\} \qquad 4.20$$

Eine ebenfalls häufig verwendete Korrelation ist die Arbeit von ***Bravo und Fair (1982)***, die eine Beziehung für die effektive Phasengrenzfläche wiedergibt. Sie ist auf einer Datenbasis von Messungen für ring- und sattelförmige Füllkörper entwickelt worden und hatte das Ziel so allgemein zu sein, dass sie auch auf die damals aufkommenden strukturierten Packungen übertragbar sein würde, für die zu dieser Zeit noch keine Messdaten in ausreichendem Umfang zur Verfügung standen.

$$\frac{a_{eff}}{a_{geo}} = 19{,}76 \cdot \frac{\left(\frac{\sigma_L}{\text{N/m}}\right)^{0{,}5}}{(L/\text{m})^{0{,}4}} \cdot (Ca_L \cdot Re_G)^{0{,}392} \qquad 4.21$$

Eine weitere für Füllkörper entwickelte Korrelation stammt von ***Shi und Mersmann (1985)***. Sie basiert auf der Annahme einer Rinnsal-Strömung der Flüssigkeit über die Füllkörperoberfläche. Die Autoren stellen den Anspruch, ein auf physikalische Grundlagen basierendes Modell zu entwickeln und keine reine Anpassung an Messdaten durchzuführen. Dabei betrachten sie nur die effektive Phasengrenzfläche (Gleichung 4.22) und den flüssigseitigen Stoffübergang (Gleichung 4.23) und untersuchen den Einfluss des Kontaktwinkels γ. Der Korrekturfaktor f ist dabei materialabhängig und wird für Keramik laut Gleichung 4.24 berechnet.

$$a_{eff} = 0{,}76 \cdot \frac{f \cdot u_L^{0{,}4} \cdot v_L^{0{,}2}}{1 - 0{,}93 \cdot cos\,\gamma} \cdot \left(\frac{\rho_L}{\sigma_L \cdot g}\right)^{0{,}15} \cdot \left(\frac{a_{geo}^2}{\varepsilon_0}\right)^{0{,}6} \qquad 4.22$$

$$\beta_L = 1{,}19 \cdot \sqrt{\frac{\delta_L}{d_P}} \cdot \sqrt[6]{\frac{u_L^{1{,}2} \cdot g^{1{,}3} \cdot \sigma_L^{0{,}3} \cdot \varepsilon_0^{1{,}2} \cdot (1 - 0{,}93 \cdot cos\,\gamma)}{v_L^{1{,}4} \cdot \rho_L^{0{,}3} \cdot a_{geo}^{2{,}4}}} \qquad 4.23$$

$$f = 52 \cdot \left(\frac{d_P}{\text{m}}\right)^{1{,}1} \qquad 4.24$$

Eine Weiterentwicklung des Modells von Shi und Mersmann wird von ***Bornhütter und Mersmann (1993)*** präsentiert. Diese ist jedoch in ihren Parametern so stark an Füllkörperschüttungen angepasst, dass eine Anwendung auf die Schwämme nicht mehr möglich ist, da für die benötigten Größen, wie die Anzahl an Füllkörperelementen pro Volumen, kein sinnvolles Äquivalent gefunden werden konnte. Auf eine Darstellung dieses äußerst komplexen Modells wird daher verzichtet.

Eine speziell für strukturierte Packungen entwickelte Korrelation ist das von **Rocha et al. (1993, 1996)** entwickelte Modell der benetzten Packungskanäle. Es wurde für den Flüssigkeitsinhalt bereits in Kapitel 3.1.1 vorgestellt. Hierbei gehen geometrische Überlegungen zur Bestimmung der lokalen Geschwindigkeiten der beiden Phasen, aufgrund der gegenüber der Horizontalen um den Winkel φ geneigten Packungslagen, in die Berechnung des auf das Hohlraumvolumen bezogenen Flüssigkeitsinhaltes h_L', der effektiven Phasengrenzfläche sowie von gas- und flüssigseitigem Stoffübergangskoeffizienten mittels Betrachtungen zur Filmströmung ein. Die Größe S gibt dabei als äquivalenter Durchmesser die benetzte Kantenlänge des Packungskanalquerschnittes wieder.

Die Berechnung des Flüssigkeitsinhaltes (Gleichung 3.41) ist notwendig für die Berechnung der Stoffübergangskoeffizienten und muss wie bereits in Kapitel 3.1.1 erwähnt aufgrund der vom Flüssigkeitsinhalt abhängigen modifizierten Ergun-Konstanten A' und B' (Gleichungen 3.43 und 3.44) implizit erfolgen. Der Einfluss des absoluten Wertes des Druckverlusts am Flutpunkt auf den Flüssigkeitsinhalt ist dabei im relevanten Wertebereich nicht signifikant.

$$a_{eff,Gewebe} = a_{geo} \cdot \left[1 - 1,203 \cdot \left(\frac{u_L^2}{S \cdot g} \right)^{0,111} \right] \qquad 4.25$$

$$a_{eff,Blech}$$
$$= \frac{29,12 \cdot F_{SE} \cdot \left(\frac{S}{\mathrm{m}} \right)^{0,359} \cdot a_{geo}}{\varepsilon_0^{0,6} \cdot (1 - 0,93 \cdot \cos \gamma) \cdot (\sin \varphi)^{0,3}} \qquad 4.26$$
$$\cdot \frac{u_L^{0,4} \cdot \eta_L^{0,2}}{\sigma^{0,15} \cdot \rho^{0,05} \cdot g^{0,15} \cdot S^{0,2}}$$

$$\beta_L = \sqrt{\frac{4 \cdot C_E \cdot \delta_L \cdot u_L}{\pi \cdot S \cdot \varepsilon_0 \cdot \sin \varphi \cdot h_L'}} \qquad 4.27$$

$$\beta_G = 0{,}054 \cdot \frac{\left(\dfrac{u_G}{1 - h_L'} + \dfrac{u_L}{h_L'}\right)^{0{,}8} \cdot \rho_G^{0{,}47} \cdot \delta_G^{0{,}67}}{\varepsilon_0^{0{,}8} \cdot (sin\,\varphi)^{0{,}8} \cdot S^{0{,}2} \cdot \eta_G^{0{,}47}} \qquad 4.28$$

Für die Bestimmung der effektiven Phasengrenzfläche unterscheidet das Modell zwischen Gewebepackungen (Gleichung 4.25) und Blechpackungen (Gleichung 4.26). Zusätzlich wird bei Blechpackungen eine Vergrößerung der Oberfläche durch Riffelungen oder Bohrungen mit dem Faktor F_{SE} berücksichtigt. Die Gleichung 4.27 für den flüssigseitigen Stoffübergangskoeffizienten enthält noch einen Korrekturfaktor C_E für stagnierende Flüssigkeitsbereiche in der Packung, der als leicht < 1 angegeben wird. Gleichung 4.28 gibt die Beziehung für den gasseitigen Stoffübergangskoeffizienten an.

Ein weiteres für strukturierte Packungen entwickeltes Modell ist das sogenannte Delft-Modell von *Olujić (1997)*. Hierbei wird für die Gasphase auf die Analogie des Stoffübergangs zur von Gnielinski aufgestellten Formel des Wärmeübergangs bei der turbulenten Durchströmung eines Rohres zurückgegriffen, vergleiche *VDI-Wärmeatlas (2002)*, Abschnitt Ga. Diese wird in der Reynolds-Zahl bezüglich der Relativgeschwindigkeit zwischen Gas und Flüssigkeit Re_G^{rv} modifiziert sowie für die nur teilweise benetzte Wand des Strömungskanals in der Packung der Reibungsbeiwert ξ_{GL} angepasst. Anschließend erfolgt eine Überlagerung mit der Korrelation für die laminare Rohrströmung.

Der benetzte Anteil des Kanalumfangs λ wird dabei aus den geometrischen Daten der Packungslagen bestimmt. Außerdem werden der Lochflächenanteil Ω und der Winkel der Packungslagen mit der Horizontalen φ benötigt. Für den flüssigseitigen Stoffübergangskoeffizienten wird der Flüssigkeitsinhalt h_L und dafür die Filmdicke ℓ benötigt. So gelangt Olujić zu einem Satz an Gleichungen, die den Stoffübergang und die effektive Phasengrenzfläche beschreiben (Gleichungen 4.29 bis 4.38).

$$a_{eff} = \frac{a_{geo} \cdot (1 - \Omega)}{1 + \dfrac{0{,}000002143}{\left(\dfrac{u_L}{m/s}\right)^{1{,}5}}} \qquad 4.29$$

$$\beta_L = 2 \cdot \sqrt{\delta_L \cdot \frac{\dfrac{u_L}{\varepsilon_0 \cdot h_L \cdot sin\,\varphi}}{\pi \cdot 0{,}9 \cdot d_h}} \qquad 4.30$$

$$h_L = \ell \cdot a_{geo} \qquad\qquad 4.31$$

$$\ell = \left(\frac{3 \cdot u_L \cdot \nu_L}{g \cdot a_{geo} \cdot \sin \varphi} \right)^{1/3} \qquad\qquad 4.32$$

$$\beta_G = \sqrt{\beta_{G,lam}^2 + \beta_{G,turb}^2} \qquad\qquad 4.33$$

$$\beta_{G,i} = \frac{Sh_{G,i} \cdot \delta_G}{d_h} \qquad\qquad 4.34$$

$$Sh_{G,lam} = 0{,}664 \cdot Sc_G^{1/3} \cdot \sqrt{Re_G^{rv} \cdot \frac{d_h}{L}} \qquad\qquad 4.35$$

$$Re_G^{rv} = \frac{\left(\dfrac{u_G}{\varepsilon_0 \cdot (1 - h_L) \cdot \sin \varphi} + \dfrac{u_L}{\varepsilon_0 \cdot h_L \cdot \sin \varphi} \right) \cdot d_h}{\nu_G} \qquad\qquad 4.36$$

$$Sh_{G,turb} = \frac{Re_G^{rv} \cdot Sc_G \cdot \dfrac{\xi_{GL} \cdot \lambda}{8}}{1 + 12{,}7 \cdot \sqrt{\dfrac{\xi_{GL} \cdot \lambda}{8}} \cdot (Sc_G^{2/3} - 1)} \cdot \left[1 + \left(\frac{d_h}{L} \right)^{2/3} \right] \qquad\qquad 4.37$$

$$\xi_{GL} = \left\{ -2 \cdot log \left[\frac{\dfrac{\ell}{d_h}}{3{,}7} - \frac{5{,}02}{Re_G^{rv}} \cdot log \left(\frac{\dfrac{\ell}{d_h}}{3{,}7} + \frac{14{,}5}{Re_G^{rv}} \right) \right] \right\}^{-2} \qquad\qquad 4.38$$

Wagner et al. (1997) entwickelt eine Korrelation basierend auf Daten für Füllkörper der ersten Generation und für sogenannte Hochleistungsfüllkörper mit höherer Porosität und durchbrochener Außenfläche, die eine Durchströmung des Füllkörperinneren erlaubt. Verwendet wird der Flüssigkeitsinhalt nach **Stichlmair et al. (1989)** (Gleichungen 3.22 und 3.23) sowie die Druckverlustgleichung, die auch bei Engel Verwendung findet (Gleichung 3.28). Daraus ergeben sich die Gleichungen für effektive Phasengrenzfläche (Gleichung 4.39) und gas- sowie flüssigseitige Stoffübergangskoeffizienten (Gleichungen 4.40 und 4.41). Die angegebenen Verstärkungsfaktoren Φ_L und Φ_G können unter Betriebsbedingungen gleich 1 gesetzt werden. Für die

Bestimmung der charakteristischen Länge χ (Gleichung 4.42) wird die packungsspezifische Konstante C benötigt.

$$\frac{a_{eff}}{a_{geo}} = \left(\frac{1 - \varepsilon_0 + h_L}{1 - \varepsilon_0}\right)^{2/3} - 1 \qquad\qquad 4.39$$

$$\beta_L = \left(\frac{4 \cdot \Phi_L \cdot \delta_L \cdot u_L}{\pi \cdot h_L \cdot \chi}\right)^{0,5} \qquad\qquad 4.40$$

$$\beta_G = \left(\frac{4 \cdot \Phi_G \cdot \delta_G \cdot u_G}{\pi \cdot (\varepsilon_0 - h_L) \cdot \chi}\right)^{0,5} \qquad\qquad 4.41$$

$$\chi = C^2 \cdot L \qquad\qquad 4.42$$

Die vermutlich auf der breitesten Datenbasis beruhende der hier vorgestellten Korrelationen ist der Ansatz von ***Billet und Schultes (1999)***. Sie ist für Packungen und Schüttungen jeglicher Art entwickelt und mittels packungsspezifischer Parameter angepasst worden. Billet und Schultes verwenden den Flüssigkeitsinhalt nach Gleichungen 3.12 für $Re_L \geq 5$ bei der Modellierung des flüssigseitigen Stoffübergangskoeffizienten. Für $Re_L < 5$ muss Gleichung 4.43 angewendet werden. Der flüssigseitige Stoffübergangskoeffizient ergibt sich dann nach Gleichung 4.44. Für die Berechnung von effektiver Phasengrenzfläche (Gleichung 4.45) und gasseitigen Stoffübergangskoeffizienten (Gleichung 4.46) ist der Flüssigkeitsinhalt hingegen nicht erforderlich. Generell werden für dieses Modell drei Anpassungsparameter benötigt für Flüssigkeitsinhalt (C_h), gasseitigen (C_G) und flüssigseitigen Stoffübergangskoeffizienten (C_L).

$$h_{L,0} = \left(\frac{12}{g} \cdot v_L \cdot u_L \cdot a_{geo}^2\right)^{1/3} \cdot \left(C_h \cdot Re_L^{0,15} \cdot Fr_L^{0,1}\right)^{2/3} \qquad\qquad 4.43$$

$$\beta_L = C_L \cdot 12^{1/6} \cdot \left(\frac{\delta_L \cdot a_{geo}}{4 \cdot \varepsilon_0}\right)^{0,5} \cdot \left(\frac{u_L}{h_L}\right)^{0,5} \qquad\qquad 4.44$$

$$a_{eff} = 3 \cdot \sqrt{\varepsilon_0} \cdot a_{geo} \cdot Re_L^{-0,2} \cdot We_L^{0,75} \cdot Fr_L^{-0,45} \qquad\qquad 4.45$$

$$\beta_G = \frac{C_G}{(\varepsilon_0 - h_L)^{0,5}} \cdot \frac{a_{geo}}{2 \cdot \varepsilon_0^{0,5}} \cdot \delta_G \cdot Re_G^{0,75} \cdot Sc_G^{1/3} \qquad\qquad 4.46$$

Die neueste hier ausgewertete Korrelation ist ein nach Packungstypen getrennter Ansatz von Maćkowiak *(Hölemann und Górak, 2006)*. Dabei unterscheidet Maćkowiak zwischen Packungen des X- und Y-Typs, für die er jeweils unterschiedliche packungsspezifische Parameter C_G und C_L angibt, sowie Füllkörpern. Für die Packungen werden gas- und flüssigseitige Stoffübergangskoeffizienten bestimmt (Gleichungen 4.47 und 4.48). Für die effektive Phasengrenzfläche geht Maćkowiak von einer vollständigen Benetzung der Packung aus und setzt $a_{eff} = a_{geo}$.

$$\beta_G = C_G \cdot \left(\frac{4 \cdot \varepsilon_0}{1 - \varepsilon_0}\right)^{1,055} \cdot \frac{\delta_G}{d_h} \cdot Re_G^{1,055} \cdot Sc_G^{1/3} \qquad 4.47$$

$$\beta_L = C_L \cdot \sqrt[3]{\frac{g}{v^2}} \cdot \frac{\delta_L}{\varepsilon_0^{0,77}} \cdot Re_L^{0,77} \cdot Sc_L^{1/2} \qquad 4.48$$

Das Modell für Füllkörper wurde nochmals weiterentwickelt *(Maćkowiak, 2008)*. Dabei wurden Korrelationen für die effektive Phasengrenzfläche und den flüssigseitigen Stoffübergangskoeffizienten aufgestellt (Gleichungen 4.49 und 4.50). Neben der packungsspezifischen Konstante C wird dafür auch der Formfaktor ϕ benötigt, der für eine geschlossene Umwandung der Füllkörper zu Null wird und für sehr offene Umwandungen Werte von $\phi = 0,55 - 0,7$ annehmen kann.

$$a_{eff} = 6 \cdot a_{geo} \cdot C \cdot Fr_L^{1/3} \cdot \sqrt{\frac{We_L}{Fr_L}} \qquad 4.49$$

$$\beta_L = \frac{15,1\ \text{m}^{-0,75}}{(1 - \phi)^{1/3} \cdot d_h^{0,25} \cdot a_{eff} \cdot u_L^{5/6}} \cdot \left(\frac{a_{geo}}{g}\right)^{1/6} \cdot \left(\frac{\delta_L \cdot (\rho_L - \rho_G) \cdot g}{\sigma_L}\right)^{0,5} \qquad 4.50$$

4.1.3 Stand des Wissens für Schwammstrukturen

In der Literatur finden sich einige Arbeiten zur Bestimmung von Stoffübergangskoeffizienten in der mehrphasigen Durchströmung von Schwämmen sowohl im Gleich- als auch im Gegenstrom. Die meisten Arbeiten beschränken sich dabei auf eine limitierte Anzahl von Schwammtypen, oft sogar auf nur einen. Die Anwendbarkeit von prädiktiven Modellen für Stoffübergangskoeffizienten oder effektive Phasengrenzflächen wird dabei meist nicht überprüft.

Stemmet et al. präsentieren in mehreren Arbeiten Daten zum Stoffübergang in durchströmten Schwämmen verschiedener Porenzahlen. Für die Gegenstrom-Konfiguration finden sich vorausberechnete Daten für den flüssigseitigen volumetrischen Stoffübergangskoeffizienten *(Stemmet et al., 2006)*. Hierzu wird die Korrelation von *Rocha et al. (1993, 1996)* verwendet. Experimentelle Daten werden in folgenden Arbeiten für eine Gleichstrom-Konfiguration präsentiert *(Stemmet et al., 2007)*, in der wiederum der flüssigseitige volumetrische Stoffübergangskoeffizient sowie der flüssigseitige Stoffübergangskoeffizient bestimmt werden. Der Einfluss von Strömungsumkehr, Viskosität und Oberflächenspannung wurde ebenfalls untersucht, zusammen mit dem nötigen Leistungseintrag zur Dispergierung der Gasphase *(Stemmet et al., 2008)*. In dieser Arbeit vergleichen Stemmet et al. ihre Ergebnisse mit Korrelationen aus der Literatur, zum Beispiel mit der Korrelation von *Sherwood und Holloway (1940b)*, die ähnlich wie das Modell von *Shulman et al. (1955)* nur für zwei Typen von Füllkörpern entwickelt wurde. Die Korrelation von Sherwood und Holloway wird aufgrund ihrer sowohl von Füllkörper-Art als auch Füllkörper-Größe abhängigen Konstanten in dieser Arbeit für Schwämme nicht ausgewertet, da sie mit allgemeineren Konstanten in der Korrelation von Shulman et al. enthalten ist.

Lévêque et al. (2009) präsentiert Arbeiten mit Destillations-Testgemischen für einen Typ eines keramischen Schwamms und bestimmt dabei die HETP-Werte. Ein Vergleich mit Literaturmodellen erfolgt nicht. Daten für Stoffübergangskoeffizienten bei der Absorption beziehungsweise Desorption sind in der Literatur nicht zu finden. Die Datenlage in der Literatur für eine Aussage über die Anwendbarkeit von für herkömmliche Packungseinbauten entwickelten Korrelationen auf Schwämme ist daher als nicht ausreichend einzustufen.

4.2 Experimentelle Vorgehensweise

Im Allgemeinen werden Stoffübergangskoeffizienten und effektive Phasengrenzflächen entweder mit Absorptions- oder mit Destillations-Testsystemen bestimmt. Für die in der Literatur aufgeführten Korrelationen werden die auf beide Arten bestimmten Messwerte als gleichwertig betrachtet. Die Auswertung gemessener Daten findet meist über einen HTU-NTU-Ansatz bei der Absorption oder auch über einen HETP-Wert bei der Destillation statt. Für den Stoffübergangswiderstand werden dabei Overall-Modelle verwendet. Einer der entscheidenden Faktoren ist auch die verwendete Datenbasis der Stoffwerte. Diese kann bereits zu erheblichen Unterschieden in den gemessenen Daten führen.

Für die getrennte Bestimmung von Stoffübergangskoeffizienten und effektiver Phasengrenzfläche bei der Absorption und Desorption findet sich eine Bestrebung zur Standardisierung der Messungen in der Literatur *(Hoffmann et al., 2007)*, die aus Sicht der Autoren erforderliche Voraussetzungen für die Messungen sowie geeignete Quellen für die Stoffdaten angibt. Dies soll zu vergleichbaren Messungen für verschiedene Kolonneneinbauten führen, da in der Literatur häufig für einen Einbautyp deutlich voneinander abweichende Messdaten zu finden sind, die mit unterschiedlichen Testsystemen und unter schlecht vergleichbaren experimentellen Bedingungen bestimmt wurden. Eine ähnliche Bestrebung für die Destillationstestsysteme ist hingegen noch nicht so weit gediehen, obwohl erste Ansätze bereits in der Literatur zu finden sind *(Ottenbacher et al., 2010)*.

Die Wahl für die Testsysteme in dieser Arbeit fiel aufgrund der experimentellen Gegebenheiten und der von *Hoffmann et al. (2007)* erarbeiteten Standardisierungsgrundlage auf Kohlenstoffdioxid als übergehende Komponente. Für die Bestimmung des gasseitigen Stoffübergangskoeffizienten sowie der effektiven Phasengrenzfläche wurde dabei auf das bereits von *Wales (1966)* vorgeschlagene System der Absorption von CO_2 aus Luft in wässrigen Natronlauge-Lösungen unterschiedlicher Konzentration zurückgegriffen. Zusätzlich war aus diesem System eine Bestimmung der effektiven Phasengrenzfläche unter Vernachlässigung des gasseitigen Stoffübergangswiderstandes nach der von *Weimer und Schaber (1996)* vorgeschlagenen Methode möglich. Die flüssigseitigen volumetrischen Stoffübergangskoeffizienten wurden, der Methode nach *Bornhütter und Mersmann (1993)* folgend, durch die Desorption von CO_2 in Luft aus zuvor angereichertem Wasser bestimmt. Mittels der aus dem ersten Testsystem ermittelten effektiven Phasengrenzflächen lassen sich daraus auch die flüssigseitigen Stoffübergangskoeffizienten bestimmen.

4.2.1 Verwendete Versuchsanlage

Für beide Versuchstypen wurde eine gemeinsame Versuchsanlage entwickelt, die so weit wie möglich den von *Hoffmann et al. (2007)* vorgestellten Anforderungen an den experimentellen Aufbau entsprach. Aufgrund der Elementgeometrie wurde eine Glaskolonne DN100 mit einem feststehenden Sumpf und einem vertikal verschiebbaren Kopf gewählt, um einen einfachen Austausch der Packungen zu ermöglichen. Die Packungshöhe betrug je nach Elementabmessung zwischen 32,5cm und 37,5cm. Zur Vermeidung von Bypass-Strömen wurde die Packung mantelseitig mit Teflon-Folie umwickelt und nach unten hin durch eine Teflon-Auflage abgedichtet. Alle Versuche wurden bei Umgebungsbedingungen durchgeführt. Zur Kontrolle wurden sowohl die Temperaturen aller ein- und austretenden Gas- und Flüssigkeitsströme als auch der Gesamtdruck in der Kolonne und der Druckverlust über die Packung gemessen.

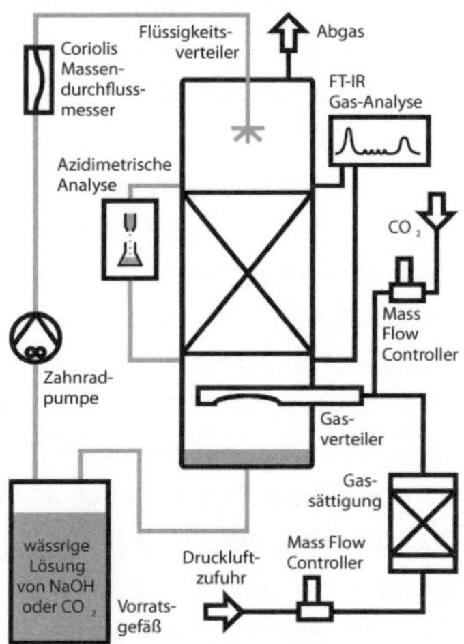

Abb. 4.3: Verwendete Versuchsanlage für die Absorption und Desorption. Ein detailliertes R&I-Fließbild sowie die Spezifikationen der Messgeräte befinden sich im Anhang A 6.

Die Flüssigkeit wird in der Versuchsanlage durch eine Zahnradpumpe vom Vorratsbehälter in die Kolonne gepumpt und über der Packung mittels eines Sternverteilers mit 12 Tropfstellen von 1mm Durchmesser, acht auf einem Kreis mit Durchmesser 70mm und vier auf einem Kreis mit Durchmesser 35mm, auf der Packung verteilt. Dies entspricht circa 1500 Tropfstellen/m² und somit einer sehr gleichmäßigen Flüssigkeitsverteilung. Der Flüssigkeitsvolumenstrom wird über einen Coriolis-Massendurchflussmesser erfasst. Die aus der Packung abtropfende und im Sumpf gesammelte Flüssigkeit wird über einen Siphon je nach Versuchsdurchführung entweder zurück in den Kreislaufbehälter oder in einen separaten Auffangbehälter geführt. Damit kann ein Gasdurchbruch am Sumpf der Kolonne vermieden werden.

Der Hauptgasstrom wird dem Druckluftnetz entnommen und der Volumenstrom mittels eines Massflowcontrollers eingestellt. Um Verdunstungseffekte auszuschließen wird das Gas in einer beheizten Füllkörperkolonne mit einer keramischen Zylinderringschüttung bei 25°C mit Wasser aufgesättigt. Anschließend wird es über einen Gasverteiler mit einer nach unten gerichteter Öffnung von 50mm × 13mm über dem Sumpf in die Kolonne eingeleitet.

Dieser Gasverteiler bietet aufgrund der Richtungsumkehr des Gases eine bessere Verteilung über den Kolonnenquerschnitt, verglichen mit einer ungerichteten Einleitung des Gases von der Seite. Je nach Versuchsdurchführung kann dem Hauptgasstrom in einem Gasmischer ein mit einem weiteren Massflowcontroller dosierter Kohlendioxidgasstrom beigemischt werden. Am Kopf der Kolonne wird das aus der Packung austretende Gas abgezogen und in den Abzug geleitet.

Zur Bestimmung der Konzentrationen der ein- und austretenden Gas- und Flüssigkeitsströme sind an verschiedenen Orten in der Kolonne Probenentnahmestellen vorgesehen. Die Probe der in die Kolonne eintretenden Flüssigkeit wird aus dem Vorlagebehälter entnommen, während die aus der Packung austretende Flüssigkeit mittels eines Probensammlers direkt unter der Packung aufgefangen wird. Dazu ist eine über den gesamten Querschnitt reichende Rinne unter der Packung vorhanden, die die Gasgegenströmung möglichst wenig behindern soll. Die Analyse der Flüssigkeitsproben erfolgt durch azidimetrische Titration in einem Titrierautomaten mit pH-Sonde.[7]

Die Gasproben werden durch gegen abtropfende Flüssigkeit abgeschirmte Bohrungen direkt ober- und unterhalb der Packung mittels eines Ventilators angesaugt. Die Analyse erfolgt durch FT-IR-Spektroskopie in einer durchströmten Gaszelle. Damit sind alle Konzentrationen, Temperaturen und Drücke messbar, um die für die Auswertung benötigten Stoffdaten zu bestimmen.

4.2.2 Absorption von CO_2 aus Luft in wässrigen Natronlauge-Lösungen

Die Absorption von Kohlenstoffdioxid in wässriger Natronlauge-Lösung zählt zu den ältesten und gut dokumentierten Testsystemen in der Literatur. Bei der Chemisorption von CO_2 in Natronlauge macht man sich das Kohlensäuregleichgewicht (Gleichung 4.51 und 4.52) zu Nutze. Die Reaktion ist aufgrund des in der Natronlauge bei Konzentrationen von $\tilde{c}_{OH^-} > 0{,}1\,mol/l$ vorhandenen Überschusses an OH^--Ionen quasi irreversibel und das Gleichgewicht liegt vollständig auf der Seite der CO_3^{2-}-Ionen *(Danckwerts und Kennedy, 1958)*. Dies ist durch die deutlich höhere Reaktionsgeschwindigkeit von Reaktion 4.52 gegenüber Reaktion 4.51 zu begründen, die auch dazu führt, dass Reaktion 4.51 der geschwindigkeitsbestimmende Schritt ist *(Phorecki und Moniuk, 1988)*. Die resultierende Reaktion 4.53 ist pseudo-erster Ordnung, solange die Grenzfläche nicht an Hydroxidionen verarmt ist.

---

[7] Die Analytik wird ausführlich im Anhang A 10 diskutiert.

$$CO_2 + OH^- \rightleftharpoons HCO_3^-$$
\hfill 4.51

$$HCO_3^- + OH^- \rightleftharpoons CO_3^{2-} + H_2O$$
\hfill 4.52

$$CO_2 + 2\,OH^- \rightleftharpoons CO_3^{2-} + H_2O$$
\hfill 4.53

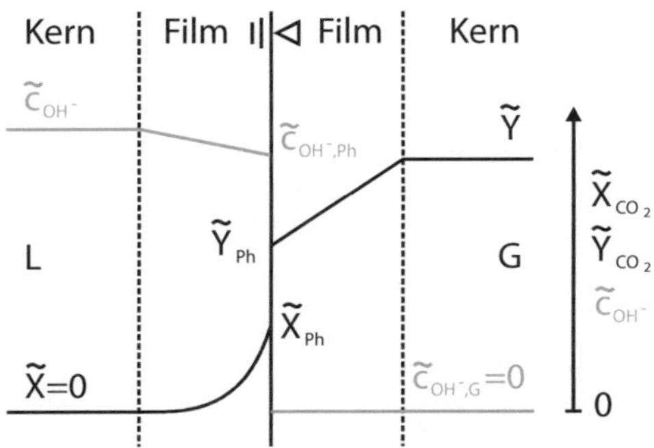

*Abb. 4.4: Filmmodell für den herrschenden Grenzfall bei der Absorption von CO_2 in Natronlauge mit Konzentrationen von $\tilde{c}_{OH^-} > 0{,}1\,mol/l$ nach **Levenspiel (1999)**.*

Die Reaktionskinetik ist gut untersucht.[8] Es kann von einer sehr schnellen Reaktion ausgegangen werden, bei der das CO_2 bereits im Film abreagiert und die Konzentration $\tilde{c}_{OH^-}$ im Film aufgrund des großen Überschusses an Hydroxidionen nicht merklich sinkt, siehe Abb. 4.4. Daher kann der Enhancementfaktor E für den Stoffübergang, der die Verstärkung des Stofftransportes durch die Reaktion wiedergibt, gleich der Hatta-Zahl Ha gesetzt werden (Gleichung 4.54), wie von **Levenspiel (1999)** gezeigt und von **Weimer und Schaber (1996)** für das in dieser Arbeit eingesetzte Stoffsystem überprüft.

$$E \approx Ha = \frac{\sqrt{\delta_L \cdot k_R \cdot \tilde{c}_{OH^-}}}{\beta_L} \quad \text{für} \quad Ha > 2$$
\hfill 4.54

Für diesen Fall wird der Stoffdurchgangskoeffizient dann wie in Gleichung 4.55 gezeigt berechnet.

$$\frac{1}{k_{OG}} = \frac{1}{\beta_G} + \frac{\tilde{\rho}_G \cdot K}{\tilde{\rho}_L \cdot E \cdot \beta_L} = \frac{1}{\beta_G} + \frac{\tilde{\rho}_G \cdot K}{\tilde{\rho}_L \cdot \sqrt{\delta_L \cdot k_R \cdot \tilde{c}_{OH^-}}}$$
\hfill 4.55

---

[8]Alle verwendeten Stoffwerte und Stoffwertkorrelationen sind im Anhang A 5 zusammengestellt.

Um nun den volumetrischen Stoffdurchgangskoeffizienten $k_{OG} \cdot a_{eff}$ zu bestimmen werden Messungen bei verschiedenen Konzentrationen $\tilde{c}_{OH}$- durchgeführt. Direkte Messgrößen sind dabei die Ein- und Austrittskonzentrationen in der Gasphase. Zur Auswertung des NTU_{OG} nach Gleichung 4.11 wird außerdem die Gleichgewichtskonzentration $\tilde{Y}^* = K \cdot \tilde{X}$ zur Kern-Konzentration an CO_2 in der Flüssigkeit am Ein- und Austritt benötigt. Aufgrund der vollständigen Reaktion des eindiffundierenden CO_2 im Film vor Erreichen der Kernphase (vgl. Abb. 4.4) kann davon ausgegangen werden, dass die Konzentration im Kern der Flüssigphase an jedem Ort und zu jedem Zeitpunkt $\tilde{X} = 0$ beträgt und somit für die fiktive gasseitige Gleichgewichtskonzentration ebenfalls $\tilde{Y}^* = 0$ gilt. Durch die bekannte Höhe der Packung L kann nun aus dem HTU_{OG} der volumetrische Stoffdurchgangskoeffizient $k_{OG} \cdot a_{eff}$ bestimmt werden (Gleichung 4.56).

$$\left(k_{OG} \cdot a_{eff}\right)_{gem} = \frac{\dot{N}_G}{\tilde{\rho}_G \cdot A_K \cdot L} \cdot ln\frac{\tilde{Y}_{ein}}{\tilde{Y}_{aus}} \qquad 4.56$$

Durch Auftragung des inversen volumetrischen Stoffdurchgangskoeffizienten über dem zweiten Term aus Gleichung 4.55, der direkt von $\sqrt{\tilde{c}_{OH}}$- abhängig ist, erhält man den von **Wales (1966)** vorgeschlagenen, so genannten Danckwerts-Plot (Gleichung 4.57). Die Steigung der so entstehenden Geraden beträgt $1/a_{eff}$, der Achsenabschnitt $1/(\beta_G \cdot a_{eff})$. Damit ist es möglich, sowohl die effektive Phasengrenzfläche als auch den gasseitigen Stoffübergangskoeffizienten durch Messung der Absorption bei verschiedenen Konzentrationen der Natronlauge zu erhalten. Beispielhaft ist diese Auswertung für einen Datensatz im Anhang A 10 dargestellt.

$$\frac{1}{\left(k_{OG} \cdot a_{eff}\right)_{gem}} = \frac{1}{\beta_G \cdot a_{eff}} + \frac{1}{a_{eff}} \cdot \frac{\tilde{\rho}_G \cdot K}{\tilde{\rho}_L \cdot \sqrt{\delta_L \cdot k_R \cdot \tilde{c}_{OH-}}} \qquad 4.57$$

Die in Gleichung 4.57 dargestellte Auswertung der Messdaten ist empfindlich für Schwankungen in der Messgenauigkeit. Starke Schwankungen der gemessenen Werte können zu negativen Achsenabschnitten führen. Einer derartigen Problematik kann durch eine große Anzahl an Messpunkten entgegengewirkt werden, was jedoch mit großem Aufwand verbunden ist.

Zur Überprüfung der Konsistenz der einzelnen Messungen mit Schwammpackungen wurden nur diejenigen Messreihen ausgewertet, bei der Messungen bei mindestens vier oder fünf verschiedenen Natronlauge-Konzentrationen im „Danckwerts-Plot" zu einer Geraden mit positiver Steigung und positivem Achsenabschnitt führten. Das Bestimmtheitsmaß der Ausgleichsgeraden lag dabei im Schnitt bei Werten von $R^2 = 0,45 - 0,98$.

Zugleich kann eine Abschätzung der Größenordnungen der auftretenden Stofftransportwiderstände Aufschluss über mögliche Vernachlässigungen geben. Der erste Term aus Gleichung 4.57 liegt bei einem gasseitigen Stoffübergangskoeffizienten von $\beta_G = 0{,}01\,\mathrm{m/s}$ und einer effektiven Phasengrenzfläche von $a_{eff} = 100\,\mathrm{m^2/m^3}$ bei einem Wert von $1/(\beta_G \cdot a_{eff}) = 1\,\mathrm{s}$. Der zweite Term hingegen nimmt für die erwähnte Phasengrenzfläche und Konzentrationen im verwendeten Bereich von $\tilde{c}_{OH^-} = 0{,}1 - 1{,}1\,\mathrm{mol/l}$ Werte zwischen 2,5s und 10s an. Dies macht bereits deutlich, dass bei gasseitigen Stoffübergangskoeffizienten $\beta_G > 0{,}01\,\mathrm{m/s}$ der erste Term gegenüber dem zweiten vernachlässigbar ist. *Weimer (1997)* hat dies in einer ausführlichen Betrachtung dargelegt und schlägt daher für den angegebenen Konzentrationsbereich eine Vernachlässigung des gasseitigen Stoffübergangswiderstandes für die Auswertung von Absorptionsversuchen mit Kohlendioxid in Natron- oder Kalilauge vor. Für die effektive Phasengrenzfläche erhält man mit dieser Vernachlässigung eine Näherung nach Gleichung 4.58. Je größer der Stoffübergangskoeffizient und je kleiner die Konzentration der verwendeten Lauge, desto kleiner ist der Fehler durch diese Auswertung. Zugleich sollte also eine ungerechtfertigte Vernachlässigung des gasseitigen Stoffübergangswiderstandes zu einer mit zunehmender OH⁻-Ionen-Konzentration fallenden ermittelten effektiven Phasengrenzfläche führen. Dieser Zusammenhang kann als Konsistenztest für die Auswertung unter Vernachlässigung des gasseitigen Stoffübergangswiderstandes verwendet werden.

$$a_{eff} \approx \left(k_{OG} \cdot a_{eff}\right)_{gem} \cdot \frac{\tilde{\rho}_G \cdot K}{\tilde{\rho}_L \cdot \sqrt{\delta_L \cdot k_R \cdot \tilde{c}_{OH^-}}} \qquad 4.58$$

Bei der Durchführung der Messungen wurde die Natronlauge im Kreislauf gefahren, da die absorbierte Menge an CO_2 nur sehr gering ist. Durch Probenentnahme aus dem Kreislaufbehälter zu Versuchsbeginn und Versuchsende wurde sichergestellt, dass sich deren Konzentration nicht verändert hat. Nach Benetzung der Packung mit Natronlauge bei der gewünschten Berieselungsdichte für etwa 30 bis 45 min wurde die Gaszufuhr mit dem Hauptgasstrom aus dem Druckluftnetz und dem Begleitgasstrom an CO_2 aus der Gasflasche zugeschaltet. Dabei wurden als Eingangskonzentrationen Molanteile von etwa $\tilde{y}_{ein} = 1500 - 2000\,\mathrm{ppm}$ eingestellt. Nach Erreichen des stationären Zustandes wurden Gasproben vor und hinter der Packung analysiert. Zum Einsatz kamen bei den Versuchen Natronlaugen-Konzentrationen von $\tilde{c}_{OH^-} = 0{,}1 - 1{,}1\,\mathrm{mol/l}$, hergestellt aus vollentsalztem Wasser und Natriumhydroxid p.a. der Firma Roth mit einer Reinheit $\geq 99\%$.

Für die Schwämme aus SiSiC wurde außerdem eine Abhängigkeit des Kontaktwinkels zwischen der Natronlauge und der Schwammoberfläche von der Konzentration der Natronlauge gefunden. Der Kontaktwinkel γ wird mit zunehmender Konzentration der Natronlauge kleiner und somit wird die Benetzung besser. Dabei bleibt die Grenzflächenspannung σ zwischen Flüssigkeit und Luft in etwa konstant, wie auch in der Literatur zu finden ist **(Horvath, 1985)**. Für die Abhängigkeit des Kontaktwinkels mit der Konzentration konnte für den Bereich von $\tilde{c}_{OH^-} = 0{,}1 - 1{,}4 \ mol/l$ der in Gleichung 4.59 dargestellte Zusammenhang gefunden werden.

$$\gamma(NaOH)$$

$$= 15{,}29° - 9{,}47° \cdot \frac{\tilde{c}_{OH^-}}{mol/l} + 5{,}369° \cdot \left(\frac{\tilde{c}_{OH^-}}{mol/l}\right)^2$$

$$- 1{,}13° \cdot \left(\frac{\tilde{c}_{OH^-}}{mol/l}\right)^3 \qquad\qquad 4.59$$

Dieser Kontaktwinkel geht im Grenzfall nicht gegen den Wert des Kontaktwinkels von Wasser, der wie auch die Daten für den Kontaktwinkel der Natronlauge aus einer Mehrfachbestimmung ermittelt wurde (Gleichung 4.60).

$$\gamma(H_2O) = 20{,}79° \qquad\qquad 4.60$$

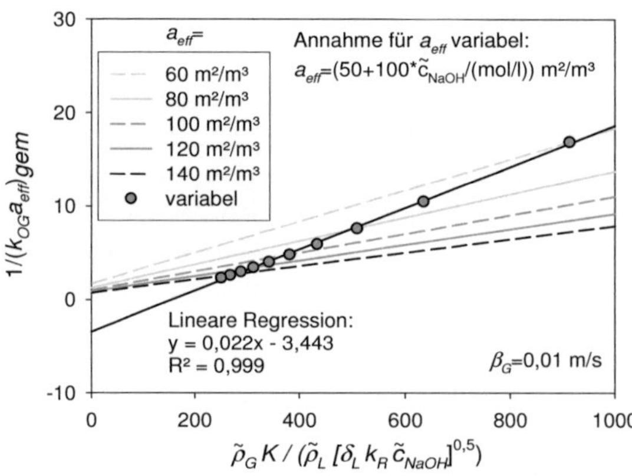

Abb. 4.5: Verdeutlichung des Effekts einer mit der Konzentration der Natronlauge zunehmenden effektiven Phasengrenzfläche für die lineare Regressionsgerade im Danckwerts-Plot.

Diese Abhängigkeit des Benetzungszustandes von der Konzentration der Natronlauge kann ebenfalls zu einem negativen Achsenabschnitt nach dem Danckwerts-Plot führen. Mit steigender Konzentration der Natronlauge verbessert sich die Benetzung der Oberfläche. Dies führt zu einer steigenden effektiven Phasengrenzfläche mit steigender Konzentration der Natronlauge. Somit misst man bei Variation der Konzentration im Danckwerts-Plot Datenpunkte auf unterschiedlichen Geraden, wie in Abb. 4.5 verdeutlicht. Folglich kommt es bei unterschiedlichen Benetzungszuständen, bedingt durch die Konzentration der Natronlauge, zu einem negativen Achsenabschnitt der linearen Regression bei einem gleichzeitig guten Korrelationsquadrat.

Für die Auswertung der Daten konnte daher zusätzlich zu den bereits vorgestellten Auswertemöglichkeiten modellgestützt der Einfluss des Kontaktwinkels korrigiert werden. Zur Auswertung wurde die Korrelation von *Shi und Mersmann (1985)* nach Gleichung 4.22 herangezogen.

$$a_{eff} = 0,76 \cdot \frac{f \cdot u_L^{0,4} \cdot v_L^{0,2}}{1 - 0,93 \cdot \cos\gamma} \cdot \left(\frac{\rho_L}{\sigma_L \cdot g}\right)^{0,15} \cdot \left(\frac{a_{geo}^2}{\varepsilon_0}\right)^{0,6} \qquad 4.22$$

Für die Abhängigkeit vom Kontaktwinkel kann die Korrelation nach Gleichung 4.61 vereinfacht werden.

$$a_{eff} = \frac{C}{1 - 0,93 \cdot \cos\gamma} \qquad 4.61$$

Als Referenzwert wurde der Kontaktwinkel für Wasser nach Gleichung 4.60 gewählt. Für die korrigierte effektive Phasengrenzfläche a'_{eff} für Wasser ergibt sich dann ein korrigierter Wert für den gasseitigen Stoffdurchgangskoeffizienten nach Gleichung 4.62. Aufgrund des größeren Kontaktwinkels zwischen der Schwammoberfläche und Wasser verglichen mit Natronlauge werden die Werte für die korrigierte effektive Phasengrenzfläche kleiner sein als die zuvor aus den unkorrigierten Daten ermittelten Werte.

$$\frac{1}{k_{OG} \cdot a'_{eff}} = \frac{1}{\left(k_{OG} \cdot a_{eff}\right)_{gem}} \cdot \frac{a_{eff}}{a'_{eff}}$$

$$= \frac{1}{\left(k_{OG} \cdot a_{eff}\right)_{gem}} \cdot \frac{1 - 0,93 \cdot \cos\gamma(H_2O)}{1 - 0,93 \cdot \cos\gamma(NaOH)} \qquad 4.62$$

Somit konnten sowohl nach der Methode unter Vernachlässigung des gasseitigen Stoffübergangswiderstandes als auch aus dem Danckwerts-Plot korrigierte Werte für die effektive Phasengrenzfläche bzw. den gasseitigen Stoff-übergangskoeffizienten ermittelt werden.

4.2.3 Desorption von CO_2 aus Wasser in Luft

Für die Desorptionsexperimente zur Bestimmung des flüssigseitigen Stoff-übergangskoeffizienten wurde auf eine Messmethode von *Bornhütter (1991)* zurückgegriffen, die auf der gleichen Übergangskomponente beruht wie die zur Messung des gasseitigen Stoffübergangskoeffizienten und der effektiven Phasengrenzfläche verwendete Messmethode. Sie stützt sich ebenfalls auf das Kohlensäure-Gleichgewicht, jedoch ist hierbei kein Überschuss an OH^--Ionen vorhanden, so dass das CO_2 mit Wasser umgesetzt wird (Gleichungen 4.63 bis 4.65). Das Gleichgewicht ist somit reversibel und eine Strippung des CO_2 aus dem zuvor aufgesättigten Wasser kann mit Luft erfolgen. Der Widerstand für den Stoffübergang ist in diesem Fall flüssigseitig dominiert.

$$CO_2 + H_2O \rightleftharpoons H_2CO_3 \qquad\qquad 4.63$$

$$H_2CO_3 + H_2O \rightleftharpoons H_3O^+ + HCO_3^- \qquad\qquad 4.64$$

$$HCO_3^- + H_2O \rightleftharpoons H_3O^+ + CO_3^{2-} \qquad\qquad 4.65$$

Für diese Versuchsdurchführung muss zunächst vollentsalztes Wasser mit CO_2 gesättigt werden. Hierzu wurde an der Anlage eine Blasensäule ergänzt, in der die Sättigung mit einer Kreislauf-Fahrweise für das CO_2 realisiert werden kann. Die Packung wurde zunächst mit im Kreislauf gefahrenem, vollentsalztem Wasser bei der gewünschten Berieselungsdichte und der gewünschten Gasbelastung für 30 bis 45 min benetzt, so dass sich ein statio-närer Benetzungszustand einstellen konnte. Anschließend wurde die Flüssig-keitszufuhr auf das gesättigte Wasser umgestellt und die Kreislauffahrweise beendet, um eine konstante Konzentration am Flüssigkeitseintritt sicherzustel-len. Nach weiteren 5 min zur Einstellung eines stationären Zustandes wurden Gas- und Flüssigkeitsproben entnommen.

Der flüssigseitige Overall-Stoffdurchgangskoeffizient ergibt sich bei dieser Messmethode wie in Gleichung 4.14 angegeben. Aufgrund der starken flüssigseitigen Kontrolle kann der gasseitige Stoffübergangswiderstand vernachlässigt werden, so dass der flüssigseitige Stoffdurchgangskoeffizient gleich dem flüssigseitigen Stoffübergangskoeffizienten wird. Um diesen zu bestimmen werden die flüssigseitigen Konzentrationen im Behälter und unter der Packung gemessen. Da es sich bei CO_2 um ein schwerlösliches Gas handelt, kann davon ausgegangen werden, dass bei den ohnehin schon kleinen gasseitigen Konzentrationen die Gleichgewichtsbeladung $\tilde{X}^* = \tilde{Y}/K$ vernachlässigbar klein wird *(Bornhütter und Mersmann, 1993)*. Der flüssigseitige Stoffübergangskoeffizient ergibt sich daher nach Gleichung 4.66. Dabei wird auf die zuvor bestimmte effektive Phasengrenzfläche zurückgegriffen.

$$\beta_L = \frac{\dot{N}_L}{\tilde{\rho}_L \cdot a_{eff} \cdot A_K \cdot L} \cdot ln\frac{\tilde{X}_{ein}}{\tilde{X}_{aus}} \qquad 4.66$$

Da auch die gasseitigen Konzentrationen gemessen werden können, ist ebenfalls eine Auswertung über den gasseitigen volumetrischen Stoffdurchgangskoeffizienten möglich. Hierzu muss zunächst die Auswertung des NTU_{OG} erfolgen, da für diesen Fall die Gleichgewichtskonzentrationen $\tilde{Y}^*$ nicht vernachlässigbar sind. Unter der Annahme eines linearen Verlaufs der Gleichgewichtslinie sowie der Betriebsgeraden kann für den NTU_{OG} ein logarithmisches Konzentrationsmittel hergeleitet werden *(Bird et al., 2007)*. Die detaillierte Herleitung befindet sich im Anhang A 10. Zu beachten ist bei der Auswertung von Gleichung 4.67, dass aufgrund der Gegenstrom-Konfiguration das Gas am Gaseintritt der Flüssigkeit am Flüssigkeitsaustritt begegnet (Gleichung 4.68).

$$NTU_{OG} = \int\limits_{ein}^{aus} \frac{d\tilde{Y}}{\tilde{Y}^* - \tilde{Y}}$$

$$= \frac{\tilde{Y}_{aus} - \tilde{Y}_{ein}}{\left(\tilde{Y}^* - \tilde{Y}\right)_{aus} - \left(\tilde{Y}^* - \tilde{Y}\right)_{ein}} \cdot ln\frac{\left(\tilde{Y}^* - \tilde{Y}\right)_{aus}}{\left(\tilde{Y}^* - \tilde{Y}\right)_{ein}} \qquad 4.67$$

$$NTU_{OG} = \frac{\tilde{Y}_{aus} - \tilde{Y}_{ein}}{\left(K \cdot \tilde{X}_{ein} - \tilde{Y}_{aus}\right) - \left(K \cdot \tilde{X}_{aus} - \tilde{Y}_{ein}\right)}$$

$$\cdot ln\frac{\left(K \cdot \tilde{X}_{ein} - \tilde{Y}_{aus}\right)}{\left(K \cdot \tilde{X}_{aus} - \tilde{Y}_{ein}\right)} \qquad 4.68$$

Der gasseitige Stoffdurchgangskoeffizient berechnet sich für diesen Fall aus Gleichung 4.69. Daraus kann dann nach Gleichung 4.70 der flüssigseitige Stoffübergangskoeffizient bestimmt werden, wobei wiederum der gasseitige Stoffübergangswiderstand näherungsweise vernachlässigt werden kann. Somit ist es möglich, den Stoffübergangskoeffizienten auf zwei unterschiedliche Weisen unter Verwendung unabhängiger Messwerte zu bestimmen. Für die Bestimmung über den gasseitigen Ersatzwiderstand werden jedoch sowohl die gasseitigen als auch die flüssigseitigen Konzentrationen als

Messwerte benötigt, so dass die beiden Bestimmungen nicht gänzlich unabhängig voneinander sind.

$$k_{OG} = \frac{\dot{N}_G}{\tilde{\rho}_G \cdot A_K \cdot L \cdot a_{eff}} \cdot NTU_{OG}$$

4.69

$$\beta_L = \frac{\tilde{\rho}_G \cdot K}{\tilde{\rho}_L} \cdot \left(\frac{1}{k_{OG}} - \frac{1}{\beta_G} \right)^{-1} \approx \frac{\tilde{\rho}_G \cdot K \cdot k_{OG}}{\tilde{\rho}_L}$$

4.70

Als Konsistenzprüfung steht für diese Messdaten die Massenbilanz für das übergegangene CO_2 zur Verfügung (Gleichung 4.71). Aufgrund der Messunsicherheiten ist diese Massenbilanz nur selten voll erfüllt. Als konsistent wurden daher Messdaten angesehen, bei denen die Abweichung zwischen der experimentell bestimmten desorbierten Menge an CO_2 und der experimentell bestimmten absorbierten Menge an CO_2 weniger als 25% betrug.

$$\dot{N}_{CO_2} = \dot{N}_G \cdot \left(\tilde{Y}_{aus} - \tilde{Y}_{ein} \right) = \dot{N}_L \cdot \left(\tilde{X}_{ein} - \tilde{X}_{aus} \right)$$

4.71

4.2.4 Validierung der Messmethode

Um die Messmethode für effektive Phasengrenzfläche und gasseitigen Stoffübergangskoeffizienten zu validieren wurden Absorptionsmessungen mit einer Gewebepackung vom Typ Mellapak 250Y durchgeführt. Die gemessenen Werte wurden nach beiden zuvor beschriebenen Methoden ausgewertet. Hierbei wurde zunächst unter Vernachlässigung des Stoffübergangswiderstandes die effektive Phasengrenzfläche für je drei Berieselungsdichten und Gasbelastungen ermittelt. Zwei der Berieselungsdichten lagen dabei im Bereich der Arbeiten von **Weimer (1997)**. Die ermittelten Messwerte lagen jedoch deutlich unter den von Weimer mit Kalilauge gemessenen.[9]

Weimer führte in seiner Arbeit sowohl Messungen mit Kalilauge als auch Messungen mit Natronlauge durch. Dabei fand er keinen Einfluss von der Kalilaugenkonzentration auf die effektive Phasengrenzfläche, jedoch mit steigender Konzentration der Natronlauge sinkende Werte für die effektive Phasengrenzfläche. Ein solches Verhalten deutet darauf hin, dass der gasseitige Stoffübergangswiderstand bei den Messungen mit Natronlauge nicht vernachlässigbar ist. Diese Abhängigkeit ergibt sich für die in dieser Arbeit gemessenen Werte bei der Auswertung unter Vernachlässigung des gasseitigen Stoffübergangswiderstandes ebenfalls sehr deutlich mit bis zu ± 20%.

---

[9] Alle Validierungsdaten sind im Anhang A 10 ausführlich dargestellt.

Eine Auswertung der gemessenen Daten nach dem von **Wales (1966)** vorgeschlagenen Danckwerts-Plot berücksichtigt hingegen den gasseitigen Stoffübergangswiderstand. Die auf diese Weise gewonnenen Daten für die effektive Phasengrenzfläche sind deutlich größer als die zuvor gefundenen Werte. Sie korrelieren für die beiden höheren Berieselungsdichten gut mit den Werten von Weimer, der für Berieselungsdichten von $15\text{m}^2/(\text{m}^3\text{h}) < B_L < 30\text{m}^2/(\text{m}^3\text{h})$ eine Korrelation zur Ermittlung der effektiven Phasengrenzfläche aufgestellt hat. Die Abweichung der eigenen Messwerte zu den nach der Korrelation berechneten Werten a_{Weimer} im Verhältnis zu den Werten aus der Korrelation ist in Abb. 4.6 dargestellt. Für die deutlich niedrigere Berieselungsdichte korrelieren die Werte erwartungsgemäß nicht mit den Daten von Weimer.

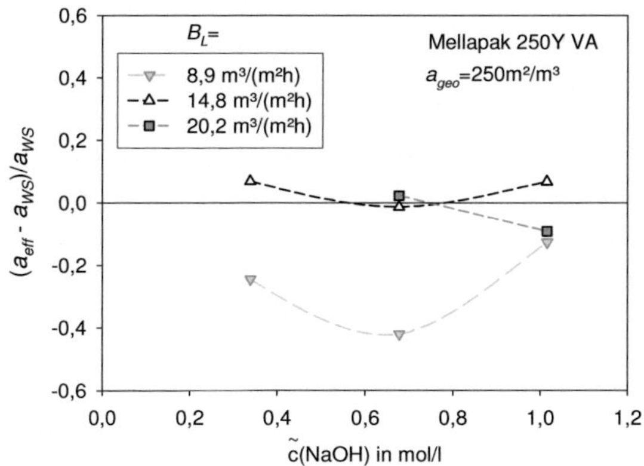

*Abb. 4.6: Abweichung der Messwerte zu den nach der Korrelation von **Weimer (1997)** ermittelten Werten im Verhältnis zu den nach der Korrelation ermittelten Werten als Funktion der Konzentration der Natronlauge für verschiedene Berieselungsdichten.*

Die aus dem Danckwerts-Plot ermittelten Werte für die gasseitigen Stoffübergangskoeffizienten lassen sich aufgrund der spärlichen Datenlage in der Literatur nur in ihrer Größenordnung mit Messwerten vergleichen. Zum einen ermittelten **Meier et al. (1977)** Daten für die Absorption von SO_2 und NH_3 in Wasser. Dabei wurden nur Werte für den HTU_{OG} bestimmt. Die Daten für SO_2 wurden dabei bei deutlich höheren Berieselungsdichten ermittelt, während bei den Daten für NH_3 zu beachten ist, dass der flüssigseitige Stoffübergangswiderstand nicht vernachlässigbar ist. Daher muss für diese Daten erst eine Umrechnung mit Literaturdaten für den flüssigseitigen Stoffübergangskoeffizienten und die effektive Phasengrenzfläche erfolgen. Die ermittelten Werte aus dieser Quelle liegen für $F = 1\,\mathrm{Pa}^{0,5}$ und $B_L = 15\,\mathrm{m^3/(m^2 h)}$ bei $\beta_G \approx 0,02\,\mathrm{m/s}$. Aus einer Arbeit von *Spiegel und Meier (1987)* mit Destillationstestgemischen ergeben sich Werte von $\beta_G = 0,004 - 0,02\,\mathrm{m/s}$ je nach Betriebsbedingungen. Aus den eigenen Validierungsmessungen wurden Werte von $\beta_G = 0,003 - 0,006\,\mathrm{m/s}$ ermittelt. Diese liegen unter den Werten von Meier et al., aber durchaus im unteren Bereich der Werte von Spiegel und Meier für die niedrigen Belastungen. Die von Spiegel und Meier angegebene Abhängigkeit von der Gasbelastung konnte jedoch nicht gefunden werden. Aufgrund der unterschiedlichen Testsysteme können die Werte nur begrenzt übertragen werden. Generell kann daher von einer Übereinstimmung der Größenordnungen gesprochen werden. Zusätzlich sind aufgrund der geringen Abmessungen der Kolonne gegenüber den in den anderen Arbeiten eingesetzten Kolonnen starke Einschränkungen durch Randeffekte zu vermuten.

Zur Validierung der Methode für den flüssigseitigen Stoffübergangskoeffizienten wurden ebenfalls Messungen mit einer Mellapak 250Y durchgeführt, für die in der Literatur Messwerte für den flüssigseitigen Stoffübergangskoeffizienten zu finden sind *(Laso et al., 1995)*. Die dort gemessenen Werte wurden mittels Desorption von Sauerstoff aus Wasser ermittelt. Daher sind sie nur begrenzt mit den Werten zur Desorption von Kohlendioxid aus Wasser vergleichbar. Erfahrungsgemäß ergeben unterschiedliche Testsysteme unterschiedliche Stoffübergangskoeffizienten, auch wenn diese auf die gleiche Übergangskomponente umgerechnet werden. Da die ermittelten Daten für unser System um bis zu Faktor 2 größer waren, kann nur von einer Übereinstimmung der Größenordnung gesprochen werden. Dennoch geben die Messergebnisse die Größenordnung der Stoffübergangskoeffizienten richtig wieder. Dabei wurde bei der Auswertung der gasseitige Widerstand vernachlässigt. Die Auswertung über den flüssigseitigen Stoffdurchgangskoeffizienten lieferte dabei meist kleinere Werte, die besser mit den Literaturdaten übereinstimmten als die über den gasseitigen Stoffdurchgangskoeffizienten berechneten Werte. Bei den folgenden Messungen an Schwämmen waren die Werte meist sehr ähnlich. Dennoch wurde auf die Werte aus dem flüssigseitigen Stoffdurchgangskoeffizienten zurückgegriffen.

4.3 Versuchsergebnisse zum Stoffübergang

Für die Versuche zum Stoffübergang wurden diejenigen Schwammtypen ausgewählt, die bereits in den vorhergegangenen Experimenten zur Fluiddynamik vielversprechende Ergebnisse gezeigt hatten. Dies waren insbesondere die SiSiC-Schwämme mit einer Porenzahl von 10ppi (E 88 10 25), mit denen eine Packungshöhe von $L = 375$mm realisiert werden konnte, sowie die Silikat-Schwämme mit konischem Auslauf-Element (L 91 10 100 C), die samt des Auslaufs eine Höhe von $L = 325$mm aufweisen. Zum Vergleich wurde außerdem noch eine Packung an Vesuvius-Schwämmen aus oxidisch gebundenem Siliciumcarbid (OBSiC) mit 10ppi und 50mm Elementhöhe (O 85 10 50) gewählt. Hierbei wurde eine Packungshöhe von $L = 350$mm realisiert. Die Auswahl dieser Schwämme anstatt der für die Untersuchungen zum Flüssigkeitsinhalt verwendeten Schwämme aus Aluminiumoxid wurde aufgrund der vorhandenen Elementanzahl getroffen. So konnte eine zu den anderen Schwämmen vergleichbare Packungshöhe gewährleistet werden, die für einen messbaren übergegangenen Stoffstrom auch bei geringen Durchsätzen von Gas oder Flüssigkeit notwendig war.

4.3.1 Effektive Phasengrenzfläche

Zur Ermittlung der effektiven Phasengrenzfläche kann sowohl eine Auswertung unter Vernachlässigung als auch unter Berücksichtigung des gasseitigen Stoffübergangswiderstandes erfolgen. Da die Messungen an der Mellapak 250Y bereits darauf hindeuten, dass eine Vernachlässigung nicht in jedem Falle gerechtfertigt sein wird, muss außerdem eine Überprüfung der Konsistenz der Daten erfolgen. Dazu wird bei der Auswertung unter Vernachlässigung des gasseitigen Stoffübergangswiderstandes, im Folgenden kurz „ohne β_G" genannt, die Abhängigkeit der Daten von der Konzentration der Natronlauge überprüft. Bei der Auswertung der Daten nach dem Danckwerts-Plot, im Folgenden kurz mit „Danckwerts" genannt, können inkonsistente Daten ungeachtet des Korrelationsquadrats recht schnell zu negativen Achsenabschnitten führen (vgl. Abb. 4.5). Eine sinnvolle Auswahl der Daten, die zu einem positiven Achsenabschnitt führt, hat dabei nicht unbedingt das größte Korrelationsquadrat zur Folge (vgl. Anhang A 10, Abb. 7.13). Diese Probleme bei der Datenauswertung traten bei allen Schwammtypen auf und führten häufig zu sich widersprechenden Ergebnissen. Bei allen im Folgenden vorgestellten Ergebnissen traten solche Inkonsistenzen auf, die zunächst analysiert werden und für die Interpretation der Messergebnisse beachtet werden müssen.

Ein Grund hierfür ist vermutlich eine Maldistribution der Flüssigkeit, die der getroffenen Annahme der über die Höhe der Kolonne konstanten Phasengrenzfläche zur Berechnung des NTU_{OG} widerspricht. Dies deutet sich bereits in den Ergebnissen zum Flüssigkeitsinhalt an, bei denen am unteren Ende des Schwammstapels ein signifikant erhöhter statischer Flüssigkeitsinhalt sowie ein erschwertes Abtropfen im Betrieb gefunden wurden.

Ein weiterer Grund ist sicherlich, dass die Packung für jede Messung in zufälliger Anordnung der Schwämme in die Kolonne eingebaut wurde. Dabei wurde sowohl die Reihenfolge als auch die Ausrichtung bezüglich der Flüssigkeitsaufgabe variiert. Diese Variation führte zu unterschiedlichen Benetzungszuständen und damit zu einer großen Variationsbreite der Messergebnisse. Dieses Vorgehen war zunächst aus der Überlegung heraus erfolgt, dass nur so ein für den Schwammtyp repräsentatives Messergebnis erzielt werden kann, wie es später auch in einer technischen Anwendung zu finden sein würde. Darüber hinaus musste jede Messreihe mit einer trockenen Packung begonnen werden, um keine Hysterese-Effekte für den Flüssigkeitsinhalt zu bekommen, insbesondere nachdem die Packung in einem vorangegangenen Versuch in den Stau- oder Flutbereich gekommen war. In der Kolonne trocknet die Packung jedoch nur schlecht, daher wurde sie zum Trocknen aus der Kolonne ausgebaut. Diese Messreihen sind im Folgenden als Messreihen „mit Ausbau" bezeichnet

Für die Schwämme vom Typ E 88 10 25 wurde daher bei einer Berieselungsdichte von $B_L = 14{,}7\,\mathrm{m}^3/(\mathrm{m}^2\,\mathrm{h})$ eine zusätzliche Messreihe durchgeführt, bei der die Packung zwischen den Messungen nicht aus der Kolonne ausgebaut wurde. Diese Messkurven sind im Folgenden als Messkurven „ohne Ausbau" bezeichnet. Hierbei konnte ein gutes Korrelationsquadrat für die erzielten Messwerte erreicht werden. Der Achsenabschnitt lag jedoch noch immer deutlich im negativen Bereich.

Dies deutet darauf hin, dass auch die unterschiedlichen Kontaktwinkel bedingt durch die variierte Konzentration der Natronlauge eine entscheidende Rolle spielen, wie bereits bei der experimentellen Vorgehensweise in Kapitel 4.2.2 ausgeführt. Daher wurden die Ergebnisse auch modellgestützt mit einer Korrektur für den Kontaktwinkel ausgewertet. Diese Daten werden im Folgenden als „korrigiert" bezeichnet.

Die erhaltenen Messdaten wurden daher zunächst unter Vernachlässigung des gasseitigen Stoffübergangswiderstandes ausgewertet und anschließend die Gültigkeit der Vernachlässigung überprüft.[10] Daraus ergab sich für keinen der Schwammtypen ein signifikanter Einfluss der Natronlaugen-Konzentration auf die ermittelte Oberfläche, allenfalls bei einigen Typen können tendenzielle Abweichungen beobachtet werden. Dies lässt darauf schließen, dass die Vernachlässigung im Prinzip gerechtfertigt ist und der gasseitige Stoffübergangskoeffizient daher in der Größenordnung $\beta_G > 0{,}01\,\mathrm{m/s}$ liegt (siehe Kapitel 4.2.2). Die beobachtete Streuung der Daten ist jedoch erheblich. Die

---

[10] Eine grafische Darstellung findet sich im Anhang A 10.

110

Standardabweichungen der Messwerte erreichen bis zu 50% des Mittelwertes. Sollte der Einfluss des gasseitigen Stoffübergangswiderstandes nicht vernachlässigbar sein, so würde man mit Vernachlässigung zu kleine Werte erhalten. Die Abschätzung ist in diesem Fall also konservativ.

Im Folgenden werden die Daten für die Schwämme aus SiSiC mit einer Porenzahl von 10ppi exemplarisch vorgestellt. Diese Schwämme wiesen in den Untersuchungen zur Hydrodynamik von allen Schwämmen ohne Drainage den größten Betriebsbereich auf und wurden am ausführlichsten vermessen. Weitere Daten für andere Schwammtypen finden sich im Anhang A 12.

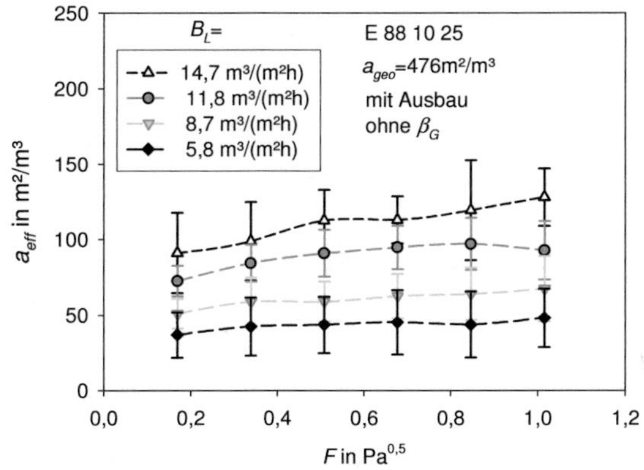

Abb. 4.7: Unter Vernachlässigung des gasseitigen Stoffübergangswiderstandes ermittelte effektive Phasengrenzfläche für die Messreihen mit Ausbau der Schwämme aus SiSiC (E 88 10 25) als Funktion des Gasbelastungsfaktors bei verschiedenen Berieselungsdichten. Die Fehlerbalken geben die Standardabweichung wieder. Linien dienen der optischen Führung.

In Abb. 4.7 sind die unter Vernachlässigung des gasseitigen Stoffübergangswiderstandes ermittelten effektiven Phasengrenzflächen für die Schwämme aus SiSiC dargestellt. Zu erkennen sind die bereits erwähnten großen Standardabweichungen. Die ermittelten Werte zeigen den zu erwartenden Anstieg der effektiven Phasengrenzfläche mit der Berieselungsdichte, da bereits der Flüssigkeitsinhalt eine solche Abhängigkeit gezeigt hatte. Die Gasbelastung hat ebenfalls konform zu den Ergebnissen des Flüssigkeitsinhaltes nur einen geringen Einfluss auf die effektive Phasengrenzfläche.

Vergleicht man nun diese Ergebnisse mit einer ersten Auswertung der zugehörigen Messdaten nach dem Danckwerts-Plot, die in Abb. 4.8 aufgetragen sind, so sieht man unterschiedlich gute Übereinstimmungen der Werte. Für die niedrigste und die höchste Berieselungsdichte konnte eine gute Übereinstimmung erzielt werden, für die anderen beiden Berieselungsdichten ergeben sich unterschiedlich starke Abweichungen. Die zugehörigen ermittelten gasseitigen Stoffübergangskoeffizienten zeigen ebenfalls starke Streuung, weshalb diese Ergebnisse nur mit Vorsicht interpretiert werden sollten.

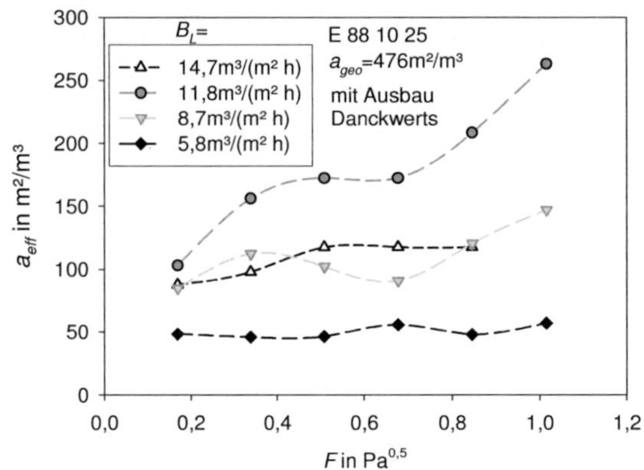

Abb. 4.8: Aus dem Danckwerts-Plot ermittelte effektive Phasengrenzfläche für die Messungen mit Ausbau der Schwämme aus SiSiC (E 88 10 25) bei verschiedenen Berieselungsdichten als Funktion der Gasbelastung. Linien dienen der optischen Führung.

Zugleich wurde für beide Auswertungen eine Korrektur des Kontaktwinkels vorgenommen. Hierbei konnten lediglich kleinere absolute Werte, nicht jedoch eine kleinere Standardabweichung oder ein höheres Korrelationsquadrat ermittelt werden (siehe Anhang A 12).

Für die höchste Berieselungsdichte wurden, wie bereits erwähnt, zusätzliche Messungen ohne Ausbau durchgeführt. Bei der Auswertung dieser Messkurven unter Vernachlässigung des gasseitigen Stoffübergangswiderstandes wurden ähnliche Werte zu den in Abb. 4.7 dargestellten Werten erzielt. Auch hierfür wurde eine Korrektur mit dem Kontaktwinkel durchgeführt, dabei konnte die Standardabweichung der Messdaten deutlich verringert werden, wobei sich ebenfalls die absoluten Werte deutlich verringert haben. Aus der reduzierten Standardabweichung der Messdaten ohne Ausbau mit Korrektur des Kontaktwinkels lässt sich außerdem schließen, dass die Messungen bei ähnlichem Benetzungszustand gut reproduzierbar sind. Diese beiden Kurven sind zusammen mit den beiden Kurven für die höchste Berieselungsdichte aus Abb. 4.7 und Abb. 4.8 in Abb. 4.9 aufgetragen.

Aus der durch die zusätzlichen Messungen geschaffenen größeren Datenbasis konnte eine neue Auswertung für die höchste Berieselungsdichte nach dem Danckwerts-Plot erfolgen. Dabei wurden sowohl die Messungen mit als auch die Messungen ohne Ausbau der Packung berücksichtigt. Die bei den höchsten und niedrigsten Konzentrationen vorgenommenen Messungen wurden vernachlässigt, um den Einfluss des Kontaktwinkels zu minimieren (kurz: „Auswahl"). Diese Kurve ist ebenfalls in Abb. 4.9 aufgetragen. Dabei werden Korrelationsquadrate von $R^2 = 0{,}42 - 0{,}84$ erzielt. Die ursprüngliche Auswertung führte zu ähnlichen Werten bei Korrelationsquadraten von $R^2 = 0{,}27 - 0{,}97$.

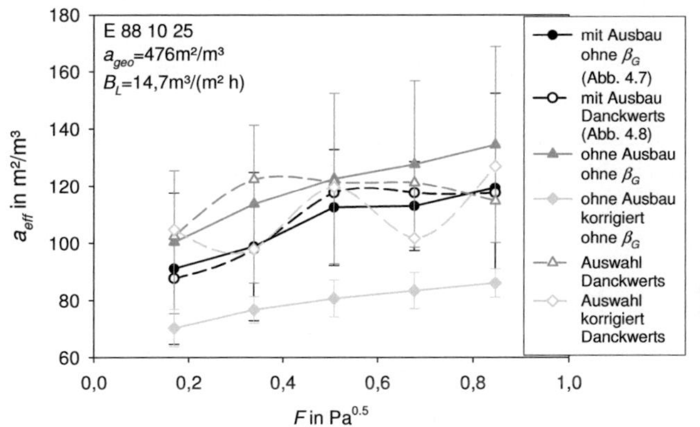

Abb. 4.9: Vergleich der verschiedenen Auswertungen für die effektive Phasengrenzfläche der Schwämme aus SiSiC bei der höchsten Berieselungsdichte als Funktion des Gasbelastungsfaktors. Linien dienen der optischen Führung.

Wendet man nun bei der Auswertung nach Danckwerts für die Auswahl der Daten zusätzlich die Korrektur mittels des Kontaktwinkels an, so erhält man die letzte der aufgetragenen Kurven in Abb. 4.9. Zu erkennen ist hierbei, dass diese Werte wieder besser mit den aus den zuvor diskutierten Auswertungen bestimmten Werten übereinstimmen, nicht jedoch mit den unter Vernachlässigung des gasseitigen Stoffübergangswiderstandes bestimmten Werten mit Korrektur durch den Kontaktwinkel. Der Effekt der Korrektur auf Auswertungen nach dem Danckwerts-Plot ist nicht sehr stark ausgeprägt.

Generell kann also davon ausgegangen werden, dass die erzielten Ergebnisse aus der Auswertung unter Vernachlässigung des gasseitigen Stoffübergangswiderstandes die tatsächlichen Werte in der Größenordnung richtig wiedergeben und der gasseitige Stoffübergangskoeffizient für diese Auswertung tatsächlich vernachlässigt werden kann. Die meisten der verschiedenen Auswertungen bewegen sich in dieser Größenordnung.

Die Messwerte für die Schwämme aus OBSiC und Silikat zeigen prinzipiell ein ähnliches Verhalten, jedoch kann bei den Schwämmen aus OBSiC kein Einfluss der Berieselungsdichte, bei den Schwämmen aus Silikat ein gegenläufiger Einfluss beobachtet werden.

Vergleicht man die Werte mit der geometrischen Oberfläche der Schwämme so erkennt man, dass die beobachteten effektiven Phasengrenzflächen deutlich kleiner sind. Dies deutet auf eine schlechte oder ungleichmäßige Benetzung der Schwammstruktur hin. Das bereits in den Untersuchungen zum Flüssigkeitsinhalt beobachtete Phänomen der sich am unteren Ende der Packung aufstauenden Flüssigkeit könnte hier ebenfalls eine Rolle spielen. Diese Flüssigkeit in vollständig gefüllten Schwammporen weist eine kleinere Oberfläche pro Volumen auf als die in Form eines Flüssigkeitsfilms durch die Packung rieselnde Flüssigkeit. Die zu Beginn des Kapitels diskutierten Einschränkungen und Inkonsistenzen führen zu nur schwer beurteilbaren Ergebnissen. Ein anderer Ansatz zur Auswertung ist jedoch nicht bekannt.

4.3.2 Gasseitiger Stoffübergangskoeffizient

Für die Ermittlung des gasseitigen Stoffübergangskoeffizienten kommt nur die Auswertung nach dem Danckwerts-Plot in Frage. Wie bereits im vorherigen Abschnitt erwähnt, ist diese Auswertung nicht für alle Daten zuverlässig möglich. Die Auswertung der Messreihe mit Ausbau sind in Abb. 4.10 als Funktion von Gasbelastung und Berieselungsdichte dargestellt. Die zugehörigen effektiven Phasengrenzflächen finden sich in Abb. 4.8. Die erhaltenen Werte für die drei niedrigeren Berieselungsdichten sind in etwa konstant und liegen im Bereich von ca. $\beta_G = 0{,}005\,\mathrm{m/s}$. Diese Größenordnung widerspricht der Auswertung unter Vernachlässigung des gasseitigen Stoffübergangswiderstandes, bei dem ermittelt wurde, dass für den gasseitigen Stoffübergangskoeffizienten aufgrund der Vernachlässigbarkeit des Widerstandes eine Größenordnung von $\beta_G > 0{,}01\,\mathrm{m/s}$ zu erwarten ist. Bei den niedrigeren Berieselungsdichten ist in der Betrachtung der Abweichung der einzelnen effektiven Phasengrenzflächen vom Mittelwert bei der Auswertung unter Vernachlässigung des gasseitigen Stoffübergangswiderstandes am ehesten eine Abhängigkeit von der Konzentration der Natronlauge zu erkennen (siehe

Anhang A 10, Abb. 7.19). Daher ist es möglich, dass der Stoffübergangskoeffizient für die niedrigeren Berieselungsdichten eher kleinere Werte als erwartet annimmt.

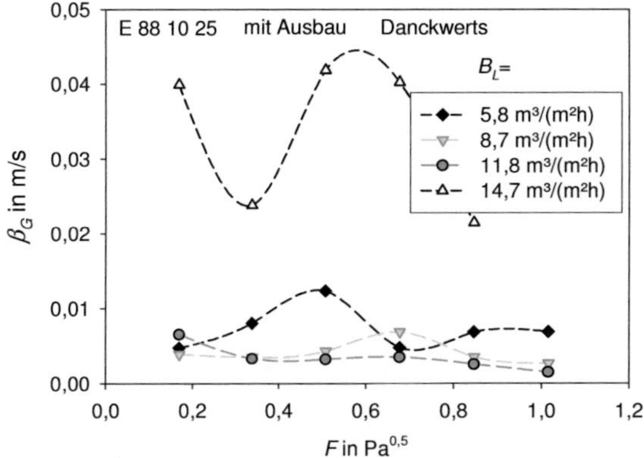

Abb. 4.10: Gemessene gasseitige Stoffübergangskoeffizienten für die Messreihen mit Ausbau der Schwämme aus SiSiC (E 88 10 25) bei verschiedenen Berieselungsdichten als Funktion der Gasbelastung. Messdaten zugehörig zu den effektiven Phasengrenzflächen in Abb. 4.8. Linien dienen der optischen Führung.

Die Werte für die effektive Phasengrenzfläche der niedrigsten Berieselungsdichte stimmen von diesen drei Berieselungsdichten noch am ehesten mit den Daten aus der Auswertung unter Vernachlässigung des gasseitigen Stoffübergangswiderstandes überein. Bei dieser Berieselungsdichte ist ebenso wie bei der höchsten Berieselungsdichte eine größere Schwankung der Messwerte für den gasseitigen Stoffübergangskoeffizienten im Vergleich zu den beiden mittleren Berieselungsdichten zu beobachten. Für die beiden mittleren mit vergleichsweise wenig Schwankungen und niedrigen Werten für den gasseitigen Stoffübergangskoeffizienten wurden jedoch nach dem Danckwerts-Plot deutlich zu große Phasengrenzflächen gegenüber der Auswertung unter Vernachlässigung des gasseitigen Stoffübergangswiderstandes ermittelt. Dies deutet auf größere Inkonsistenz der Messungen hin, weshalb die ermittelten Stoffübergangskoeffizienten für die beiden mittleren Berieselungsdichten nicht als verlässlich eingestuft werden können. Die gemessenen Werte für die Schwämme aus OBSiC und Silikat liegen eher in der Größenordnung der für die niedrigen und mittleren Berieselungsdichten gemessenen Werte und zeigen eine ähnlich starke Streuung wie die Werte bei der niedrigsten Berieselungsdichte (siehe Anhang A 12).

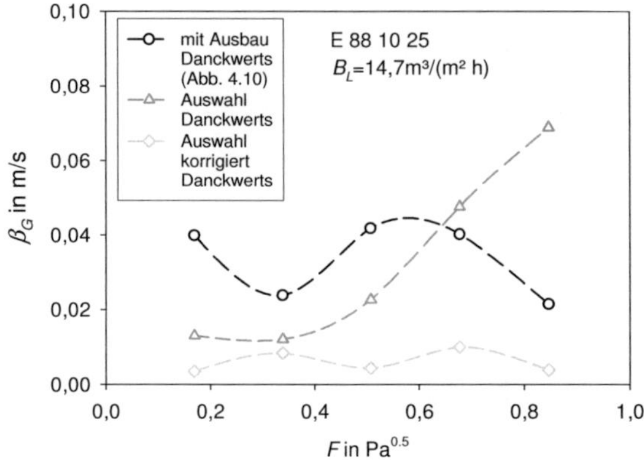

Abb. 4.11: Vergleich der Auswahl, der korrigierten Auswahl und der ursprünglichen Auswertung nach dem Danckwerts-Plot für den gasseitigen Stoffübergangskoeffizienten der Schwämme aus SiSiC bei der höchsten Berieselungsdichte als Funktion des Gasbelastungsfaktors. Linien dienen der optischen Führung.

Für die höchste Berieselungsdichte waren, wie bereits im vorigen Abschnitt diskutiert, zwei weitere Auswertungen aufgrund der größeren Messdatenanzahl möglich. Die zu den in Abb. 4.9 dargestellten effektiven Phasengrenzflächen gehörenden gasseitigen Stoffübergangskoeffizienten sind in Abb. 4.11 dargestellt. Dabei ist für beide unkorrigierten Auswertungen prinzipiell die gleiche Größenordnung der Messwerte erkennbar, die auch mit der Abschätzung aus der Vernachlässigbarkeit bei der Auswertung der effektiven Phasengrenzfläche übereinstimmt. Diese Werte treffen auch die von ***Hoffmann et al. (2007)*** für Pall-Ringe gemessenen Werte recht gut. Die in der ursprünglichen Auswertung vorhandene Schwankungsbreite zeigt die Sensitivität der Methode auf Ungenauigkeiten, die nur durch eine statistische Mittelung bei einer größeren Anzahl an Messwerten verbessert werden kann. Die zusätzliche Korrektur mit dem Kontaktwinkel führt zu Daten, die eher mit den für niedrigere Berieselungsdichten bestimmten Werten aus Abb. 4.10 übereinstimmen. Generell werden durch die Korrektur also niedrigere Phasengrenzflächen und niedrigere Stoffübergangskoeffizienten errechnet.

Der Verlauf der aus der unkorrigierten Auswahl ermittelten Stoffübergangskoeffizienten entspricht noch am ehesten dem aus der Literatur zu entnehmenden Verlauf mit der Gasbelastung, der in den in Kapitel 4.1.2 vorgestellten Korrelationen als proportional zu $u_G^{0,5} - u_G^{1,055}$ angegeben wird. Da diese insgesamt auch als die verlässlichsten Messwerte einzuschätzen sind, kann davon ausgegangen werden, dass sich die gasseitigen Stoffübergangskoeffizienten bei höheren Berieselungsdichten im aus der Literatur zu entnehmenden Bereich für herkömmliche Packungseinbauten bewegen.

4.3.3 Flüssigseitiger Stoffübergangskoeffizient

Der flüssigseitige Stoffübergangskoeffizient wurde aus den gemessenen Konzentrationen der Desorptionsversuche nach Kapitel 4.2.3 sowohl über den gas- als auch über den flüssigseitigen Overall-Ersatzwiderstand bestimmt. Die Erzielung konsistenter Messdaten war hier ebenfalls recht schwierig, insbesondere bedingt durch die Probenentnahme der Flüssigkeit unterhalb der Packung. Bei der Auswertung wurde auf die zuvor ermittelten effektiven Phasengrenzflächen unter Vernachlässigung des gasseitigen Stoffübergangswiderstandes zurückgegriffen.

Abb. 4.12 zeigt die gemessenen flüssigseitigen Stoffübergangskoeffizienten für die Schwämme aus SiSiC. Sie liegen im Bereich von $\beta_L \approx 1 \cdot 10^{-4} - 2,5 \cdot 10^{-4}$ m/s und damit in guter Übereinstimmung z.B. mit den von *Hoffmann et al. (2007)* gemessenen Werten für Pall-Ringe. Ein genereller Trend mit der Berieselungsdichte oder der Gasbelastung ist nicht zu erkennen. Die Messwerte für die Schwämme aus OBSiC und Silikat liegen etwas tiefer (siehe Anhang A 12).

Generell ist die Konsistenz der für den flüssigseitigen Stoffübergang erzielten Messwerte ein Problem. Dies liegt für die Schwämme aus SiSiC und OBSiC vor allem an der Probenentnahme der aus der Packung abtropfenden Flüssigkeit. Hierbei wird eine der aus der Packung abtropfenden Flüssigkeitssträhnen mittels der Sammelrinne aufgefangen. Inwiefern diese Flüssigkeitssträhne repräsentativ für die gesamte Flüssigkeitsphase ist, kann nicht beurteilt werden. Bei den Silikat-Schwämmen hingegen ist aufgrund des konischen Auslaufs nur eine Flüssigkeitssträhne am Auslauf der Packung mittig vorhanden, von der mit dem Sammler ein repräsentativer Teilstrom aufgefangen werden kann. Bei diesen Proben sind auch die Inkonsistenzen der Messungen weniger stark ausgeprägt

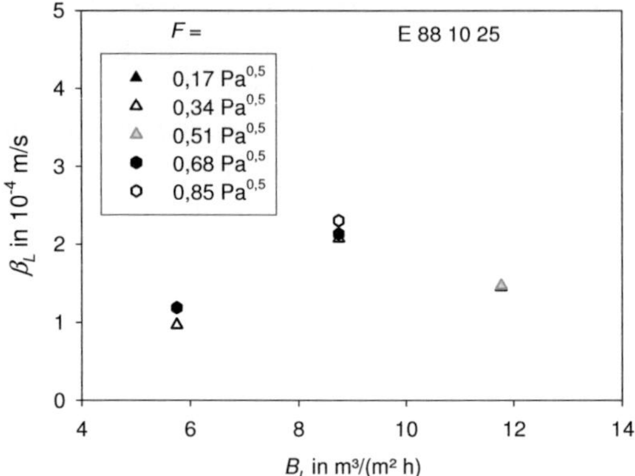

Abb. 4.12: Gemessene flüssigseitige Stoffübergangskoeffizienten für die Schwämme aus SiSiC (E 88 10 25) bei verschiedenen Gasbelastungen als Funktion der Berieselungsdichte. Verwendet wurden die effektiven Phasengrenzflächen aus Abb. 4.7.

Als alternative Probeentnahme für die Packungen ohne konisches Auslauf-Element besteht die Möglichkeit, die Probe unter der Packung aus der sich im Sumpf sammelnden Flüssigkeit zu entnehmen. Dies wird in der Literatur im Allgemeinen nicht empfohlen, da diese Flüssigkeit im weiteren Austausch mit der Gasphase unterhalb der Packung steht und daher eine unter Umständen stark verfälschte Konzentration gemessen wird.

4.3.4 Splitten von Strömen über eine Packung

Die Neigung der Flüssigkeit, in Strähnen durch die Packung zu fließen, und die dadurch möglicherweise begünstigte Kanalbildung in der Gasphase können dazu führen, dass ein Teil des jeweiligen Stroms die Packung durch-strömt, ohne Kontakt mit der anderen Phase gehabt zu haben. Hierzu wird im Folgenden eine Modellvorstellung entwickelt, die in Abb. 4.13 verdeutlicht wird. Dabei bezeichnet r_i den jeweiligen Anteil des Molenstroms, der in Kontakt mit der anderen Phase steht. Für $r_L = r_G = 1$ erhält man folglich den Fall des vollständigen Kontaktes der beiden Phasen.

Der in Kontakt mit der jeweils anderen Phase stehende Anteil des Gesamt-stroms hat am Austritt aus der Packung folglich eine erniedrigte Konzentrati-on $\tilde{X}'_{aus}$ bzw. $\tilde{Y}'_{aus}$, während der im Bypass vorbeiströmende Anteil noch auf der Eingangskonzentration $\tilde{X}_{ein}$ bzw. $\tilde{Y}_{ein}$ verbleibt. Der Gesamtstrom hat am Austritt dann eine zwischen den Konzentrationen der beiden Teilströme liegende Konzentration $\tilde{X}_{aus}$ bzw. $\tilde{Y}_{aus}$, die dem tatsächlichen Stoffübergang für die gesamte Packung entspricht.

Da die gemessenen Konzentrationen am Austritt aus der Packung in allen Fällen deutlich von den am Eintritt gemessenen Konzentrationen abweichen, kann davon ausgegangen werden, dass in keinem Fall der Bypass-Strom gemessen wurde. Ob nun jedoch der Teilstrom mit intensivem Kontakt zur anderen Phase oder aber der rückvermischte Gesamtstrom gemessen wurde, kann nicht beurteilt werden. Zudem ist es bei jeder erneuten Benetzung der Packung aufgrund des sich neu ausbildenden Strömungsprofils möglich, dass eine andere Strähne aufgefangen wird.

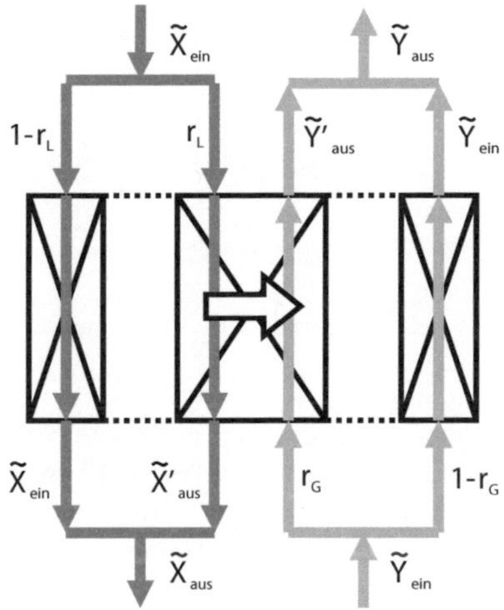

Abb. 4.13: Schema für das Splitten der Ströme über der Packung.

Der Einfluss des Molenstromanteils r_i, der noch in Kontakt mit der jeweils anderen Phase steht, auf den scheinbar gemessenen Stoffübergangskoeffizienten β_L' im Verhältnis zum tatsächlichen Stoffübergangskoeffizienten β_L ist in Abb. 4.14 aufgetragen. Hierbei wurde jeweils nur die Aufteilung eines Stroms betrachtet, der andere wurde als vollständig am Stoffübergang teilnehmend betrachtet. Für diese Rechnung wurde auf ein Zahlenbeispiel einer konsistenten Messung zurückgegriffen und der neu berechnete Stoffübergangskoeffizient jeweils auf den eigentlich gemessenen Wert bezogen.

Die Aufteilung des Gasstroms ohne Aufteilung des Flüssigkeitsstromes (Fall $r_L = 1$) hat erst bei sehr hohen Anteilen von Gasstrom im Bypass, also kleinen Werten von r_G, einen merklichen Einfluss auf den gemessenen

Stoffübergangskoeffizienten. Die Aufteilung des Flüssigkeitsstroms ohne Aufteilung des Gasstromes (Fall $r_G = 1$) hat hingegen schon bei geringen Werten von r_L einen großen Einfluss auf den gemessenen Stoffübergangskoeffizienten. Dabei kommt es zu deutlich erhöhten Werten des gemessenen Stoffübergangskoeffizienten. Die gemessenen Werte für den flüssigseitigen Stoffübergangskoeffizienten sollten also mit Vorsicht interpretiert werden.

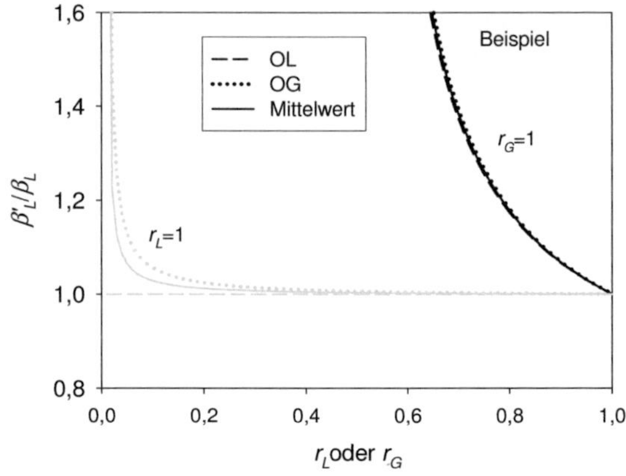

Abb. 4.14: Änderung des flüssigseitigen Stoffübergangskoeffizienten berechnet über den gasseitigen (OG) oder flüssigseitigen Ersatzwiderstand (OL) sowie des daraus gebildeten Mittelwerts im Verhältnis zum eigentlichen Messwert für einen beispielhaften Datensatz bei reinem Splitten des gasseitigen Stroms (r_L=1) oder des flüssigseitigen Stroms (r_G=1).

4.4 Vergleich mit Korrelationen aus der Literatur

Für den Vergleich der Messdaten mit Korrelationen aus der Literatur wurde aufgrund der geringen Anzahl an Daten entschieden, die Korrelationen nur mit den packungsspezifischen Parametern zu berechnen, die von den Autoren in den jeweiligen Arbeiten vorgestellt wurden. Auf eine Anpassung der Parameter für Schwämme wurde verzichtet.

Darüber hinaus musste eine Auswahl der Messdaten für eine sinnvolle Auswertung der Korrelationen getroffen werden. Da die Daten für die Schwämme aus OBSiC und Silikat in sich schlechter konsistent waren als die Daten für SiSiC, wurde für die Beurteilung der Korrelationsgüte nur auf die Daten für SiSiC zurückgegriffen. In den Vergleichsdiagrammen sind hingegen – soweit vorhanden und sinnvoll – auch die Werte für die anderen Schwämme aufgetragen.

Für die effektive Phasengrenzfläche wurde dabei auf die unkorrigierten Daten unter Vernachlässigung des gasseitigen Stoffübergangswiderstandes zurückgegriffen. Eine Beurteilung der Korrelationsgüte für den gasseitigen Stoffübergangskoeffizienten ist aufgrund der geringen Datenlage nur schwer möglich. Im Anhang A 13 finden sich daher neben den Vergleichsdiagrammen der nicht im Detail diskutierten Modelle auch Vergleichsdiagramme für die Auswertung nach dem Danckwerts-Plot, um ein vollständigeres Bild der Datenlage wiederzugeben.

Die am besten geeigneten Modelle wurden dann jeweils miteinander verglichen. Zugleich wurde versucht, aus der Übereinstimmung mit physikalisch begründeten Modellen eine Interpretation bezüglich der Strömungsform von Gas und Flüssigkeit in der Packung abzuleiten und somit die aus der Fluiddynamik gewonnenen Erkenntnisse zu überprüfen.[11]

4.4.1 Packungsspezifische Parameter der Korrelationen

Die für die einzelnen Korrelationen zur Berechnung notwendigen packungsspezifischen Parameter sind nun im Folgenden aufgeführt. Für die Korrelationen von *Shulman et al. (1955)* sowie *Bravo und Fair (1982)* wurden keine spezifischen Parameter benötigt, die Korrelationen von *Onda et al. (1968)* sowie *Shi und Mersmann (1985)* verwenden nur materialspezifische Parameter, die bereits in Kapitel 4.1.2 aufgeführt wurden.

Die Korrelation von *Rocha et al. (1993, 1996)* benötigt mehrere packungsspezifische Parameter, die für Blech- und Gewebepackungen entwickelt wurden. Der Neigungswinkel der Packungslagen gegen die Horizontale wird für Schwämme zu $\varphi = 90°$ gesetzt, da der Verlauf der Schwammstege als in etwa vertikal angenommen werden kann. Die Größe S gibt als äquivalenter Durchmesser die benetzte Kantenlänge des Packungsquerschnitts wieder und wird daher für die Schwämme durch den hydraulischen Durchmesser d_h ersetzt. Zusätzlich wird bei Blechpackungen eine Vergrößerung der Oberfläche durch Riffelungen oder Bohrungen mit dem Faktor F_{SE} berücksichtigt. Dieser wurde für die Schwämme zu $F_{SE} = 0{,}36$ gesetzt, dem Mittelwert der in der Originalarbeit angegebenen Werte entsprechend. Die Gleichung für den flüssigseitigen Stoffübergangskoeffizienten enthält noch einen Korrekturfaktor C_E für stagnierende Flüssigkeitsbereiche in der Packung, der im Original-

---

[11] Alle verwendeten Stoffwerte und Stoffwertkorrelationen sind im Anhang A 5 zusammengestellt.

modell als leicht < 1 angegeben wird und daher für die Schwämme auf $C_E = 0,9$ gesetzt wurde.

Das sogenannte Delft-Modell von *Olujić (1997)* benötigt ebenfalls den Neigungswinkel der Packungslagen gegen die Horizontale, der übereinstimmend mit dem Modell von Rocha et al. auf $\varphi = 90°$ gesetzt wurde. Der Lochflächenanteil der Packung wurde zu $\Omega = \varepsilon_0$ definiert, da die Flüssigkeit nicht auf einer geschlossenen Fläche sondern mit der Möglichkeit des Queraustausches zwischen den Kanälen strömt. Es kann bei Schwämmen generell davon ausgegangen werden, dass die Flächenporosität der Volumenporosität entspricht und somit der Lochflächenanteil gleich der äußeren Porosität ist. Für die Bestimmung des benetzten Anteils des Kanalumfangs wurde zu $\lambda = a_{eff}/a_{geo}$ gewählt und dieses nach Gleichung 4.29 berechnet. Diesen Zusammenhang erhält man durch Erweiterung der Definition nach Olujić mit der Packungslänge.

Die Korrelation nach *Wagner et al. (1997)* verwendet für die Bestimmung der charakteristischen Länge χ einen packungsspezifischen Parameter, der für die Berechnungen zu $C = 0,0475$ gesetzt wurde, was dem Mittelwert des in der Originalarbeit angegebenen Wertebereichs entspricht. Die Bestimmung des Reibungsbeiwertes für die von *Stichlmair et al. (1989)* übernommenen Druckverlustbeziehung erfolgte, wie schon für die Fluiddynamik, durch Koeffizientenvergleich mit den Druckverlustgleichungen von Dietrich et al. (siehe Anhang A 8).

Die Korrelation von *Billet und Schultes (1999)* benötigt drei Anpassungsparameter für Flüssigkeitsinhalt, gasseitigen und flüssigseitigen Stoffübergangskoeffizienten. Für die Vorausberechnung wurden die Werte der Originalarbeit für eine andere keramische Packung, die Impuls Packing Ceramic, übernommen: $C_h = 1,9$; $C_G = 0,327$; $C_L = 1,317$.

Die Korrelationen von Maćkowiak für Packungen *(Hölemann und Górak, 2006)* sowie Schüttungen *(Maćkowiak, 2008)* benötigen beide packungsspezifische Konstanten. Für das Packungs-Modell unterscheidet Maćkowiak nach Typen und gibt für Packungen des Typs X $C_L = 3,66 \cdot 10^{-3}$ und $C_G = 4,47 \cdot 10^{-3}$ an sowie $C_L = 5,02 \cdot 10^{-3}$ und $C_G = 6,50 \cdot 10^{-3}$ für den Typ Y. Die neuere Korrelation für Füllkörper enthält nur eine Konstante für die effektive Phasengrenzfläche, die im Mittel der Daten der Originalarbeit $C = 0,57$ beträgt. Der Formfaktor ϕ für die Umwandung der Füllkörper wird analog zu geschlossenen Füllkörpern zu $\phi = 0$ gesetzt.

4.4.2 Effektive Phasengrenzfläche

Die meisten vorgestellten Korrelationen enthalten eine Gleichung für die effektive Phasengrenzfläche. Ein Vergleich mit Messwerten unter Vernachlässigung des gasseitigen Stoffübergangswiderstandes ist in Abb. 4.15 exemplarisch für einen Schwamm bei einer Berieselungsdichte als Funktion der Gasbelastung dargestellt. Auffallend ist hierbei zunächst die große Schwankungsbreite der vorausberechneten Oberflächen zwischen den einzelnen Korrelationen, die bis zu einer Größenordnung auseinander liegen. Bis auf die Korrelation von Wagner et al. sowie Bravo und Fair sagen alle Ansätze einen von der Gasbelastung unabhängigen Wert für die effektive Phasengrenzfläche voraus. Die Veränderung des Wertes bei Wagner et al. resultiert aus der Abhängigkeit der effektiven Phasengrenzfläche vom Flüssigkeitsinhalt, der wiederum leicht von der Gasbelastung abhängt. Die Korrelation von Bravo und Fair sagt eine Abhängigkeit der effektiven Phasengrenzfläche von der Reynolds-Zahl des Gases voraus, die sich im Verlauf deutlich bemerkbar macht.

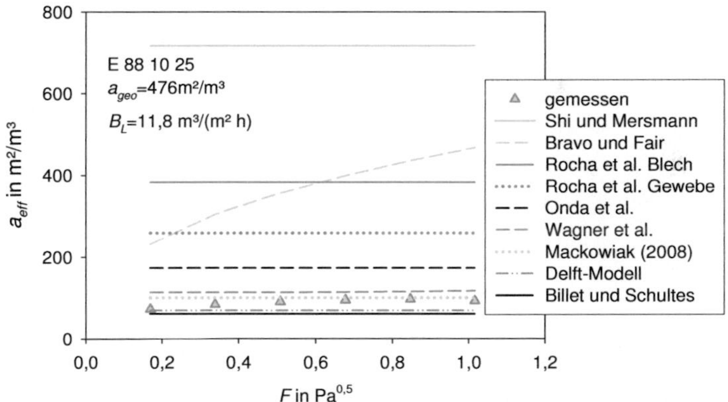

Abb. 4.15: Beispielhafter Vergleich der verschiedenen Korrelationen mit den Messdaten für die unter Vernachlässigung des gasseitigen Stoffübergangswiderstandes bestimmte effektive Phasengrenzfläche bei konstanter Berieselungsdichte für den SiSiC-Schwamm (E 88 10 25) als Funktion der Gasbelastung.

Die Korrelationen von Shi und Mersmann, Bravo und Fair, Rocha et al. sowie Onda et al. überschätzen die gemessenen Werte deutlich, während die Korrelationen von Billet und Schultes sowie das Delft-Modell die Werte unterschätzen. Da die Korrelation von Maćkowiak für Packungen von einer vollständigen Benetzung ausgeht und daher im Diagramm nicht aufgetragen ist, kann man auch hierbei von einer deutlichen Überschätzung sprechen. Im Gegensatz dazu sagen seine Korrelation für Schüttungen (2008) sowie die Korrelation von Wagner et al. einen sinnvollen Wertebereich voraus.

Für die Schwämme aus SiSiC erzielt die Korrelation von Maćkowiak die geringste Abweichung bei der Fehlerquadratsumme. Als einzige weitere Korrelation ist die Korrelation von Wagner et al. in der Lage, den Einfluss der Berieselungsdichte auf die Benetzung richtig wiederzugeben. Allerdings ist die Fehlerquadratsumme hierbei um 156% höher. Die meisten anderen Korrelationen sagen einen zu geringen oder gar keinen Einfluss der Berieselungsdichte voraus. Dennoch können diese Korrelationen zum Teil eine kleinere Fehlerquadratsumme erzielen als die Korrelation von Wagner et al. So kommt die Korrelation von Billet und Schultes auf ein 118% höheres Fehlerquadrat und das Delft-Modell auf ein um 121% höheres. Für alle weiteren Korrelationen liegen die Werte weit darüber.

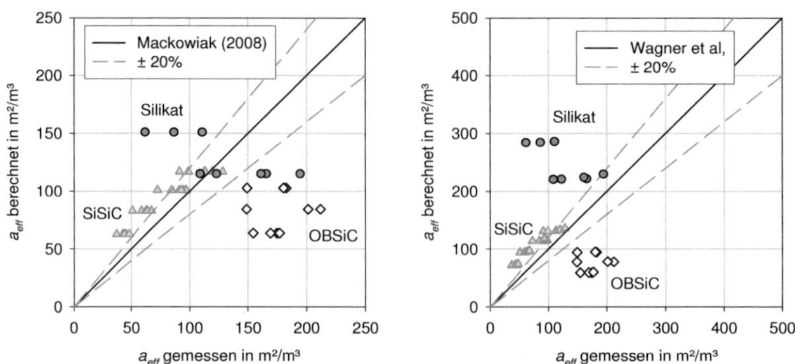

Abb. 4.16: Vergleichsdiagramm für die Korrelationen von Maćkowiak und Wagner et al. für die effektive Phasengrenzfläche. Dreiecke: SiSiC, Rauten: OBSiC, Kreise: Silikat. Man beachte die unterschiedliche Skalierung der Achsen.

Für die Korrelationen von Maćkowiak sowie Wagner et al. sind in Abb. 4.16 Vergleichsdiagramme für alle Schwämme aufgetragen. Zu erkennen ist, dass die für die anderen Schwämme ermittelten Werte von den Korrelationen nicht so gut vorhergesagt werden können. Dies gilt prinzipiell auch für alle hier nicht dargestellten Korrelationen. Da die unter Vernachlässigung des gasseitigen Stoffübergangswiderstandes ermittelten Werte für die effektive Phasengrenzfläche ein wenig zu niedrig sind, kann man aus den beiden hier aufgetragenen Vergleichsdiagrammen ableiten, dass die tatsächlichen Werte für die effektive Phasengrenzfläche noch etwas besser vorhergesagt werden können als die aufgetragenen Werte.

Bemerkenswert ist die Tatsache, dass mit der Korrelation von Maćkowiak eine ausschließlich für Füllkörper entwickelte Korrelation die beste Übereinstimmung mit den Messdaten ergibt. Die Flüssigkeitsströmungsform scheint also mit der Strömungsform in Füllkörpern mehr Ähnlichkeit zu besitzen als mit der Strömungsform in strukturierten Packungen. Die explizit für Packungen entwickelten Korrelationen von Rocha et al. oder auch das Delft-Modell sind nicht in der Lage, die Abhängigkeiten der gemessenen Werte gut wiederzugeben.

4.4.3 Gasseitiger Stoffübergang

Für den gasseitigen Stoffübergangskoeffizienten ist die Datenlage aufgrund der zuvor beschriebenen Problematik bei der Datenauswertung sehr dürftig. Die im Folgenden diskutierten Ergebnisse dürfen also nicht überbewertet werden. Im Anhang A 13 sind weitere Vergleiche mit den vermutlich wenig konsistenten Auswertungen nach dem Danckwerts-Plot dargestellt. Hier wird nur die als vertrauenswürdig eingestufte Auswertung der Auswahl bei der höchsten Berieselungsdichte für die Schwämme aus SiSiC im Vergleich mit den Korrelationen aus der Literatur diskutiert.

Der Vergleich der Messdaten mit den Korrelationen ist in Abb. 4.17 aufgetragen. Dabei wurde auf die Auftragung der Modelle von Wagner et al. sowie Onda et al. verzichtet, da diese die Messdaten um eine bzw. zwei Größenordnungen überschätzen und daher die Übersichtlichkeit der gewählten Auftragung maßgeblich beeinflusst hätten. Auch hier ist, wie schon bei der effektiven Phasengrenzfläche, eine große Spreizung der vorhergesagten Werte für den gasseitigen Stoffübergangskoeffizienten zu beobachten. Dabei kann die Korrelation für benetzte Packungskanäle von Rocha et al. die Werte am besten wiedergeben. Die Korrelation von Shulman et al. erreicht als zweitbeste Korrelation ein um 270% höheres Fehlerquadrat bei Betrachtung der fünf gemessenen Werte. Das Delft-Modell sagt als einzige Korrelation zu kleine Werte für den gasseitigen Stoffübergang voraus. Das Fehlerquadrat ist dabei um 557% höher als bei der Korrelation von Rocha et al. Vergleicht man diese Werte allerdings mit den in der ursprünglichen Auswertung des Danckwerts-Plot erhaltenen Daten, so gibt diese Korrelation als einzige den Wertebereich

der bei den drei kleineren Berieselungsdichten gemessenen Stoffübergangskoeffizienten gut wieder.

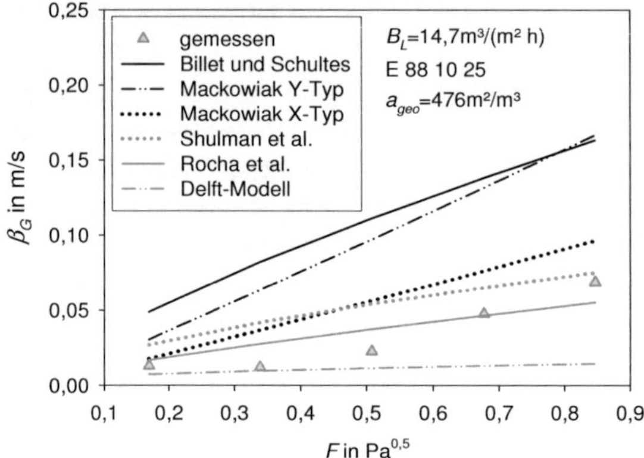

*Abb. 4.17: Vergleich der verschiedenen Korrelationen mit den Messdaten für
den gasseitigen Stoffübergangskoeffizienten bei der höchsten Berieselungsdichte für den SiSiC-Schwamm (E 88 10 25) als Funktion der Gasbelastung.
Die Modelle von Onda et al. sowie Wagner et al. wurden aus Gründen der
Übersichtlichkeit nicht dargestellt, da sie den Stoffübergangskoeffizienten
deutlich überschätzen.*

In Abb. 4.18 sind Vergleichsdiagramme für die beiden diskutierten Korrelationen aufgetragen. Dabei wird die Korrelation von Rocha et al. mit den Daten
der Auswahl bei höchster Berieselungsdichte verglichen, während das Delft-
Modell mit den Daten der ursprünglichen Auswertung nach Abb. 4.10 verglichen wird. Der Verlauf der Daten im Vergleich mit der Korrelation von
Rocha et al. deutet auf die zuvor hingewiesene Abweichung von den aus
Korrelationen bekannten Abhängigkeiten des gasseitigen Stoffübergangskoeffizienten von der Gasbelastung hin.

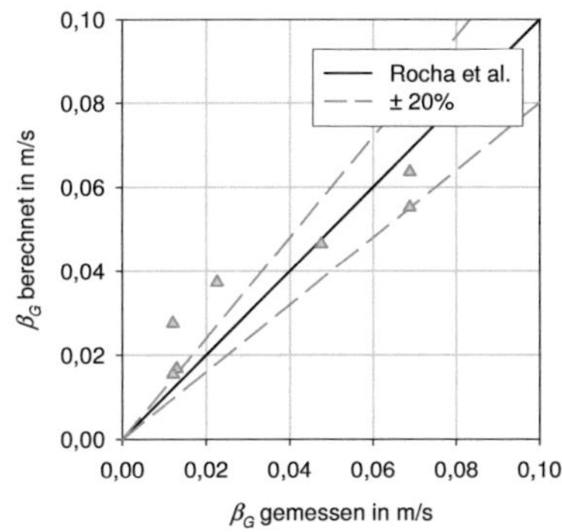
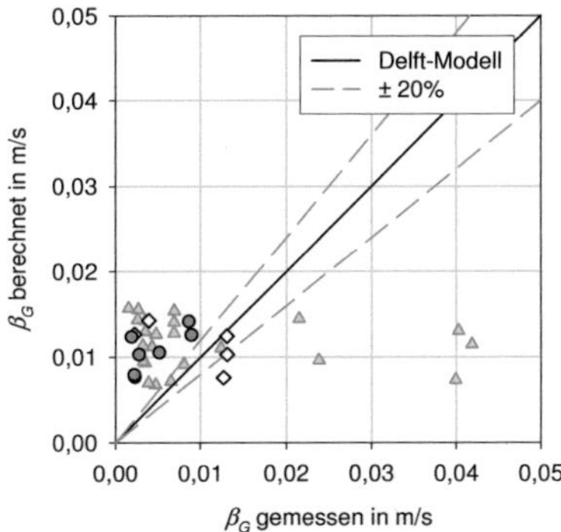

Abb. 4.18: Vergleichsdiagramm für die Korrelationen für den gasseitigen Stoffübergangskoeffizienten von Rocha et al. im Vergleich mit der Auswertung der Auswahl (siehe Abb. 4.11) sowie des Delft-Modells im Vergleich mit der ursprünglichen Auswertung nach dem Danckwerts-Plot (siehe Abb. 4.10). Dreiecke: SiSiC, Rauten: OBSiC, Kreise: Silikat. Man beachte die unterschiedliche Skalierung der Achsen.

4.4.4 Flüssigseitiger Stoffübergang

Der Vergleich der Korrelationen mit den Messdaten für den flüssigseitigen Stoffübergangskoeffizienten ist in Abb. 4.19 aufgetragen. Aufgrund der Abhängigkeiten wurde, wie schon bei den Messergebnissen, eine Auftragung über der Berieselungsdichte gewählt. Auch hier ist wieder die breite Streuung der Korrelationen auffällig. Die Korrelation von Wagner et al. überschätzt den Wert deutlich, während die Korrelationen von Onda et al. sowie von Maćkowiak für Packungen vom X- und Y-Typ die Werte deutlich unterschätzen. Die restlichen Korrelationen liegen in der Größenordnung der Messwerte.

Aufgrund der starken Streuung der Messwerte selbst geben, bezüglich der Werte für die Schwämme aus SiSiC, die Korrelation von Shulman et al. und das Delft-Modell die Daten mit etwa der gleichen Fehlerquadratsumme wieder (Delft-Modell: +4%). Betrachtet man auch die Daten der anderen Schwämme, so ist die Korrelation von Rocha et al. für die benetzten Packungskanäle am besten geeignet. Die Korrelation nach Shulman et al. liefert hier mit einer 19% höheren Fehlerquadratsumme das zweitbeste Ergebnis.

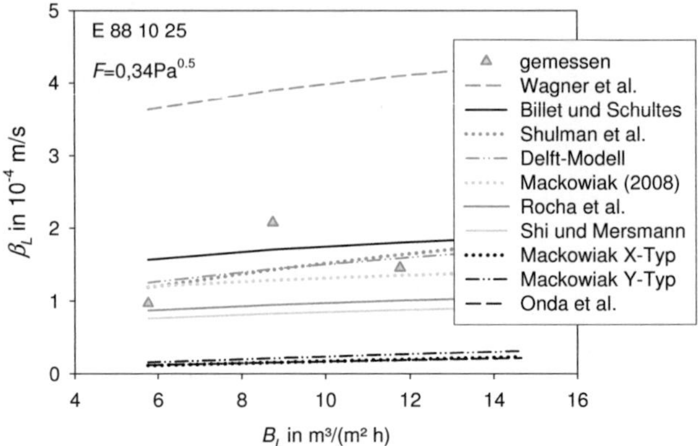

Abb. 4.19 Vergleich der verschiedenen Korrelationen mit den Messdaten für den flüssigseitigen Stoffübergangskoeffizienten bei konstanter Gasbelastung für den SiSiC-Schwamm (E 88 10 25) als Funktion der Berieselungsdichte.

Aus den in Abb. 4.20 aufgetragenen Vergleichsdiagrammen ist zu erkennen, dass dabei die Korrelation nach Rocha et al. im Gegensatz zur Korrelation nach Shulman et al. den Einfluss der Betriebsparameter nicht gut wiedergeben kann. So wird für alle Betriebszustände in etwa der gleiche Stoffübergangs-koeffizient vorhergesagt. Die Korrelation nach Shulman et al. gibt als einzige die gemessene Variationsbreite in etwa wieder.

Da jedoch die Validierung der Messmethode für den flüssigen Stoffüber-gangskoeffizienten bereits eine große Schwankungsbreite der gemessenen Werte gegenüber Literaturdaten für die Mellapak 250Y ergeben hat, ist die Abweichung der Daten von den Korrelationen nicht allzu stark zu bewerten. Man kann daher davon ausgehen, dass für die flüssigseitigen Stoffübergangs-koeffizienten die Größenordnung der Daten durch Korrelationen für benetzte Packungskanäle wie die von Rocha et al. oder das Delft-Modell wiedergege-ben werden können. Zugleich ist jedoch auch die empirisch abgeleitete und bereits sehr alte Korrelation von Shulman et al. für Raschig-Ringe und Berl-Sättel in der Lage, die Messdaten gut wiederzugeben.

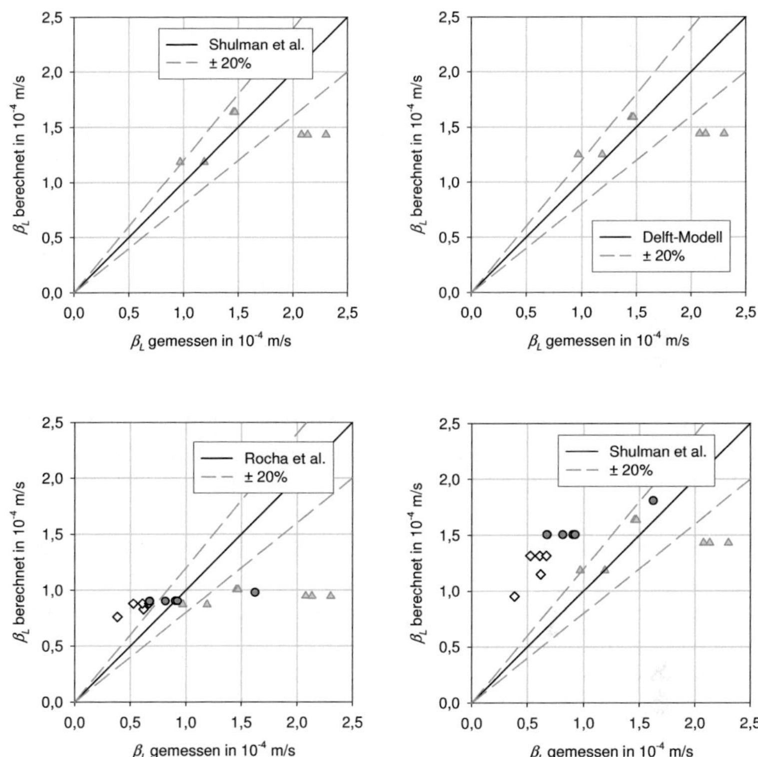

Abb. 4.20: Vergleichsdiagramm für die Korrelationen für den flüssigseitigen Stoffübergangskoeffizienten. Oben: Vergleich mit den Messdaten für die Schwämme aus SiSiC. Unten: Vergleich mit allen Messdaten.

4.4.5 Schlussfolgerungen für den Stoffübergang

Den in den vorigen Kapiteln diskutierten Ergebnissen des Vergleiches von Messwerten der Schwämme mit Korrelationen für Packungen und Schüttungen aus der Literatur zufolge muss zunächst festgehalten werden, dass keine der Korrelationen in der Lage war, alle drei bestimmten Parameter mit der gleichen Güte wiederzugeben. Dies kann unter anderem darin begründet liegen, dass die angenommenen Strömungsformen der einzelnen Korrelationen nicht mit den tatsächlich vorherrschenden übereinstimmen. Folglich sind auch die Einflüsse der einzelnen Parameter nicht richtig wiedergegeben. Dies ist jedoch nicht weiter verwunderlich, da die Kombination der Strömungsformen von Gas und Flüssigkeit im Schwamm von der in herkömmlichen Packungen oder Schüttungen abweicht und daher keine der Korrelationen die benötigte Kombination beinhaltet.

Generell lassen sich keramische Schwämme hinsichtlich der Größenordnung ihrer Stoffübergangscharakteristika mit Korrelationen aus der Literatur beschreiben. Die Einflüsse von Betriebsparametern und geometrischen Daten können dabei nicht umfassend wiedergegeben werden. Auch kann keine Korrelation eine ausreichende Vorhersagegüte für alle benötigten Stoffübergangscharakteristiken erzielen. Die aufgestellte Hypothese zur Vergleichbarkeit des Verhaltens von Schwämmen bezüglich des Stoffübergangs mit herkömmlichen Kolonneneinbauten wurde folglich falsifiziert. Zu beachten ist jedoch, dass die meisten Autoren der Originalarbeiten bereits große Abweichungen ihrer Korrelationen von gemessenen Daten festgestellt haben.

Für die Entwicklung einer für Schwämme besser tauglichen Korrelation der Messdaten müsste zunächst eine noch breitere Datenbasis geschaffen werden. Mit der momentan vorhandenen Datenbasis ist eine gute Übertragbarkeit einer für die vermessenen Schwämme erstellten Korrelation auf andere Schwammtypen nur sehr unwahrscheinlich. Aus der relativen Übereinstimmung der gemessenen Daten mit auf physikalisch begründeten Ansätzen beruhenden Korrelationen in einzelnen Größen kann jedoch eine Aussage über die Strömungsform gewonnen werden.

Für die effektive Phasengrenzfläche sind Korrelationen für Schüttungen besser geeignet als für Packungen. Das am besten geeignete Modell von Maćkowiak beruht auf der Annahme einer in Rinnsalen und Tropfen turbulent strömenden Flüssigkeit. Dabei bildet die Oberfläche der Tropfen den Hauptanteil der für den Stoffaustausch relevanten effektiven Phasengrenzfläche. Dieses Modell ist insbesondere in der Lage, den Anstieg der Phasengrenzfläche mit der Berieselungsdichte gut wiederzugeben. Der Einfluss der Gasbelastung ist hingegen nicht berücksichtigt.

Die zweitbeste Korrelation von Wagner et al. ist ebenfalls für Schüttungen von Hochleistungsfüllkörpern aufgestellt worden. Hierbei wird die effektive Phasengrenzfläche über Betrachtungen des Verhältnisses aus feuchtem und trockenem Druckverlust aus dem Flüssigkeitsinhalt ermittelt. Dabei wird für den Flüssigkeitsinhalt auf die Korrelation von Stichlmair et al. zurückgegriffen, die recht gut in der Lage ist, die Messdaten für Schwämme wiederzugeben.

Der von Maćkowiak aus der bereits für die effektive Phasengrenzfläche vorgestellten Korrelation abgeleitete flüssigseitige Stoffübergangskoeffizient ist nur in der Größenordnung richtig, die Streuung der Messwerte kann nicht wiedergegeben werden. Ebenso ist die Korrelation von Wagner et al. nicht in der Lage, den flüssigseitigen Stoffübergangskoeffizienten vorherzusagen. Die vergleichsweise alte Korrelation von Shulman et al. für Füllkörper ist dagegen recht gut in der Lage, die Messdaten wiederzugeben. Diese Korrelation beruht jedoch auf keiner physikalisch begründeten Annahme. Das beinahe ebenso gut geeignete Delft-Modell verwendet eigentlich die von Rocha et al. hergeleitete Korrelation, jedoch werden leicht andere Korrekturfaktoren sowie eine andere Herleitung des Flüssigkeitsinhaltes verwendet. Das Modell von Rocha et al. stützt sich wie das Delft-Modell auch auf benetzte Packungskanäle mit stagnierenden Bereichen.

Diese diskutierten Erkenntnisse zusammengefügt ergeben eine Flüssigkeitsströmung in Strähnen und Tropfen mit stagnierenden Bereichen. Somit konnte die bereits aus den Ergebnissen zu Flüssigkeitsinhalt und Verweilzeitverteilung abgeleitete Hypothese für die Flüssigkeitsströmungsform verifiziert werden.

Bezüglich des gasseitigen Stoffübergangskoeffizienten konnte aufgrund der wenigen vorhandenen Messdaten nur eine begrenzte Aussage getroffen werden. Die Korrelation von Rocha et al., die für die bei der höchsten Berieselungsdichte gemessenen Werte am besten geeignet ist, stützt sich für den gasseitigen Stoffübergangskoeffizienten auf eine Korrelation für Fallfilm-Kolonnen. Das Delft-Modell, das die Werte bei niedrigen Berieselungsdichten gut wiedergibt, betrachtet die Analogie zwischen Wärme- und Stoffübertragung in einem teilweise benetzten, durchströmten Rohr. In beiden betrachteten Fällen kann davon ausgegangen werden, dass das Gas in einer Rohr- oder Kanalströmung wie in einer strukturierten Packung durch den Schwamm strömt. Für die Gasströmung kann folglich die Hypothese einer Rohrströmung aufgestellt werden. Aufgrund der geringen Datenlage ist es jedoch nicht möglich, diese weiter zu verifizieren. Da sich jedoch bereits die Flüssigkeitsströmungsform als ähnlich zu der in Monolithen erwiesen hat, kann davon ausgegangen werden, dass auch die Strömungsform des Gases ähnlich ist.

5 Resümee und Ausblick

Als Motivation dieser vorliegenden Arbeit wurde die Hypothese aufgestellt, dass sich keramische Schwämme für den Einsatz als trennwirksamer Kolonneneinbau eignen und sich ihr Verhalten in der Trennkolonne durch geeignete Korrelationen beschreiben lässt. Im Folgenden wurde diese Haupthypothese in mehrere Teilhypothesen untergliedert, die zur Verifikation oder Falsifikation der Haupthypothese dienten.

Zunächst musste für die Überprüfung der Anwendbarkeit von Korrelationen für Packungen und Schüttungen die spezifische Oberfläche der Schwämme ermittelt werden. Hierzu wurden Volumenbilddaten mittels Kernspin- und Röntgen-Computertomographie aufgenommen und diese mit Methoden der stochastischen Geometrie ausgewertet. Zudem wurden zur weiteren morphologischen Charakterisierung mittels Lichtmikroskopie und Helium-Pyknometrie sowie Quecksilber-Porosimetrie weitere geometrische Kenngrößen wie Fenster- und Stegdurchmesser sowie gesamte und äußere Porosität ermittelt.

Anhand einer Analyse von Modellen aus einer raumfüllenden Anordnung geometrischer Körper wurde überprüft, ob eine Vorausberechnung der spezifischen Oberfläche der Schwämme unter Zuhilfenahme der ermittelten Kenngrößen aus den gefundenen Modellen möglich ist. Dabei musste eine Anpassung der Modellkonstanten an die Messdaten erfolgen, so dass eine modifizierte Form der aufgestellten Hypothese verifiziert werden konnte. Demnach lässt sich die spezifische Oberfläche der Schwämme mittels einer an Messdaten angepassten Korrelation auf Basis eines raumfüllenden Modells aus geometrischen Körpern durch Bestimmung von Porosität, Fenster- und Stegdurchmesser vorausberechnen.

In einem zweiten Schritt wurde die Hypothese überprüft, dass sich keramische Schwämme in ihrem fluiddynamischen Verhalten mit für herkömmliche Kolonneneinbauten entwickelten Korrelationen beschreiben lassen. Hierzu wurden zunächst Vorgehensweisen für die experimentelle Ermittlung des statischen Flüssigkeitsinhaltes sowie des Flüssigkeitsinhaltes im Betrieb bei Gegenstromführung im System Wasser-Luft entwickelt. Dabei wurde jeweils eine gravimetrische Bestimmung der Flüssigkeitsinhalte gewählt. Zusätzlich konnte mit dem Versuchsaufbau auch der feuchte Druckverlust der Packung bestimmt werden.

Variiert wurden dabei die Schwammparameter wie Porenzahl, Porosität und Material sowie die Betriebsparameter Berieselungsdichte und Gasbelastung. Aufgrund der geometrischen Gegebenheiten der Schwämme wurde außerdem der Einfluss der Intersektionsanzahl und der Packungshöhe untersucht. Keramische Schwämme lassen sich meist nur in einer Elementhöhe von 25mm vollständig offenporig herstellen. Höhere Schwammelemente weisen in der Regel viele geschlossene Fenster auf und führen daher zu einem stark eingeschränkten Betriebsbereich.

Die Ergebnisse waren in allen Fällen stark von den eingesetzten Schwammtypen abhängig. Der statische Flüssigkeitsinhalt im Stapel zeigte dabei ein deutliches Profil mit einem stark erhöhten Flüssigkeitsinhalt im untersten Schwamm des Stapels. Diese Drainage-Problematik ließ sich auch in den Versuchen zum Flüssigkeitsinhalt im Betrieb erkennen. Hierbei konnten Schwämme mit kleinen Poren und niedrigen Porositäten sowie vielen geschlossenen Fenstern gar nicht betrieben werden. Am unteren Ende dieser Schwammpackungen konnte im Betrieb eine geschlossene Fluidschicht beobachtet werden, die bei Zuschalten des Gasgegenstroms zu sofortigem Fluten führte.

Generell war auch bei den anderen Schwammtypen ein für einen Kolonneneinbau vergleichsweise kleiner Betriebsbereich bei einem vergleichsweise großen Flüssigkeitsinhalt zu beobachten. Der Einsatz eines konischen Drainage-Elementes konnte diesen jedoch signifikant vergrößern. Der ebenfalls gemessene feuchte Druckverlust bewegte sich dabei in einem für den ermittelten Flüssigkeitsinhalt zu erwartenden Bereich.

Der anschließende Vergleich mit aus einer Literaturstudie entnommenen Korrelationen für den Flüssigkeitsinhalt von Kolonneneinbauten zeigte zum Teil große Abweichungen der vorhergesagten Werte zu den gemessenen Werten. Meist konnte der Einfluss der Betriebsparameter nur unzureichend wiedergegeben werden. Die Korrelation von Engel konnte jedoch sowohl den Flüssigkeitsinhalt im Betrieb als auch die Betriebsgrenzen gut wiedergeben. Die Hypothese, dass sich Schwämme mit für herkömmliche Packungen und Schüttungen entwickelten Korrelationen in ihrem fluiddynamischen Verhalten beschreiben lassen, konnte somit für den gesamten Flüssigkeitsinhalt verifiziert werden. Im Widerspruch dazu wurde der statische Flüssigkeitsinhalt jedoch meist unterschätzt. Dies führte zu der weiteren Hypothese, dass die schlecht abtropfende Flüssigkeit in den Schwammtypen mit niedriger Porosität oder kleinerer Porengröße und daher hohem statischem Flüssigkeitsinhalt teilweise zu durchströmtem dynamischem Flüssigkeitsinhalt wird. Die Auflösung dieses Widerspruchs sollte mittels der Betrachtungen zur Verweilzeitverteilung erfolgen.

Zur Messung der Verweilzeitverteilung der Flüssigkeit wurde auf eine Tracer-Methode zurückgegriffen, bei der eine Sprungfunktion aufgeprägt und aus der Systemantwort mittels des Dispersionsmodells die Verweilzeitverteilung ermittelt wurde. Hierbei wurden wieder große Schwankungsbreiten und starke Abhängigkeiten von den Schwammparametern gefunden. Alle Erkenntnisse stützten die zuvor aufgestellte Hypothese, dass der statische Flüssigkeitsinhalt im Betrieb zum Teil mit durchströmt wird und somit der gravimetrisch gemessene Zahlenwert für den dynamischen Betrieb an Relevanz verliert. Der gesamte Flüssigkeitsinhalt lässt sich daher mit den Korrelationen gut wiedergeben, während der statische Flüssigkeitsinhalt nur unzureichend durch die Korrelationen beschrieben werden kann. Der entstandene Widerspruch war somit aufgelöst.

Die aus den Verweilzeitverteilungsmessungen abgeleiteten Erkenntnisse zeigen auch, dass es vornehmlich bei Schwämmen mit starker Rückvermischung und Rückströmungen zu einem stark limitierten Betriebsbereich kommt. Die bereits durch die Struktur erschwerte Passage der Flüssigkeit durch den Schwamm führte zu sofortigem Fluten bei zusätzlichem Widerstand durch den Gasgegenstrom. Schwämme mit großen Betriebsbereichen weisen hingegen oft große Totvolumina auf.

In einem letzten Teil wurde die Teilhypothese überprüft, dass sich Stoffübergang und effektive Phasengrenzfläche zwischen den durchströmenden Phasen in keramischen Schwämmen durch für herkömmliche Kolonneneinbauten entwickelte Korrelationen beschreiben lassen. Dazu wurde ein weiterer Versuchsaufbau zur Untersuchung der Absorption von Kohlendioxid aus Luft in Natronlauge und der Desorption von Kohlendioxid aus Wasser in Luft in einer Schwammpackung konzipiert. Die Auswertung der Daten erfolgte auf der Basis eines HTU-NTU-Modells für den Stoffübergang. Durch Variation der Konzentration der Natronlauge konnten aus den Absorptionsversuchen die effektive Phasengrenzfläche sowie der gasseitige Stoffübergangskoeffizient bestimmt werden. Aus den Desorptionsversuchen konnte der flüssigseitige Stoffübergangskoeffizient ermittelt werden.

Auch bei diesen Messungen wurde eine starke Streuung der Messwerte für die einzelnen Schwammtypen beobachtet. Zusätzlich unterschied sich der Benetzungszustand der Packung je nach Konfiguration der eingebauten Packung, was die Messungen zusätzlich erschwerte. Problematisch war hierbei auch die Fehlverteilung der Flüssigkeit aufgrund des erschwerten Abtropfens am unteren Ende der Packung. Die unregelmäßige Verteilung von Abtropfstellen hatte einen großen Einfluss auf die Entnahme repräsentativer Flüssigkeitsproben unterhalb der Packung. Konsistente Messdaten konnten so nur sehr schwer erzielt werden. Dies gelang hauptsächlich für die effektive Phasengrenzfläche, von den Stoffübergangskoeffizienten konnte die Größenordnung bestimmt werden.

Aus einer umfangreichen Literaturrecherche wurden Korrelationen für den Stoffübergang in verschiedensten Arten von Packungen und Schüttungen ermittelt. Die ermittelten Daten lassen sich hinsichtlich ihrer Größenordnung mit diesen Korrelationen beschreiben, so dass die Hypothese partiell verifiziert werden konnte. Einschränkend gilt jedoch, dass keine Korrelation alle benötigten Größen wiedergeben kann und die Einflüsse der Betriebs- und Schwammparameter meist nur unzureichend beschrieben werden können.

Aus den Verweilzeitverteilungsmessungen und den Untersuchungen zum Betriebsbereich wurde die Hypothese abgeleitet, dass die Strömung im Schwamm flüssigseitig in Strähnen vorliegt. Eine Auswertung der Korrelationsgüte der Stoffübergangsmodelle, die auf den verschiedensten Annahmen hinsichtlich der Strömungsform von Gas und Flüssigkeit basieren, konnte diese Hypothese verifizieren. Hinsichtlich der Flüssigkeit kann noch ergänzt werden, dass diese auch größere stagnierende Bereiche sowie Tropfen beinhaltet. Für das Gas konnte die weitere Hypothese aufgestellt werden, dass dieses in einer Rohr- oder Kanalströmung analog zu Monolithen den Schwamm passiert. Eine eindeutige Verifikation dieser Hypothese war nicht möglich, jedoch deuten alle erhaltenen Ergebnisse auf ein solches Verhalten hin.

Zusammengefasst wurde die aufgestellte Hypothese verifiziert, dass sich Schwämme vergleichbar zu Packungen und Schüttungen verhalten und mit für diese Kolonneneinbauten entwickelten Korrelationen beschrieben werden können. Für die meisten gemessenen Charakteristika ist die Streuung der Messergebnisse um die Korrelation noch deutlich größer als für die herkömmlichen Packungen und Schüttungen, an die diese Korrelationen angepasst wurden. Die Analyse der verschiedensten Arten von Korrelationen hat aber auch gezeigt, dass sich diese für die gleichen geometrischen Daten und Betriebsparameter bereits um mehrere Größenordnungen unterscheiden können. Eine sinnvolle Auswahl eines universellen Modells ist zurzeit auch für herkömmliche Kolonneneinbauten noch nicht möglich.

Ein speziell für Schwämme angepasstes Modell zu entwickeln scheint aus dieser Perspektive innerhalb dieser Arbeit aus zweierlei Gründen nicht sinnvoll. Zum einen müsste dafür eine noch sehr viel breitere Datenbasis für die Schwämme geschaffen werden, in der der Einfluss von fluiddynamisch relevanten Parametern wie Viskosität und Oberflächenspannung sowie Kontaktwinkel systematisch untersucht wird. Dies sollte darüber hinaus für eine größere Auswahl an Schwämmen mit verschiedenen geometrischen Parametern erfolgen, die momentan kommerziell noch nicht erhältlich ist.

Zum anderen hieße das Aufstellen einer speziell für Schwämme angepassten Korrelation, der ohnehin schon großen Anzahl an unterschiedlichsten Berechnungsmethoden eine weitere hinzuzufügen, die lediglich für einen anderen Einbautypen besser geeignet ist, nicht jedoch den Anspruch erheben kann, universell Kolonneneinbauten zuverlässig zu beschreiben. Dies sollte jedoch das Ziel jeder weiteren neu aufgestellten Korrelation sein, um einen sinnvollen Beitrag zu Vereinheitlichung und Zuverlässigkeit der Kolonnenauslegung zu schaffen. Ein großes Problem hierbei stellt die Vielzahl an Randbedingungen und Testsystemen dar, mit denen die in der Literatur dokumentierten Stoffübergangscharakteristika für Kolonneneinbauten ermittelt worden sind. Der Einfluss dieser Größen ist nach Stand des Wissens noch zu wenig erforscht, um für die Erstellung einer universell gültigen Korrelation hinreichend beschreibbar zu sein.

So bleibt noch eine Reihe an offenen Fragestellungen hinsichtlich des möglichen Einsatzes von Schwämmen in Trennkolonnen. Nach der momentanen Datenlage zu urteilen wäre ihr Einsatzgebiet eher eine Nischenanwendung, da sie gegenüber bereits kommerziell erhältlichen Kolonneneinbauten keine bessere, jedoch auch keine schlechtere Trennleistung erbringen. So könnten Fälle, in denen die kontinuierliche Feststoffstruktur aus Keramik einen Vorteil bringt, von Interesse sein. Keramik lässt sich inert oder funktionalisiert herstellen, so dass die Reaktiv-Rektifikation als ein potentielles Anwendungsgebiet offensteht. Ebenso wäre der Einsatz in hochkorrosiven Systemen denkbar.

Für die großtechnische Anwendung ist darüber hinaus noch die Frage nach der Produktion von ausreichend großen und offenporigen Packungselementen zu beantworten. Nach dem momentanen Stand der Technik scheint dies noch eine größere Herausforderung darzustellen.

6 Literaturverzeichnis

Adler und Standke (2003)

J. Adler, G. Standke, *Offenzellige Schaumkeramik, Teil 2.* Ker. Z. 55, 786.

Adusei und Heibel (2003)

G.Y. Adusei, A.K. Heibel, *Monolith Stacking Configuration for Improved Flooding.* WIPO-Patent WO 03/039748 A1.

Billet und Schultes (1999)

R. Billet, M. Schultes, *Prediction of Mass Transfer Columns with Dumped and Arranged Packings – Updated Summary of the Calculation Method of Billet and Schultes.* Chem. Eng. Res. Des. 77 (A), 498.

Bird et al. (2007)

R.B. Bird, W.E. Stewart, E.N. Lightfoot, *Transport Phenomena.* Revised 2nd edition, John Wiley & Sons, New York.

Boomsma et al. (2003)

K. Boomsma, D. Poulikakos, F. Zwick, *Metal Foams as Compact High Performance Heat Exchangers.* Mech. Mat. 35, 1161.

Bornhütter (1991)

K. Bornhütter, *Stoffaustauschleistung von Füllkörperschüttungen unter Berücksichtigung der Flüssigkeitsströmungsform.* Dissertation, Technische Universität München.

Bornhütter und Mersmann (1993)

K. Bornhütter, A. Mersmann, *Mass Transfer in Packed Columns: The Cylinder Model.* Chem. Eng. Technol. 16, 46.

Bravo und Fair (1982)

J.L. Bravo, J.R. Fair, *Generalized Correlation for Mass Transfer in Packed Distillation Columns.* Ind. Eng. Chem. Process Des. Dev. 21, 162.

Buciuman und Kraushaar-Czarnetzki (2003)

F.C. Buciuman, B. Kraushaar-Czarnetzki, *Ceramic Foam Monoliths as Catalyst Carriers. 1. Adjustment and Description of the Morphology.* Ind. Eng. Chem. Res. 42, 1863.

Calvo et al. (2009)

S. Calvo, D. Beugre, M. Crine, A. Léonard, P. Marchot, D. Toye, *Phase Distribution Measurements in Metallic Foam Packing using X-ray Radiography and Micro-Tomography.* Chem. Eng. Process. 48, 1030.

Carbonell (2000)

R.G. Carbonell, *Multiphase Flow Models in Packed Beds*. Oil Gas Sci. Technol. 55, 417.

Danckwerts und Kennedy (1958)

P.V. Danckwerts, A.M. Kennedy, *The Kinetics of Absorption of Carbon Dioxide into Neutral and Alkaline Solutions*. Chem. Eng. Sci. 8, 201.

Delgado (2006)

J.M.P.Q. Delgado, *A Critical Review of Dispersion in Packed Beds*. Heat Mass Transfer 42, 279.

De Sousa et al. (2008)

E. De Sousa, C.R. Rambo, D. Hotza, A.P. Novaes de Olivera, T. Fey, P. Greil, *Microstructure and Properties of LZSA Glass-Ceramic Foams*. Mater. Sci. Eng. A 476, 89.

Dietrich et al. (2009)

B. Dietrich, W. Schabel, M. Kind, H. Martin, *Pressure Drop Measurements of Ceramic Sponges – Determining the Hydraulic Diameter*. Chem. Eng. Sci. 64, 3633.

Dietrich et al. (2010a)

B. Dietrich, G. Schell, E.C. Bucharsky, R. Oberacker, M.J. Hoffmann, W. Schabel, M. Kind, H. Martin, *Determination of the Thermal Properties of Ceramic Sponges*. Int. J. Heat Mass Transfer, 53, 198.

Dietrich et al. (2010b)

B. Dietrich, M. Kind, H. Martin, *The Lévêque Analogy – Does it work for Solid Ceramic Sponges too?* Proceedings of the 14th International Heat Transfer Conference, Washington D.C., USA.

Dietrich et al. (2011)

B. Dietrich, M. Kind, H. Martin, *Axial Two-Phase Thermal Conductivity of Ceramic Sponges – Experimental Results and Correlation*. Int. J. Heat Mass Transfer 54, 2276.

Dillard et al. (2005)

T. Dillard, F. N'Guyen, E. Maire, L. Salvo S. Forest, Y. Bienvenu, J.-D. Bartout, M. Croset, R. Dendievel, P. Cloetens, *3D Quantitative Image Analysis of Open-Cell Nickel Foams under Tension and Compression Loading Using X-ray Microtomography*. Philos. Mag. 85, 2147.

DIN EN ISO 9963-1 : 1996-02

Wasserbeschaffenheit – Bestimmung der Alkalinität – Teil 1: Bestimmung der gesamten und zusammengesetzten Alkalinität (ISO 9963-1 : 1994); Deutsche Fassung EN ISO 9963-1 : 1995.

Djordjevic et al. (2008)

N. Djordjevic, P. Habisreuther, N. Zarzalis, *Flame Stabilization and Emissions of a Natural Gas/Air Ceramic Porous Burner*. In: A.K.T. Lau, J. Lu, V.K. Varadan, F.K. Chang, J.P. Tu, P.M. Lam, *Multi-Functional Materials and Structures, Part 1 and 2*. Proceedings of the International Conference on Multifunctional Materials and Structures, Hong Kong, China, 28.-31. Juli 2008. Adv. Mater. Res. 47, 105.

Edouard et al. (2008a)

D. Edouard, M. Lacroix, C. Pham Huu, F. Luck, *Pressure Drop Modelling on Solid Foam: State-of-the-Art Correlation*. Chem. Eng. J. 144, 299.

Edouard et al. (2008b)

D. Edouard, M. Lacroix, C. Pham, M. Mbodji, C. Pham Huu, *Experimental Measurements and Multiphase Flow Models in Solid SiC Foam Beds*. AIChE J. 54, 2823.

Edwards et al. (1978)

T.J. Edwards, G. Maurer, J. Newman, J.M. Prausnitz, *Vapor-Liquid Equilibria in Multicomponent Aqueous Solutions of Volatile Weak Electrolytes*. AIChE J. 24, 966.

Engel (1999)

V. Engel, *Fluiddynamik in Packungskolonnen für Gas-Flüssig-Systeme*. Fortschrittsberichte VDI Reihe 3 Nr. 605, VDI-Verlag GmbH, Düsseldorf.

Engel (2000)

V. Engel, *Fluiddynamik in Füllkörper- und Packungskolonnen für Gas/Flüssig-Systeme*. Chem. Ing. Tech. 72, 700.

Fourie und Du Plessis (2002)

J.G. Fourie, J.P. Du Plessis, *Pressure Drop Modeling in Cellular Metallic Foams*. Chem. Eng. Sci. 57, 2781.

Fuller et al. (1966)

E.N. Fuller, P.D. Schettler, J.C. Giddings, *A New Method for Prediction of Binary Gas-Phase Diffusion Coefficients*. Ind. Eng. Chem. 58, 19.

Giani et al. (2005)
L. Giani, G. Groppi, E. Tronconi, *Mass-Transfer Characterization of Metallic Foams as Supports for Structured Catalysts*. Ind. Eng. Chem. Res. 44, 4993.

Gibson und Ashby (2001)
L.J. Gibson, M.F. Ashby, *Cellular Solids: Structure and Properties*. 2nd edition, 1st paperback edition in digital reprint, Cambridge University Press, Cambridge.

Gmelins Handbuch der anorganischen Chemie (1928)
R.J. Meyer, *Band 21: Natrium*. In: Deutsche Chemische Gesellschaft (Hrsg.), *Gmelins Handbuch der anorganischen Chemie*. 8. Auflage, Verlag Chemie, Berlin.

Groppi et al. (2007)
G. Groppi, L. Giani, E. Tronconi, *Generalized Correlation for Gas/Solid Mass-Transfer Coefficients in Metallic and Ceramic Foams*. Ind. Eng. Chem. Res. 46, 3955.

Handbuch der analytischen Chemie (1967)
H. Grassmann, *Kohlenstoff und seine wichtigsten Verbindungen*. In: W. Fresenius, G. Jander, *Handbuch der analytischen Chemie – 3.Teil: Quantitative Bestimmungs- und Trennungsmethoden – Band IVaα: Elemente der 4. Hauptgruppe I*. Springer-Verlag, Berlin.

Hardy (2006)
E.H. Hardy, *Magnetic Resonance Imaging in Chemical Engineering: Basics and Practical Aspects*. Chem. Eng. Technol. 29, 785.

Heibel et al. (2004)
A.K. Heibel, J.A. Jamison, P. Woehl, F. Kapteijn, J.A. Moulijn, *Improving Flooding Performance for Countercurrent Monolith Reactors*. Ind. Eng. Chem. Res. 43, 4848.

Hitchcock und McIlhenny (1935)
L.B. Hitchcock, J.S. McIlhenny, *Viscosity and Density of Pure Alkaline Solutions and their Mixtures*. Ind. Eng. Chem. 27, 461.

Hölemann und Górak (2006)
K. Hölemann, A. Górak, *Absorption*. In: R. Goedecke (Hrsg.), *Fluid-Verfahrenstechnik*. Wiley-VCH, Weinheim, Seiten 799-905.

Hoffmann et al. (2007)

A. Hoffmann, J.F. Maćkowiak, A. Górak, M. Haas, J.-M. Löning, T. Runowski, K. Hallenberger, *Standardization of Mass Transfer Measurements – A Basis for the Description of Absorption Processes.* Chem. Eng. Res. Des. 85(A), 40.

Horvath (1985)

A.L. Horvath (Hrsg.), *Handbook of Aqueous Electrolyte Solutions.* Ellis Horwood Series in Physical Chemistry, Wiley, Chichester.

Huu et al. (2009)

T.T. Huu, M. Lacroix, C.P. Huu, D. Schweich, D. Edouard, *Towards a More Realistic Modeling of Solid Foam: Use of the Pentagonal Dodecahedron Geometry.* Chem Eng. Sci. 64, 5131.

Inayat et al. (2011)

A. Inayat, H. Freund, T. Zeiser, W. Schwieger, *Determining the Specific Surface Area of Ceramic Foams: The Tetrakaidecahedra Model revisited.* Chem. Eng. Sci. 66, 1179.

Incera Garrido et al. (2008)

G. Incera Garrido, F.C. Patcas, S. Lang, B. Kraushaar-Czarnetzki, *Mass Transfer and Pressure Drop in Ceramic Foams: A Description for Different Pore Sizes and Porosities.* Chem. Eng. Sci. 63, 5202.

Incera Garrido und Kraushaar-Czarnetzki (2010)

G. Incera Garrido, B. Kraushaar-Czarnetzki, *A General Correlation for Mass Transfer in Isotropic and Anisotropic Solid Foams.* Chem. Eng. Sci. 65, 2255.

Kister (1992)

H.Z. Kister, *Distillation Design.* McGraw Hill, Boston.

Laso et al. (1995)

M. Laso, M. Henriques de Brito, P. Bomio, U. von Stockar, *Liquid-side Mass Transfer Characteristics of a Structured Packing.* Chem. Eng. J. 58, 251.

Landolt-Börnstein (1969)

K. Schäfer (Hrsg.), *Landolt-Börnstein, II. Band, 5.Teil, Bandteil a, Transportphänomene I.* 6. Auflage, Springer-Verlag, Berlin.

Lebens et al. (1997)

P.J.M. Lebens, R. van der Meijden, R.K. Edvinsson, F. Kapteijn, S.T. Sie, J.A. Moulijn, *Hydrodynamics of Gas-Liquid Countercurrent Flow in Internally Finned Monolithic Structures.* Chem. Eng. Sci. 52, 3893.

Levenspiel (1999)

O. Levenspiel, *Chemical Reaction Engineering.* 3rd edition, Verlag John Wiley & Sons, New York.

Levenspiel und Smith (1957)

O. Levenspiel, W.K. Smith, *Notes on the Diffusion-Type Model for the Longitudinal Mixing of Fluids in Flow.* Chem. Eng. Sci. 6, 227.

Lévêque et al. (2009)

J. Lévêque, D. Rouzineau, M. Prévost, M. Meyer, *Hydrodynamic and Mass Transfer Efficiency of Ceramic Foam Packing applied to Distillation.* Chem. Eng. Sci. 64, 2607.

Maćkowiak (2003)

J. Maćkowiak, *Fluiddynamik von Füllkörpern und Packungen.* Springer-Verlag, Berlin.

Maćkowiak (2008)

J. Maćkowiak, *Modellierung des flüssigseitigen Stoffüberganges in Kolonnen mit klassischen und gitterförmigen Füllkörpern.* Chem. Ing. Tech. 80, 57.

Maire et al. (2007)

E. Maire, P. Colombo, J. Adrien, K. Babout, L. Biasetto, *Characterization of the Morphology of Cellular Ceramics by 3D Image Processing of X-ray Tomography.* J. Eur. Ceram. Soc. 27, 1973.

Mahjoob und Vafai (2008)

S. Mahjoob, K. Vafai, *A Synthesis of Fluid an Thermal Transport Models for Metal Foam Heat Exchangers.* Int. J. Heat Mass Transfer 51, 3701.

Meier et al. (1977)

W. Meier, W.D. Stoecker, B. Weinstein, *Performance of New, High Efficiency Packing.* Chem. Eng. Prog. 73, 71.

Ohser und Mücklich (2000)

J. Ohser, F. Mücklich, *Statistical Analysis of Microstructures in Materials Science.* Wiley-Verlag, Chichester und Weinheim.

Olujić (1997)

Z. Olujić, *Development of a Complete Simulation Model for Predicting the Hydraulic and Separation Performance of Distillation Columns Equipped with Structured Packings.* Chem. Biochem. Eng. Q. 11, 31.

Onda et al. (1968)
K. Onda, H. Takeuchi, Y. Okumoto, *Mass Transfer Coefficients between Gas and Liquid Phases in Packed Columns*. J. Chem. Eng. Jpn. 1, 56.

Ottenbacher et al. (2010)
M. Ottenbacher, Z. Olujić, M. Jödecke, C. Großmann, *Structured Packing Efficiency – Vital Information for the Chemical Industry*. In: A.B. de Haan, H. Kooijman, A. Górak (Hrsg.), *Distillation Absorption 2010*. Proceedings of the 9th Distillation and Absorption Conference, Eindhoven, The Netherlands, 12.-15. September 2010.

Peng und Richardson (2004)
Y. Peng, J.T. Richardson, *Properties of Ceramic Foam Catalyst Supports: One-dimensional and Two-dimensional Heat Transfer Correlations*. Appl. Catal. A 266, 235.

Phelan et al. (1995)
R. Phelan, D. Weaire, K. Brakke, *Computation of Equilibrium Foam Structures Using the Surface Evolver*. Exp. Math. 4, 181.

Pohorecki und Moniuk (1988)
R. Pohorecki, W. Moniuk, *Kinetics of Reaction between Carbon Dioxide and Hydroxyl Ions in Aqueous Electrolyte Solutions*. Chem. Eng. Sci. 43, 1677.

Poling et al. (2001)
B.E. Poling, J.M. Prausnitz, J.P. O'Connell, *The Properties of Gases and Liquids*. 5th edition, McGraw-Hill, New York.

Reitzmann et al. (2006)
A. Reitzmann, F.C. Patcas, B. Kraushaar-Czarnetzki, *Keramische Schwämme – Anwendungspotenzial monolithischer Netzstrukturen als katalytische Packungen*. Chem. Ing. Tech. 78, 885.

Richardson et al. (2000)
J.T. Richardson, Y. Peng, D. Remue, *Properties of Ceramic Foam Catalysts: Pressure Drop*. Appl. Catal. A 204, 19.

Richardson et al. (2003)
J.T. Richardson, D. Remue, J.-K. Hung, *Properties of Ceramic Foam Catalyst Supports: Mass and Heat Transfer*. Appl. Catal. A 250, 319.

Rocha et al. (1993)
J.A. Rocha, J.L. Bravo, J.R. Fair, *Distillation Columns Containing Structured Packings: A Comprehensive Model for their Performance. 1. Hydraulic Model*. Ind. Eng. Chem. Res. 32, 641.

Rocha et al. (1996)

J.A. Rocha, J.L. Bravo, J.R. Fair, *Distillation Columns Containing Structured Packings: A Comprehensive Model for their Performance. 2. Mass-Transfer Model.* Ind. Eng. Chem. Res. 35, 1660.

Saez und Carbonell (1985)

A.E. Saez, R.G. Carbonell, *Hydrodynamic Parameters for Gas-Liquid Cocurrent Flow in Packed Beds.* AIChE J. 31, 52.

Schwartzwalder und Somers (1963)

K. Schwartzwalder, A.V. Somers, *Method of Making Porous Ceramic Articles.* U.S. Patent 3,090,094.

Sherwood und Holloway (1940a)

T.K. Sherwood, F.A.L. Holloway, *Performance of Packed Towers - Experimental Studies of Absorption and Desorption.* Trans AIChE 36, 21.

Sherwood und Holloway (1940b)

T.K. Sherwood, F.A.L. Holloway, *Performance of Packed Towers – Liquid Film Data for Several Packings.* Trans AIChE 36, 39.

Shi und Mersmann (1985)

M.G. Shi, A. Mersmann, *Effective Interfacial Area in Packed Columns.* Ger. Chem. Eng. 8, 87.

Shulman et al. (1955)

H.L. Shulman, C.F. Ullrich, A.Z. Proulx, J.O. Zimmermann, *Performance of Packed Columns. II. Wetted and Effective-Interfacial Areas, Gas- and Liquid-Phase Mass Transfer Rates.* AIChE J. 1, 253.

Smith (1981)

J.M. Smith, *Chemical Engineering Kinetics.* 3rd edition, McGraw-Hill, New York.

Spiegel und Meier (1987)

L. Spiegel, W. Meier, *Correlations of the Performance Characteristics of the Various Mellapak Types.* Proceedings of the 4th International Symposium on Distillation and Absorption, Brighton, England, 7.-9. September 1987. IChemE Symp. Ser. 104, A203.

Stemmet et al. (2005)

C.P. Stemmet, J.N. Jongmans, J. van der Schaaf, B.F.M. Kuster, J.C. Schouten, *Hydrodynamics of Gas-Liquid Counter-Current Flow in Solid Foam Packings.* Chem. Eng. Sci. 60, 6422.

Stemmet et al. (2006)
C.P. Stemmet, J. van der Schaaf, B.F.M. Kuster, J.C. Schouten, *Solid Foam Packings for Multiphase Reactors – Modelling of Liquid Holdup and Mass Transfer.* Chem. Eng. Res. Des. 84 (A), 1134.

Stemmet et al. (2007)
C.P. Stemmet, M. Meeuwse, J. van der Schaaf, B.F.M. Kuster, J.C. Schouten, *Gas-liquid Mass Transfer and Axial Dispersion in Solid Foam Packings.* Chem. Eng. Sci. 62, 5444.

Stemmet et al. (2008)
C.P. Stemmet, F. Bartelds, J. van der Schaaf, B.F.M. Kuster, J.C. Schouten, *Influence of Liquid Viscosity and Surface Tension on the Gas–Liquid Mass Transfer Coefficient for Solid Foam Packings in Co-Current Two-Phase Flow.* Chem. Eng. Res. Des. 86 (A), 1094.

Stichlmair et al. (1989)
J. Stichlmair, J.L. Bravo, J.R. Fair, *General Model for Prediction of Pressure Drop and Capacity of Countercurrent Gas/Liquid Packed Columns.* Gas Sep. Pur. 3, 19.

Thompson (1887)
W. Thompson, *On the Division of Space with Minimum Partitional Area.* Philos. Mag. 24, 503.

Tschentscher et al. (2010a)
R. Tschentscher, T.A. Nijhuis, J. van der Schaaf, B.M.F. Kuster, J.C. Schouten, *Gas-Liquid Mass Transfer in Rotating Solid Foam Reactors.* Chem. Eng. Sci. 65, 472.

Tschentscher et al. (2010b)
R. Tschentscher, R.J.P. Spijkers, T.A. Nijhuis, J. van der Schaaf, J.C. Schouten, *Liquid-Solid Mass Transfer in Agitated Slurry Reactors and Rotating Solid Foam Reactors.* Ind. Eng. Chem. Res. 49, 10758.

Twigg und Richardson (2002)
M.V. Twigg, J.T. Richardson, *Theory and Applications of Ceramic Foam Catalysts.* Chem. Eng. Res. Des. 80 (A), 183.

Twigg und Richardson (2007)
M.V. Twigg, J.T. Richardson, *Fundamentals and Applications of Structured Ceramic Foam Catalysts.* Ind. Eng. Chem. Res. 46, 4166.

VDI-Wärmeatlas (2002)
VDI-Gesellschaft Verfahrenstechnik und Chemieingenieurwesen (Hrsg.), *VDI-Wärmeatlas: Berechnungsblätter für den Wärmeübergang*. 9. Auflage, Springer-Verlag Berlin.

Vicente et al. (2006)
J. Vicente, F. Topin, J.-V. Daurelle, *Open Celled Material Structural Properties Measurement: From Morphology to Transport Properties*. Mat. Trans. 31, 307.

Wagner et al. (1997)
I. Wagner, J. Stichlmair, J.R. Fair, *Mass Transfer in Beds of Modern, High-Efficiency Random Packings*. Ind. Eng. Chem. Res. 36, 227.

Wales (1966)
C.E. Wales, *Physical and Chemical Absorption in Two-Phase-Annular and Dispersed Horizontal Flow*. AIChE J. 12, 1166.

Weimer und Schaber (1996)
T. Weimer, K. Schaber, *Ermittlung effektiver Phasengrenzflächen durch Kohlendioxidabsorption aus Luft*. Chem. Tech. 48, 237.

Weimer (1997)
T. Weimer, *Modellbildung und technische Anwendungen für die CO_2-Absorption aus Gasgemischen mit geringer CO_2-Konzentration*. Fortschrittsberichte VDI Reihe 3 Nr. 493, VDI-Verlag GmbH, Düsseldorf.

Wenmakers et al. (2008)
P.W.A.M. Wenmakers, J. van der Schaaf, B.M.F. Kuster, J.C. Schouten, *"Hairy Foam": Carbon Nanofibers Grown on Solid Carbon Foam. A Fully Accessible, High Surface Area, Graphitic Catalyst Support*. J. Mater. Chem. 18, 2426.

Wenmakers et al. (2010a)
P.W.A.M. Wenmakers, J. van der Schaaf, B.M.F. Kuster, J.C. Schouten, *Liquid-Solid Mass Transfer for Cocurrent Gas-Liquid Upflow Through Solid Foam Packings*. AIChE J. 56, 2923.

Wenmakers et al. (2010b)
P.W.A.M. Wenmakers, J. van der Schaaf, B.M.F. Kuster, J.C. Schouten, *Enhanced Liquid-Solid Mass Transfer by Carbon Nanofibers on Solid Foam as Catalyst Support*. Chem. Eng. Sci. 65, 247.

Wenmakers et al. (2010c)

P.W.A.M. Wenmakers, J. van der Schaaf, B.M.F. Kuster, J.C. Schouten, *Comparative Modeling Study on the Performance of Solid Foam as a Structured Catalyst Support in Multiphase Reactors*. Ind. Eng. Chem. Res. 49, 5353.

Wilke und Chang (1955)

C.R. Wilke, P. Chang, *Correlation of Diffusion Coefficients in Dilute Solutions*. AIChE J. 1, 264.

Zeschky et al. (2005)

J. Zeschky, T. Höfner, C. Arnold, R. Weissmann, D. Bahloul-Hourlier, M. Scheffler, P. Greil, *Polysilsesquioxane Derived Ceramic Foams with Gradient Porosity*. Acta Mater. 53, 927.

Zürcher et al. (2008)

S. Zürcher, M. Hackel, G. Schaub, *Kinetics of Selective Catalytic NOx Reduction in a Novel Gas-Particle Filter Reactor (Catalytic Filter Element and Sponge Insert)*. Ind. Eng. Chem. Res. 47, 1435.

Zürcher et al. (2009)

S. Zürcher, K. Pabst, G. Schaub, *Ceramic Foams as Structured Catalyst Inserts in Gas-Particle Filters for Gas Reactions – Effect of Backmixing*. Appl. Cat. A 357, 85.

Im Rahmen dieser Arbeit am Institut für Thermische Verfahrenstechnik durchgeführte Studien- und Diplomarbeiten:

Beierlein (2008)

T. Beierlein, *Bestimmung von gasseitigen Stoffübergangskoeffizienten bei der mehrphasigen Durchströmung fester Schwämme.* Diplomarbeit, Universität Karlsruhe (TH).

Haigis (2008)

D. Haigis, *Entwicklung einer Methodik zur Untersuchung von Stoffübergang und effektiver Phasengrenzfläche bei der mehrphasigen Durchströmung fester keramischer Schwämme.* Studienarbeit, Universität Karlsruhe (TH).

Lenz (2010)

P. Lenz, *Bestimmung fluiddynamischer, geometrischer und thermischer Eigenschaften zur grundlegenden Charakterisierung fester Schwämme.* Studienarbeit, Karlsruher Institut für Technologie (KIT)

Ostmann (2010)

B. Ostmann, *Bestimmung des flüssigseitigen Stoffübergangskoeffizienten bei der mehrphasigen Durchströmung fester Schwämme.* Studienarbeit, Karlsruher Institut für Technologie (KIT).

Pfister (2009)

S. Pfister, *Einfluss der Packungshöhe und der Oberflächenbeschaffenheit auf hydrodynamische Parameter bei der mehrphasigen Durchströmung fester keramischer Schwämme.* Studienarbeit, Universität Karlsruhe (TH).

Schansker (2007)

F. Schansker, *Verweilzeitverteilung der Flüssigkeit bei der mehrphasigen Durchströmung fester keramischer Schwämme.* Studienarbeit, Universität Karlsruhe (TH).

Xiao (2009)

X. Xiao, *Einfluss der Fluideigenschaften auf hydrodynamische Parameter bei der mehrphasigen Durchströmung fester keramischer Schwämme.* Studienarbeit, Universität Karlsruhe (TH).

Zhou (2007)

Y. Zhou, *Charakterisierung fester keramischer Schwämme durch Packungseigenschaften.* Studienarbeit, Universität Karlsruhe (TH).

Eigene Veröffentlichungen:

Große et al. (2008)

J. Große, B. Dietrich, H. Martin, M. Kind, J. Vicente, E.H. Hardy, *Volume Image Analysis of Ceramic Sponges*. Chem. Eng. Technol. 31, 307.

Große et al. (2009)

J. Große, B. Dietrich, G. Incera Garrido, P. Habisreuther, N. Zarzalis, H. Martin, M. Kind, B. Kraushaar-Czarnetzki, *Morphological Characterization of Ceramic Sponges for Applications in Chemical Engineering*. Ind. Eng. Chem. Res. 48, 10395.

Große und Kind (2010a)

J. Große, M. Kind, *Experimental Characterization of Ceramic Sponges as Column Internals*. In: A.B. de Haan, H. Kooijman, A. Górak (Hrsg.), *Distillation Absorption 2010*. Proceedings of the 9th Distillation and Absorption Conference, Eindhoven, The Netherlands, 12.-15. September 2010.

Große und Kind (2010b)

J. Große, M. Kind, *Keramische Schwämme als Kolonnenpackungen*. Chemie Ingenieur Technik, 82, 1380.

Große und Kind (2011)

J. Große, M. Kind, *Hydrodynamics of Ceramic Sponges in Countercurrent Flow*. Ind. Eng. Chem. Res. 50, 4631.

Eigene Tagungsbeiträge:

B. Dietrich, J. Große, W. Schabel, H. Martin, M. Kind, *Transportvorgänge in ein- und mehrphasig durchströmten festen keramischen Schwämmen* (**Poster**). VDI-GVC-Fachausschuss Wärme- und Stoffübertragung, Frankfurt, 06.-07.03.2006.

B. Dietrich, J. Große, W. Schabel, H. Martin, M. Kind, *Investigations of heat and mass transfer in solid ceramic sponges* (**Vortrag**). Journée SFT: Mousses, Transferts de Chaleur et Réactions catalytiques, Paris, 14.12.2006.

J. Große, M. Kind, *Packungseigenschaften fester keramischer Schwämme* (**Poster**). ProcessNet-Fachausschuss Fluidverfahrenstechnik, Karlsruhe, 11.-13.02.2007.

J. Große, M. Kind, *Keramische Schwämme als Kolonnenpackungen* (**Vortrag**). Workshop „Feste Schwämme", Karlsruhe, 02.07.2007.

J. Große, S. Pfister, X. Xiao, M. Kind, *Holdup, Stauen und Fluten beim Stapeln fester Schwämme* (**Vortrag**). ProcessNet-Fachausschuss Fluidverfahrenstechnik, Dortmund, 12.-13.03.2009.

J. Große, M. Kind, *Fluiddynamische Charakterisierung keramischer Schwämme als Kolonnenpackungen im Gegenstrom* (**Poster**). ProcessNet-Fachausschuss Fluidverfahrenstechnik, Fulda, 04.-05.03.2010.

B. Dietrich, J. Große, M. Wallenstein, M. Kind, *Verdampfung und Kondensation in keramischen Schwämmen* (**Poster**). ProcessNet-Fachausschuss Wärme- und Stoffübertragung, Hamburg, 08.-10.03.2010.

J. Große, M. Kind, *Experimental Characterization of Ceramic Sponges as Column Internals* (**Poster**). 9th Distillation and Absorption Conference, Eindhoven, 12.-15.09.2010.

J. Große, M. Kind, *Keramische Schwämme als Kolonnenpackungen* (**Poster**). ProcessNet-Jahrestagung, Aachen, 21.-23.09.2010.

J. Große, M. Kind, *Keramische Schwämme in Trennkolonnen – ein Abschlussbericht* (**Vortrag**). ProcessNet-Fachausschuss Fluidverfahrenstechnik, Fulda, 03.-04.03.2011.

7 Anhang

A 1   Geometrische Daten der verwendeten Schwämme

Zur Bestimmung der Porosität wurden sowohl gravimetrische Messungen als auch Messungen mit Quecksilber-Porosimetrie durchgeführt. Für die gravimetrischen Messungen wurde die Feststoffdichte mittels Helium-Pyknometrie ermittelt und anschließend aus der Masse und der Elementgeometrie die gesamte Porosität ermittelt. Diese Messungen wurden an allen im Projekt eingesetzten Schwammtypen durchgeführt. Die Quecksilber-Porosimetrie-Messungen wurden, soweit bereits in *Große et al. (2009)* veröffentlicht, größtenteils an nominell gleichen Schwammtypen anderer Forschungsprojekte innerhalb der Forschergruppe durchgeführt.

A 1.1   Feststoffdichten und Porositäten

Tabelle 7.1: Übersicht über die ermittelten Porositätswerte. grav: Gravimetrisch ermittelter Wert. Hg: Wert aus der Quecksilber-Porosimetrie. Werte aus *** Große et al. (2009),** *‡ Dietrich et al. (2010a) und † Große und Kind (2011)* *sowie aus* *+ Herstellerangaben*

Kurzbezeichnung	ρ_{fest} in g/cm³	ε_{ges} (grav)	ε_{ges} (Hg)	ε_0 (Hg)	ε_{Steg} (Hg)
V 85 10 XX	3,89*	0,850	0,852*	0,812*	0,190*
V 75 10 XX	3,89*	0,747	0,763*	0,688*	0,240*
V 85 20 XX	3,89*	0,848	0,856*	0,813*	0,229*
V 75 20 XX	3,89*	0,750	0,754*	0,719*	0,207*
V 85 30 XX	3,89*	0,848	0,842*	0,793*	0,237*
V 75 30 XX	3,89*	0,755	0,734	0,687†	0,215
O 85 10 50	3,03‡	0,843	0,862	0,770	0,367
E 88 10 25	2,81*	0,878	0,873*	0,865*	0,056*
E 88 20 25	2,81*	0,871	0,870*	0,867*	0,026*
L 91 10 100	2,65+	0,912	0,917	0,878†	0,292

A 1.2   Mikroskopische Abmaße und geometrische Oberfläche

*Tabelle 7.2: Mikroskopische Abmaße unter Berücksichtigung der Zellorientierung und mittels Kernspintomographie gemessene spezifische Oberflächen der Schwammtypen. Werte aus * **Große et al. (2009)** und † **Große und Kind (2011)**.*

Kurzbezeichnung	d_F in µm				d_{Steg} in µm	a_{geo} in m²/m³
	lang	mittel	kurz	gemittelt		
V 85 10 XX	2728*	1771*	1357*	1952*	809*	630*
V 75 10 XX	2706*	1755*	1460*	1974*	1007*	640*
V 85 20 XX	1700	1396	1114	1403	497	970†
V 75 20 XX	1355	1122	957	1145	522	1000†
V 85 30 XX	1197	959	796	984	333	1330†
V 75 30 XX	1236	988	847	1024	378	1330†
O 85 10 50	3341	2261	1982	2528	927	500
E 88 10 25	2892*	1860*	1751*	2181*	695*	480*
E 88 20 25	1816*	1560*	1433*	1603*	470*	680*
L 91 10 100	3327	2079	1718	2374	600	700†

A 1.3   Berechnete geometrische Oberflächen

*Tabelle 7.3: Für die einzelnen Schwammtypen aus den theoretischen Modellen berechnete spezifische Oberflächen unter Verwendung der mittels Hg-Porosimetrie gemessenen äußeren Porosität und der lichtmikroskopisch bestimmten Fenster- und Stegdurchmesser. Werte aus * **Große et al. (2009)**.*

Kurzbe-zeichnung	a_{geo} in m²/m³					
	Gibson & Ashby	Richard-son	Kelvin	Weaire & Phelan	Inayat et al.	eigenes Modell
V 85 10 XX	855*	8849*	757*	1184*	631	574*
V 75 10 XX	1020*	4469*	903*	1376*	632	637*
V 85 20 XX	1238	12394	1097	1716	878	833
V 75 20 XX	1730	8941	1533	2350	1090	1099
V 85 30 XX	1880	15568	1665	2593	1251	1249
V 75 30 XX	2172	8576	1924	2931	1219	1356
O 85 10 50	755	5298	669	1036	487	495
E 88 10 25	695*	11751*	616*	976*	523	485*
E 88 20 25	946*	16266*	848*	1345*	711	669*
L 91 10 100	722	14419	645	1026	560	513

Gibson und Ashby: Gleichung 2.4

Richardson: Gleichung 2.5

Kelvin: Gleichung 2.6

Weaire und Phelan: Gleichung 2.7

Inayat et al.: Gleichung 2.10

Eigenes Modell: Gleichung 2.9

Tabelle 7.4: Aus den Modellen nach Huu et al. berechnete spezifische geometrische Oberfläche unter Verwendung der mittels Hg-Porosimetrie gemessenen äußeren Porosität und der lichtmikroskopisch bestimmten Fensterdurchmesser.

Kurzbezeichnung	a_{geo} in m²/m³			
	Schlank triangulär	Fett triangulär	Schlank zylindrisch	Fett zylindrisch
V 85 10 XX	961	787	862	830
V 75 10 XX	990	866	967	877
V 85 20 XX	1336	1094	1198	1154
V 75 20 XX	1707	1476	1631	1496
V 85 30 XX	1935	1607	1757	1671
V 75 30 XX	1908	1670	1865	1691
O 85 10 50	763	643	704	660
E 88 10 25	803	623	696	702
E 88 20 25	1088	843	943	953
L 91 10 100	855	652	735	753

Schlank triangulär: Gleichungen 7.30 und 7.31

Fett triangulär: Gleichungen 7.32 und 7.33

Schlank zylindrisch: Gleichungen 7.34 und 7.35

Fett zylindrisch: Gleichungen 7.36 und 7.37

A 2   Spezifische Oberfläche der Weaire-Phelan-Struktur

Im Folgenden ist die Herleitung in Stichworten beschrieben. Dabei wurde entlang der Kanten aller Polyeder einer Einheitszelle zylindrische Stege angenommen, sowie kugelförmige Knoten. An der Kontaktfläche zwischen Steg und Knoten wurden an den Knoten Kugelkappen entfernt und die Stege entsprechend verkürzt.

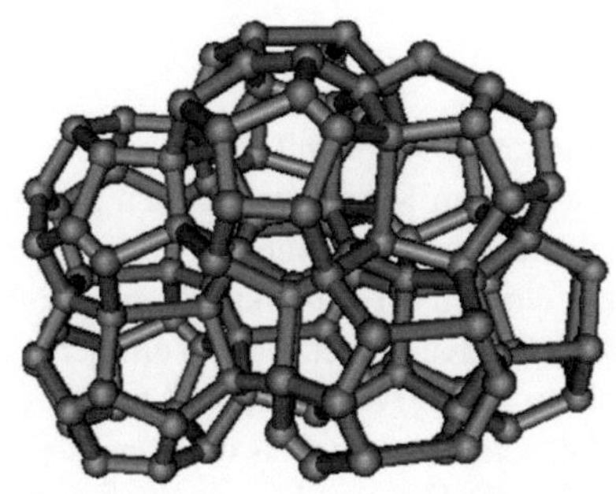

*Abb. 7.1: Einheitszelle der Struktur nach Weaire und Phelan mit zylindrischen Stegen und kugelförmigen Knoten (entnommen aus **Große et al., 2009**).*

Übernahme der Koordinaten aller Ecken der beiden Polyederformen in einem dreidimensionalen Gitter aus der Literatur[12]. Eine Einheitszelle besteht aus 2 Dodekaedern und 6 Tetrakaidekaedern.

Berechnung des Verhältnisses aller auftretenden Kantenlängen a, b, c und d der Polyeder zueinander[13]:

$$a: b: c: d = 2{,}27: 1{,}49: 1{,}74: 1 \qquad\qquad 7.1$$

Berechnung des mittleren Flächeninhalts aller Seitenflächen und Ableitung des äquivalenten Fensterdurchmessers d_{eq} für ein kreisrundes Fenster gleicher Fläche für eine Einheitszelle in Relation zu einer der Kantenlängen des Polyeders:

$$d_{eq} = d_F + d_{Steg} = 2{,}55 \cdot d \qquad\qquad 7.2$$

---

[12] Stardust Polyhedron Kits Homepage, http://www.steelpillow.com/polyhedra/wp/wp.htm, Stand April 2011

[13] Für den Anhang wurde kein eigenes Symbolverzeichnis erstellt. Alle nicht im allgemeinen Symbolverzeichnis enthaltenen Symbole sind daher bei ihrer Einführung erläutert.

Berechnung der Länge des Feststoffgerüstes L_{EZ} einer Einheitszelle aus 92 ganzen Kanten als Funktion des äquivalenten Fensterdurchmessers unter Beachtung der Tatsache, dass jede Kante zu drei Polyedern gehört:

$$L_{EZ} = 121{,}23 \cdot d_{eq} \qquad\qquad 7.3$$

Berechnung des Gesamtvolumens V_{EZ} der Einheitszelle bestehend aus 6 Tetrakaidekaedern und 2 Dodekaedern als Funktion des äquivalenten Fensterdurchmessers:

$$V_{EZ} = 22{,}62 \cdot d_{eq}^3 \qquad\qquad 7.4$$

Aufgrund der als zylindrisch angenommenen Stege mit Durchmesser d_{Steg} kommt es zu Überlappungen der sich an einem Knoten treffenden Stege. Um diese Überlappung auszugleichen und um der beobachteten Verdickung der Stege zum Knoten hin nahezukommen, wurden 46 Kugelknoten pro Einheitszelle mit dem Radius R gewählt. Von jeder Kugel mit dem Volumen V_{Kugel} wurden 4 Kugelkappen mit Radius $d_{Steg}/2$, Höhe $H = R - \left(R^2 - 0{,}25d_{Steg}^2\right)^{0{,}5}$ und Volumen V_{Kappe} abgeschnitten, so dass eine gerade Fläche für die auftreffenden Stege entstand. Der Radius der Kugelknoten wurde so gewählt, dass das Volumen des Knotens genau dem abgeschnittenen Feststoffvolumen der vier Stege entsprach. Das Volumen eines Kugelknotens V_{Knoten} mit den abgeschnittenen Kugelkappen ergibt sich damit zu:

$$V_{Knoten} = V_{Kugel} - 4 \cdot V_{Kappe} \qquad\qquad 7.5$$

$$V_{Kugel} = \frac{4\pi}{3} \cdot R^3 \qquad\qquad 7.6$$

$$V_{Kappe} = \frac{\pi}{3} \cdot H^2 \cdot (3R - H)$$
$$= \frac{\pi}{3} \cdot \left[2R^3 - \left(2R^2 + \frac{d_{Steg}^2}{4}\right) \cdot \sqrt{R^2 - 0{,}25d_{Steg}^2}\right] \qquad 7.7$$

$$V_{Knoten} = \frac{4\pi}{3} \cdot \left[\left(2R^2 + \frac{d_{Steg}^2}{4}\right) \cdot \sqrt{R^2 - 0{,}25d_{Steg}^2} - R^3\right] \qquad 7.8$$

Das am Ende eines Steges abgeschnittene Volumen V_{Ende} beträgt dabei:

$$V_{Ende} = \frac{\pi}{4} \cdot d_{Steg}^2 \cdot (R - H) = \frac{\pi}{4} \cdot d_{Steg}^2 \cdot \sqrt{R^2 - 0{,}25d_{Steg}^2} \qquad 7.9$$

Die geforderte Volumengleichheit führt daher zu:

$$V_{Knoten} = 4 \cdot V_{Ende} \tag{7.10}$$

$$R = \sqrt{\frac{1}{4 \cdot (1 - 4^{-1/3})}} \cdot d_{Steg} = 0{,}822 \cdot d_{Steg} \tag{7.11}$$

Die Verkürzung jedes Steges ist damit gleich:

$$R - H = \sqrt{\frac{1}{4 \cdot (4^{1/3} - 1)}} \cdot d_{Steg} = 0{,}652 \cdot d_{Steg} \tag{7.12}$$

Die Stegdicke berechnet sich nun als Funktion der Porosität und des äquivalenten Durchmessers zu:

$$V_{fest} = V_{EZ} \cdot (1 - \varepsilon_0) \tag{7.13}$$

$$V_{fest} = \frac{\pi}{4} \cdot d_{Steg}^2 \cdot L_{EZ} \tag{7.14}$$

$$d_{Steg} = C' \cdot d_{eq} \tag{7.15}$$

$$\frac{\pi}{4} \cdot C'^2 \cdot 121{,}23 \cdot d_{eq}^3 = (1 - \varepsilon_0) \cdot 22{,}62 \cdot d_{eq}^3 \tag{7.16}$$

$$C' = 2 \cdot \sqrt{\frac{22{,}62}{\pi \cdot 121{,}23}} \cdot \sqrt{1 - \varepsilon_0} = C \cdot \sqrt{1 - \varepsilon_0} \tag{7.17}$$

$$C = 0{,}487 \tag{7.18}$$

Die Verkürzung der Stege darf dabei nicht größer werden als die Hälfte der kürzesten im Modell vertretenen Steglänge d:

$$R - H = 0{,}652 \cdot d_{Steg} = 0{,}652 \cdot 0{,}487 \cdot \sqrt{1 - \varepsilon_0} \cdot 2{,}55 \cdot d \tag{7.19}$$

$$R - H \leq 0{,}5 \cdot d \tag{7.20}$$

Diese Bedingung wird erfüllt für:

$$\varepsilon_0 \geq 0{,}62 \tag{7.21}$$

Die nun noch zur geometrischen Oberfläche der Struktur beitragenden Oberfläche der Kugelknoten A_{Knoten} ergibt sich zu:

$$A_{Knoten} = 4\pi \cdot R^2 - 4 \cdot 2\pi \cdot R \cdot \left(R - \sqrt{R^2 - 0{,}25d_{Steg}^2}\right)$$
$$= 4\pi \cdot (2 \cdot R \cdot \sqrt{R^2 - 0{,}25d_{Steg}^2} - R^2) \qquad 7.22$$

Von jeder Kante wird ein Stück der Länge $R - H$ an jedem Ende abgeschnitten, so dass diese um $2 \cdot 0{,}652 \cdot d_{Steg}$ verkürzt wird. Das Feststoffgerüst bestehend aus 92 Kanten wird daher insgesamt um die Länge von

$$92 \cdot 2 \cdot 0{,}652 \cdot d_{Steg} = 120{,}04 \cdot d_{Steg} \qquad 7.23$$

verkürzt. Die Oberfläche aller Kanten A_{Kanten} ergibt sich zu:

$$A_{Kanten} = \pi \cdot d_{Steg} \cdot \left(L_{EZ} - 120{,}04 \cdot d_{Steg}\right) \qquad 7.24$$

Die Oberfläche des Feststoffgerüstes ergibt sich damit zu:

$$A_{fest} = A_{Kanten} + 46 \cdot A_{Knoten} \qquad 7.25$$

$$A_{fest} = \pi \cdot d_{Steg} \cdot \left(L - 47{,}02 \cdot d_{Steg}\right)$$
$$= \pi \cdot C \cdot \sqrt{1 - \varepsilon_0} \cdot d_{eq} \cdot (L - 47{,}02 \cdot C \cdot \sqrt{1 - \varepsilon_0} \cdot d_{eq}) \qquad 7.26$$

Für die geometrische Oberfläche der Struktur ergibt sich also:

$$a_{geo} = \frac{A_{fest}}{V_{ges}}$$
$$= \pi \cdot C \cdot \sqrt{1 - \varepsilon_0} \cdot d_{eq} \cdot$$
$$\frac{\left(121{,}23 \cdot d_{eq} - 47{,}02 \cdot C \cdot \sqrt{1 - \varepsilon_0} \cdot d_{eq}\right)}{22{,}62 \cdot d_{eq}^3} \qquad 7.27$$
$$= \frac{C_1 \cdot \sqrt{1 - \varepsilon_0} - C_2 \cdot (1 - \varepsilon_0)}{d_{eq}}$$

$$C_1 = 8{,}21$$
$$C_2 = 1{,}55$$

A 3   Gleichungen des Modells nach Huu et al. (2009)

Im Folgenden sind die Gleichungen der verschiedenen Formen des Modells nach **Huu et al. (2009)** für die spezifische Oberfläche basierend auf einem pentagonalen Dodekaeder wiedergegeben. Details zu den verschiedenen Formen können der Publikation entnommen werden. Für jede der vier möglichen Kombinationen aus schlanken oder fetten Dodekaedern sowie aus triangulären oder zylindrischen Stegen sind je eine Gleichung für das Verhältnis k aus Stegdurchmesser zum Knotenabstand iterativ sowie eine Gleichung für die spezifische Oberfläche zu lösen. Dabei wird die Zahl des Goldenen Schnittes φ verwendet.

$$\varphi = \frac{1 + \sqrt{5}}{2} \qquad\qquad 7.28$$

Für alle Modellvarianten muss außerdem das Verhältnis F von Fenster- zu Zellendurchmesser berechnet werden. Der Faktor k ist dabei je nach Variante unterschiedlich zu berechnen.

$$F = \frac{d_F}{d_Z} = \frac{1 - \frac{k}{2}\sqrt{\frac{2}{3}}}{\varphi\sqrt{3 - \varphi}} \qquad\qquad 7.29$$

A 3.1   Schlankes pentagonales Dodekaeder mit triangulären Stegen

$$k^2 \cdot \frac{\sqrt{15}}{\varphi^4} - k^3 \cdot \frac{\sqrt{10}}{3\varphi^4} - (1 - \varepsilon_0) = 0 \qquad\qquad 7.30$$

$$a_{geo} = F \cdot d_F \cdot \frac{60k}{\sqrt{5}\varphi^2} \cdot \left(1 - \frac{k}{2}\sqrt{\frac{2}{3}}\right) \qquad\qquad 7.31$$

A 3.2   Fettes pentagonales Dodekaeder mit triangulären Stegen

$$k^2 \cdot \frac{\sqrt{15}}{\varphi^4} - k^3 \cdot \frac{\sqrt{10}}{3\varphi^4} + \left(\frac{12k}{\sqrt{5}\varphi^4}\right) \cdot \left(\frac{5\varphi}{4\sqrt{3-\varphi}} - \frac{\pi}{4} \cdot \frac{\varphi^2}{3-\varphi}\right)$$

$$\cdot \left(1 - \frac{k}{2}\sqrt{\frac{2}{3}}\right)^2 + \frac{40}{\sqrt{5}\varphi^4} \cdot \frac{\sin^2\left(\frac{\pi}{5}\right) \cdot \varphi^2}{32\sqrt{3}(3-\varphi)} \cdot \left(1 - \frac{k}{2}\sqrt{\frac{2}{3}}\right)^3$$

$$\cdot \sqrt{\frac{1}{4} - \frac{\sin^2\left(\frac{\pi}{5}\right)\varphi^2}{9-3\varphi}} - (1-\varepsilon_0) = 0 \qquad\qquad 7.32$$

$$a_{geo} = F \cdot d_F$$

$$\cdot \left(\frac{12\pi k}{\sqrt{5}\varphi\sqrt{3-\varphi}} \cdot \left(1 - \frac{k}{2}\sqrt{\frac{2}{3}}\right) + \frac{\sqrt{15} \cdot \sin^2\left(\frac{\pi}{5}\right)}{2(3-\varphi)}\right.$$

$$\left. \cdot \left(1 - \frac{k}{2}\sqrt{\frac{2}{3}}\right)^2\right) \qquad\qquad 7.33$$

A 3.3   Schlankes pentagonales Dodekaeder mit zylindrischen Stegen

$$k^2 \cdot \left(1 - \frac{k}{2}\sqrt{\frac{2}{3}}\right) \cdot \frac{\sqrt{5}\pi}{\varphi^4} - k^3 \cdot \frac{2\sqrt{10}\pi}{12\varphi^4} - (1-\varepsilon_0) = 0 \qquad\qquad 7.34$$

$$a_{geo} = F \cdot d_F \cdot \frac{20\pi k}{\sqrt{5}\varphi^2} \cdot \left(1 - \frac{k}{2}\sqrt{\frac{2}{3}}\right) \qquad\qquad 7.35$$

A 3.4   Fettes pentagonales Dodekaeder mit zylindrischen Stegen

$$
\begin{aligned}
& k^2 \cdot \left(1 - \frac{k}{2}\sqrt{\frac{2}{3}}\right) \cdot \frac{\sqrt{5}\pi}{\varphi^4} - k^3 \cdot \frac{2\sqrt{10}\pi}{12\varphi^4} + \left(\frac{12k}{\sqrt{5}\varphi^4}\right) \\
& \quad \cdot \left(\frac{5\varphi}{4\sqrt{3-\varphi}} - \frac{\pi}{4}\cdot\frac{\varphi^2}{3-\varphi}\right)\cdot\left(1 - \frac{k}{2}\sqrt{\frac{2}{3}}\right)^2 + \frac{40}{\sqrt{5}\varphi^4} \\
& \quad \cdot \frac{\sin^2\left(\frac{\pi}{5}\right)\cdot\varphi^2}{32\sqrt{3}(3-\varphi)}\cdot\left(1 - \frac{k}{2}\sqrt{\frac{2}{3}}\right)^3 \cdot \sqrt{\frac{1}{4} - \frac{\sin^2\left(\frac{\pi}{5}\right)\varphi^2}{9-3\varphi}} \\
& \quad - (1 - \varepsilon_0) = 0
\end{aligned}
\tag{7.36}
$$

$$
\begin{aligned}
a_{geo} = F \cdot d_F \\
\quad \cdot \left(\frac{12\pi k}{\sqrt{5}\varphi\sqrt{3-\varphi}}\cdot\left(1 - \frac{k}{2}\sqrt{\frac{2}{3}}\right) + \frac{\sqrt{15}\cdot\sin^2\left(\frac{\pi}{5}\right)}{2(3-\varphi)}\right. \\
\quad \left.\cdot\left(1 - \frac{k}{2}\sqrt{\frac{2}{3}}\right)^2\right)
\end{aligned}
\tag{7.37}
$$

A 4   MRT-Messungen und ihre Auswertung

A 4.1   Messgerät und Messmethode

Verwendetes Messgerät:
Bruker Avance 200 SWB mit 4,7T statischem Magnetfeld
vertikale Bohrung Durchmesser 150mm
Gradientensysteme: Micro 2.5 und Mini 0.36
Durchmesser Birdcage-Resonatoren: 15mm, 25mm (Micro); 64mm (Mini)

Wichtigste eingestellte Kenngrößen der Messung „m_rare3d":
Repetition Time: 1,2s (z.T auch variiert)
RARE-Faktor: 16
Matrixgröße: 256×256×256 Voxel
Spektrale Bandbreite (SWh): 101.010,1Hz oder 200.000Hz
Echo-Zeit: 4,435ms (minimale Echozeit, z.T. auch variiert)
Anzahl der Averages: 2, 4, 8 oder 12
Field of View: 12,8×12,8×12,8mm³; 22×22×22mm³; 49×49×49mm³ bzw.
50×50×50mm³
Resultierende Auflösung: 50µm/Voxel; 86µm/Voxel; 191µm/Voxel bzw.
195µm/Voxel

A 4.2   Volumenbildbearbeitung und Porositätsermittlung

Zunächst werden die aus der Kernspintomographie erhaltenen Daten in die
Software Matlab eingelesen, dies führt zu einer 3D-Datenmatrix, die dann
weiter bearbeitet werden kann. Der zweite Schritt ist der Zuschnitt der Matrix
auf die eigentliche Probengröße. Dies ist notwendig, da bei der Datenaufnah-
me in der kubischen Matrix stets das ganze Probengefäß erfasst werden muss,
das in den zylindrischen Resonator eingepasst ist. Die meist quaderförmige
Probe ist wiederum in das zylindrische Probengefäß eingepasst. Für die
weitere Auswertung soll nur die Schwammstruktur betrachtet werden.

Das Histogramm der Signalintensitäten der Datenmatrix liefert zwei Peaks,
mittig zwischen beide Peaks wird der Schwellwert gesetzt, der die zur Feststoffstruktur gehörenden Volumenelemente (Voxel) mit wenig Signal vom
Hohlraum mit viel Signal unterscheidet. Dies führt zu einer binarisierten
Datenmatrix. Das Entfernen von nach der Binarisierung noch vorhandenen
falsch zugeordneten Feststoffvoxeln erfolgt durch die Betrachtung der 6
Flächennachbarn eines jeden Feststoffvoxels; sind davon 5 oder mehr ein
Hohlraumvoxel, so wird das Feststoffvoxel als falsch zugeordnet identifiziert
und zu einem Hohlraumvoxel gemacht. Aus den so bearbeiteten Daten kann

nun die Porosität der ungefüllten Struktur bestimmt werden durch die Anzahl der Hohlraumvoxel bezogen auf die Gesamtanzahl der Voxel.

Das Füllen der Hohlräume in den Stegen erfolgt durch Betrachtung der 26 Nachbarn an Flächen, Kanten und Ecken eines jeden Hohlraumvoxels. Sind davon mehr als 14 fest, so sitzt das Voxel in einer konkaven Feststoff-Umgebung und somit höchstwahrscheinlich innerhalb der Stege. Es wird daher als Feststoffvoxel identifiziert. Durch Wiederholen dieses Vorgangs, ggf. auch für einen Wert von mehr als 13 Nachbarn, kann eine vollständige Füllung der Hohlräume in der Feststoffstruktur erzielt werden. Nun kann die Porosität der gefüllten Feststoffstruktur bestimmt werden.

A 4.3   Bestimmung der spezifischen Oberfläche

Die von **Ohser und Mücklich (2000)** präsentierte Methode zur Bestimmung der spezifischen Oberfläche a_{geo} wird im Folgenden näher erläutert. Sie basiert auf der Crofton-Formel, die aus der stochastischen Geometrie stammt. Man betrachtet die Projektionen einer Phase X auf Ebenen und mittelt diese dann über die Einheitskugel. Die Crofton-Formel zur Bestimmung der absoluten Oberfläche $A(X)$ der Phase X lautet:

$$A(X) = 4 \cdot \int_{\Omega} \int_{E(0,\omega)} \chi(X \cap e_{y,\omega})dy\ \mu\,(d\omega) \tag{7.38}$$

Dabei ist $\omega = (\theta, \phi)$ ein Normaleneinheitsvektor auf der Einheitskugel Ω für die Ebene $E(0, \omega)$ durch den Ursprung 0. Weiterhin sei y ein beliebiger Punkt auf der Ebene $E(0, \omega)$, durch den die Gerade $e_{y,\omega}$ mit dem Richtungsvektor ω verläuft. Dann ist $\chi(X \cap e_{y,\omega})$ die Euler-Zahl der Phase X geschnitten mit der Geraden $e_{y,\omega}$, die die Sehnenanzahl der Intersektionen der Phase X mit der Geraden $e_{y,\omega}$ angibt. Die Fläche der totalen Projektion $\wp^{\omega}$ von X in Richtung ω auf die Ebene $E(0, \omega)$ ergibt sich durch Integration zu:

$$\wp^{\omega}(X) = \int_{E(0,\omega)} \chi(X \cap e_{y,\omega})dy \tag{7.39}$$

Die Flächen der totalen Projektionen $\wp^{\omega}$ auf Ursprungsebenen senkrecht zu jeder möglichen Richtung ω werden dann durch Integration über die Einheitskugel Ω gemittelt. In dieser Form ist Gleichung 7.38 auch als Cauchy-Formel bekannt:

$$A(X) = 4 \cdot \int_{\Omega} \wp^{\omega}(X)\mu\,(d\omega) \tag{7.40}$$

Dabei dient μ als normiertes Oberflächenmaß für die differentiellen Oberflächenelemente der Richtungen ω auf der Einheitskugel Ω:

$$\mu(\Omega) = \int\limits_{\Omega} \mu(d\omega) = \int\limits_{\Omega} \frac{1}{4\pi} \sin\theta \; d\theta \; d\phi = 1 \qquad 7.41$$

Der absolute Wert der totalen Projektion $\wp^{\omega}$ muss nun in Bezug zum Gesamtvolumen gesetzt werden, um über den volumenbezogenen Wert $\wp_V$ der totalen Projektion den Wert für die spezifische Oberfläche a_{geo} zu erhalten:

$$a_{geo} = 4 \int\limits_{\Omega} \wp_V(\omega)\mu \; (d\omega) \qquad 7.42$$

Statt des tatsächlichen Werts der Oberfläche a_{geo} und der totalen Projektion $\wp_V$ können die Schätzwerte $\hat{a}_{geo}$ bzw. $\hat{\wp}_V$ verwendet werden. Zusätzlich ist noch eine Überführung in die diskrete Form erforderlich. Dabei wird die Summation über die 26 Raumrichtungsvektoren v aus einer kubischen Einheitszelle für die Mittelung anstelle der Integration über die Einheitskugel verwendet.

$$\hat{a}_{geo} = 4 \sum_{v=1}^{26} c_v \hat{\wp}_V(\omega_v) \qquad 7.43$$

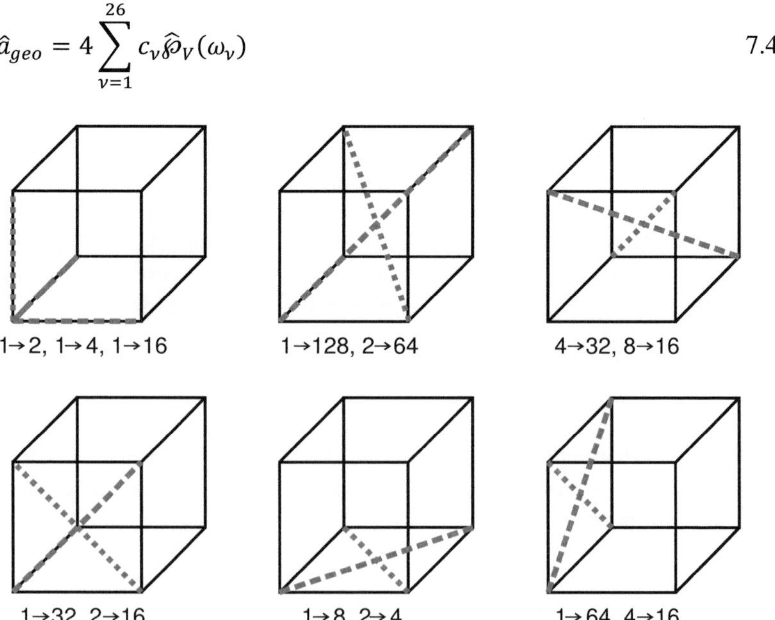

Abb. 7.2: Definition der 13 Raumrichtungen in einer kubischen Einheitszelle.

Die 26 Raumrichtungsvektoren, über die die Mittelung der Intersektionen erfolgen soll, ergeben sich in einer kubischen Einheitszelle durch alle denkbaren Verknüpfungen der einzelnen Ecken. In Abb. 7.2 sind die 13 Raumrichtungen aufgezeigt, die 26 Raumrichtungsvektoren ergeben sich durch die Orientierung der Richtungen, also aus der angegebenen Kombination der Ecken und deren Umkehrung. Hierbei handelt es sich um 6 Kantenrichtungsvektoren (1 bis 3 und 14 bis 16, links oben in Abb. 7.2), 8 Vektoren entlang der Raumdiagonalen (4 bis 7 und 17 bis 20, oben mittig und oben rechts in Abb. 7.2) und 12 Vektoren entlang der Flächendiagonalen (8 bis 13 und 21 bis 26, unten in Abb. 7.2). Findet eine Intersektion in einer Richtung statt, so ist die erste Ecke mit Feststoff und die zweite Ecke mit Leerraum belegt.

Die für die Mittelung über die einzelnen Richtungsvektoren erforderlichen Vorfaktoren c_v ergeben sich aus der Gestalt der durch die Raumrichtungsvektoren aufgespannten Voronoizellen in der kubischen Einheitszelle. Für eine isotrope Einheitszelle ergeben sich für die Gewichtungsfaktoren c_v der einzelnen Raumrichtungsvektoren folgende Werte:

$$c_v = 0{,}045778 \quad v = 1 \dots 3, 14 \dots 16 \qquad\qquad 7.44$$

$$c_v = 0{,}035196 \quad v = 4 \dots 7, 17 \dots 20 \qquad\qquad 7.45$$

$$c_v = 0{,}036981 \quad v = 8 \dots 13, 21 \dots 26 \qquad\qquad 7.46$$

Jeder der Raumrichtungen kann eine Intersektionslänge r_v in der Einheitszelle zugeordnet werden. Im Folgenden wird dabei nur der Fall der isotropen Einheitszelle betrachtet, da nur Bilddatensätze mit Voxeln isotroper Auflösungen ausgewertet wurden. Den Kantenrichtungen wird daher die Kantenlänge Δ des Voxels als Intersektionslänge r_v zugeordnet, den Flächendiagonalen jeweils $\sqrt{2} \cdot \Delta$ und den Raumdiagonalen $\sqrt{3} \cdot \Delta$. Jede Intersektion trägt dabei mit dem Flächenanteil Δ^3/r_v in Projektionsrichtung zur Gesamtoberfläche bei. Das Gesamtvolumen der n Voxel beläuft sich dabei auf $n \cdot \Delta^3$. Der Anteil an der spezifischen Oberfläche ist somit $1/(n \cdot r_v)$.

Für die Betrachtung über die Anzahl der Intersektionen in eine Raumrichtung ist es notwendig, die Umgebung eines Voxels zu kennen. Hierzu wird jedem Voxel ein Grauwert zwischen 0 und 255 zugeordnet, der seine Umgebung eindeutig charakterisiert. Es wird ein binärer Code verwendet, der sich dann in einen Grauwert umrechnen lässt. Zunächst werden den Ecken einer Einheitszelle entsprechende Werte zugeordnet. Durch Belegung der einzelnen Ecken mit Feststoff (Wert 1) oder Hohlraum (Wert 0) entsteht ein binärer Code und ein dem Voxel zuzuordnender Grauwert (siehe Abb. 7.3).

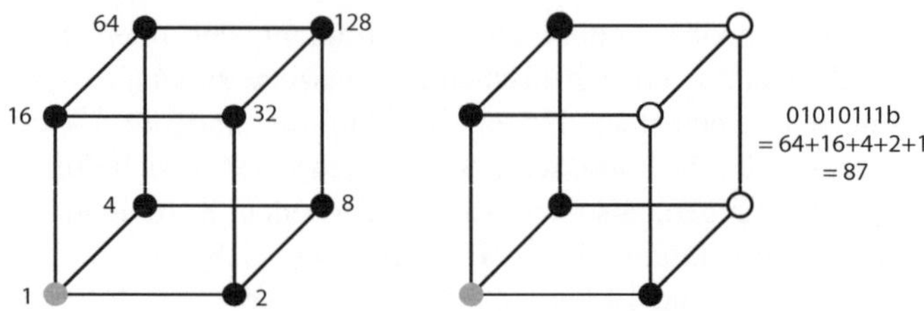

Abb. 7.3: Den Ecken der Einheitszelle zugeordnete Werte (links) sowie die Berechnung eines Grauwertes für eine beispielhafte Umgebung (rechts). Bezugspunkt ist stets die grau eingefärbte Ecke. Gefüllte Symbole bedeuten Feststoff (Wert 1), hohle Symbole entsprechen dem Leerraum (Wert 0). Der binäre Code des Grauwerts ist mit einem b gekennzeichnet.

Jede mögliche Intersektion kann nun durch den Vergleich des Grauwertes l eines Voxels mit den benötigten Eckenbelegungen $\kappa_{0,v}$ und $\kappa_{1,v}$ für die jeweilige Richtung ω_v ermittelt werden. Hierbei können Bit-Operatoren zu einer erheblichen Beschleunigung der Berechnung führen („bitweises und" $\wedge$ und „bitweises oder" $\vee$). Dabei werden die einzelnen Stellen der Bits abgeglichen (siehe Beispiele in Gleichungen 7.47 und 7.48).

$$10 \wedge 6 = 1010b \wedge 0110b = 0010b = 2 \qquad\qquad 7.47$$

$$10 \vee 6 = 1010b \vee 0110b = 1110b = 14 \qquad\qquad 7.48$$

Durch Verwendung der Kronecker-Deltafunktion $\delta_k(g)$, mit $\delta_k(g) = 1$ für $g = k$ und $\delta_k(g) = 0$ sonst, kann so aus einem Grauwerthistogramm mit der Häufigkeit h_l des Grauwerts l die Anzahl Intersektionen für jede Raumrichtung bestimmt werden. Der Schätzwert der totalen Projektion $\widehat{\wp}_V(\omega_v)$ ergibt sich damit für die Phase X zu:

$$\widehat{\wp}_V(\omega_v) = \frac{1}{n \cdot r_v} \cdot \sum_{l=0}^{255} h_l \cdot \delta_l(l \vee \kappa_{0,v}) \cdot \delta_0(l \wedge \kappa_{1,v}) \qquad\qquad 7.49$$

Somit ergibt sich für den Schätzwert der spezifischen Oberfläche $\hat{a}_{geo}$:

$$\hat{a}_{geo} = 4 \cdot \sum_{v=1}^{26} \frac{c_v}{n \cdot r_v} \sum_{l=0}^{255} h_l \cdot \delta_l(l \vee \kappa_{0,v}) \cdot \delta_0(l \wedge \kappa_{1,v}) \qquad\qquad 7.50$$

Mittels dieser Formel ist eine schnelle Berechnung der spezifischen Oberfläche aus einer zuvor erzeugten Grauwert-Matrix einfach möglich.

A 5   Verwendete Stoffwerte und Stoffwertkorrelationen

A 5.1   Stoffwerte für Wasser

Dichte, kinematische Viskosität und Oberflächenspannung bei $\vartheta = 25°C$ und bei $p = 1$ bar wurden aus dem **VDI-Wärmeatlas (2007)** entnommen.

$$\rho_{H_2O} = 997{,}05 \, \frac{\text{kg}}{\text{m}^3} \tag{7.51}$$

$$\nu_{H_2O} = 8{,}93 \cdot 10^{-7} \, \frac{\text{m}^2}{\text{s}} \tag{7.52}$$

$$\sigma_{H_2O} = 0{,}072 \, \frac{\text{N}}{\text{m}} \tag{7.53}$$

Ebenso die temperaturabhängigen Werte für die dynamische Viskosität bei $p = 1$ bar.

$$\eta_{H_2O}(20°C) = 1{,}0016 \cdot 10^{-3} \text{Pa s} \tag{7.54}$$

$$\eta_{H_2O}(30°C) = 0{,}79735 \cdot 10^{-3} \text{Pa s} \tag{7.55}$$

Der Sattdampfdruck für Wasser wurde nach **Poling et al. (2001)** berechnet.

$$p_{H_2O}^* = 10^{\,5{,}11564 - \frac{1687{,}537}{\left(\frac{\vartheta}{°C}+230{,}17\right)}} \tag{7.56}$$

A 5.2   Stoffwerte für Luft

Die kinematische Viskosität bei $\vartheta = 25°C$ und bei $p = 1$ bar wurde aus dem **VDI-Wärmeatlas (2007)** entnommen.

$$\nu_{Luft} = 1{,}5825 \cdot 10^{-5} \, \frac{\text{m}^2}{\text{s}} \tag{7.57}$$

Die Dichte bei $\vartheta = 25°C$ und bei $p = 1$ bar wurde nach dem idealen Gasgesetz mit der universellen Gaskonstanten $\mathcal{R}$ berechnet.

$$\rho_{Luft} = \frac{p \cdot \tilde{M}_{Luft}}{\mathcal{R} \cdot T} = 1{,}1699 \, \frac{\text{kg}}{\text{m}^3} \tag{7.58}$$

A 5.3   Stoffwerte für wässrige Natronlauge

Die dynamische Viskosität von wässriger Natronlauge wurde nach *Hitchcock und McIlhenny (1935)* bestimmt.

$$
\begin{aligned}
\eta_{NaOH}(\vartheta, \tilde{c}_{OH^-}) &= [\eta_{NaOH}(20°\mathrm{C}, \tilde{c}_{OH^-}) - \eta_{NaOH}(30°\mathrm{C}, \tilde{c}_{OH^-})] \\
&\quad \cdot \frac{30°\mathrm{C} - \vartheta}{10\mathrm{K}} + \eta_{NaOH}(30°\mathrm{C}, \tilde{c}_{OH^-})
\end{aligned}
\tag{7.59}
$$

$$
\begin{aligned}
\eta_{NaOH}(30°\mathrm{C}, \tilde{c}_{OH^-}) &= \left(0{,}8002 + 0{,}1521 \cdot \frac{\tilde{c}_{OH^-}}{\mathrm{mol/l}} + 0{,}0212 \cdot \frac{\tilde{c}_{OH^-}^2}{(\mathrm{mol/l})^2} \right. \\
&\quad \left. + 0{,}0030 \cdot \frac{\tilde{c}_{OH^-}^3}{(\mathrm{mol/l})^3} \right) \cdot 10^{-3}\,\mathrm{Pa\,s}
\end{aligned}
\tag{7.60}
$$

$$
\begin{aligned}
\eta_{NaOH}(20°\mathrm{C}, \tilde{c}_{OH^-}) &= \left(0{,}9984 + 0{,}2056 \cdot \frac{\tilde{c}_{OH^-}}{\mathrm{mol/l}} + 0{,}0175 \cdot \frac{\tilde{c}_{OH^-}^2}{(\mathrm{mol/l})^2} \right. \\
&\quad \left. + 0{,}0064 \cdot \frac{\tilde{c}_{OH^-}^3}{(\mathrm{mol/l})^3} \right) \cdot 10^{-3}\,\mathrm{Pa\,s}
\end{aligned}
\tag{7.61}
$$

Die Messwerte für die Viskosität sind in dieser Arbeit bezogen auf die dynamische Viskosität von Wasser angegeben und werden daher mithilfe der dem *VDI-Wärmeatlas (2007)* entnommenen Daten für die dynamische Viskosität von Wasser (siehe Abschnitt A 5.1) berechnet. Zur Berücksichtigung des Temperatureinflusses wurde mangels einer physikalisch begründeten Mittelung eine lineare Interpolation zwischen den beiden von *Hitchcock und McIlhenny (1935)* untersuchten Temperaturen vorgenommen.

Die molare Dichte von wässrigen Natronlauge-Lösungen wurde *Gmelins Handbuch der anorganischen Chemie (1928)* entnommen

$$
\begin{aligned}
\rho_{NaOH}(\vartheta, \tilde{c}_{OH^-}) &= [\rho_{NaOH}(20°\mathrm{C}, \tilde{c}_{OH^-}) - \rho_{NaOH}(30°\mathrm{C}, \tilde{c}_{OH^-})] \\
&\quad \cdot \frac{30°\mathrm{C} - \vartheta}{10\mathrm{K}} + \rho_{NaOH}(30°\mathrm{C}, \tilde{c}_{OH^-})
\end{aligned}
\tag{7.62}
$$

$$\rho_{NaOH}(30°C, \tilde{c}_{OH^-})$$

$$= \left[497{,}935 + \sqrt{497{,}935^2 + 43424{,}63 \cdot \frac{\tilde{c}_{OH^-}}{mol/l}}\right] \frac{kg}{m^3} \qquad 7.63$$

$$\rho_{NaOH}(20°C, \tilde{c}_{OH^-})$$

$$= \left[499{,}15 + \sqrt{499{,}15^2 + 44472{,}55 \cdot \frac{\tilde{c}_{OH^-}}{mol/l}}\right] \frac{kg}{m^3} \qquad 7.64$$

$$\tilde{x}_{OH^-} = \frac{\frac{\rho_{NaOH}}{\tilde{c}_{OH^-}} - \widetilde{M}_{NaOH}}{\widetilde{M}_{H_2O}} + 1 \qquad 7.65$$

$$\tilde{\rho}_{NaOH} = \frac{\rho_{NaOH}}{\tilde{x}_{OH^-} \cdot \left(\widetilde{M}_{NaOH} - \widetilde{M}_{H_2O}\right) + \widetilde{M}_{H_2O}} \qquad 7.66$$

A 5.4   Diffusionskoeffizienten

Diffusionskoeffizient von binären Gasgemischen nach *Fuller et al. (1966)*:

$$\delta_G = \frac{1{,}013 \cdot 10^{-7} \cdot \left(\frac{T}{K}\right)^{1{,}75} \cdot \left(\frac{g/mol}{\widetilde{M}_1} + \frac{g/mol}{\widetilde{M}_2}\right)^{0{,}5}}{v_1^{1/3} + v_2^{1/3}} \frac{m^2}{s} \qquad 7.67$$

Dabei sind die Diffusionsvolumina definiert zu

$$v_{Luft} = 20{,}1 \; ; \; v_{CO_2} = 26{,}9 \; ; \; v_{SO_2} = 41{,}1; \; v_{NH_3} = 14{,}9 \qquad 7.68$$

Diffusionskoeffizient von CO_2 in Wasser bei $\vartheta = 25°C$ nach *Landolt-Börnstein (1969)*:

$$\delta_{L,CO_2} = 1{,}95 \cdot 10^{-9} \frac{m^2}{s} \qquad 7.69$$

Diffusionskoeffizient von NH_3 in Wasser bei $\vartheta = 20°C$ nach *Landolt-Börnstein (1969)*:

$$\delta_{L,NH_3} = 1{,}46 \cdot 10^{-9}\,\frac{m^2}{s} \qquad\qquad 7.70$$

Diffusionskoeffizient von O_2 in Wasser bei $\vartheta = 25°C$ nach *Landolt-Börnstein (1969)*:

$$\delta_{L,O_2} = 2{,}51 \cdot 10^{-9}\,\frac{m^2}{s} \qquad\qquad 7.71$$

Der Diffusionskoeffizienten von CO_2 in verschiedenen Lösungsmitteln kann nach *Wilke und Chang (1955)* berechnet werden.

$$\frac{\delta_L}{\frac{cm^2}{s}} = 7{,}4 \cdot 10^{-8} \cdot \frac{\left(x \cdot \dfrac{\widetilde{M}_L}{g/mol}\right)^{\frac{1}{2}} \cdot \dfrac{T}{K}}{\dfrac{\eta_L}{cP} \cdot V^{0,6}} \qquad\qquad 7.72$$

Dabei ist x ein Faktor für die Assoziationsfähigkeit, der für Wasser und wässrige Lösungen mit $x = 2{,}6$ angegeben wird. V bezeichnet das molale Volumen am Siedepunkt bei Normaldruck und wird für CO_2 zu $V = 34{,}0$ angegeben. Für den Diffusionskoeffizienten von CO_2 in Wasser bei $\vartheta = 25°C$ ergibt sich bei einer Viskosität von $\eta_L = 0{,}8989\,cP$ und einer Molmasse von $\widetilde{M}_L = 18\,g\,mol^{-1}$ ein Wert von $\delta_L = 2{,}024 \cdot 10^{-9}\,m\,s^{-1}$. Für wässrige Natronlauge erhält man bei $\vartheta = 25°C$ bei einer Viskosität von $\eta_L = 1{,}1\,cP$ und einer Molmasse von $\widetilde{M}_L = 18{,}37\,g\,mol^{-1}$ beispielsweise einen Wert von $\delta_L = 1{,}67 \cdot 10^{-9}\,m\,s^{-1}$.

A 5.5   Reaktionskinetik und Gleichgewicht

Reaktionskinetik für CO_2 mit wässriger Natronlauge nach *Pohorecki und Moniuk (1988)* als Funktion der Ionenstärke I:

$$log\, k_R^\infty = 11{,}895 - \frac{2382\text{K}}{T}$$

7.73

$$log\, \frac{k_R}{k_R^\infty} = 0{,}221 \left(\frac{I}{\text{mol/l}}\right) - 0{,}0161 \left(\frac{I}{\text{mol/l}}\right)^2$$

7.74

Der Henry-Koeffizient für CO_2 in Wasser als Funktion von Temperatur und Sattdampfdruck von Wasser wird nach *Edwards et al. (1978)* berechnet.

$$ln\, \frac{He_{pb}\left(p_{H_2O}^*\right)}{\frac{\text{kg·atm}}{\text{mol}}}$$
$$= -\frac{6789{,}04\text{K}}{T} - 11{,}4519 \cdot ln\frac{T}{\text{K}} - 0{,}010454 \cdot \frac{T}{\text{K}}$$
$$+ 94{,}4914$$

7.75

Umrechnung auf den herrschenden Gesamtdruck:

$$ln\, \frac{He_{pb}(p)}{\frac{\text{kg·atm}}{\text{mol}}} = ln\, \frac{He_{pb}\left(p_{H_2O}^*\right)}{\frac{\text{kg·atm}}{\text{mol}}} + \bar{v}_{CO_2}^\infty \cdot \frac{p - p_{H_2O}^*}{\mathcal{R} \cdot T}$$

7.76

Partielles molares Volumen von CO_2 in verdünnter wässriger Lösung:

$$\bar{v}_{CO_2}^\infty = 0{,}006 \cdot \left(\frac{T}{\text{K}}\right)^2 - 0{,}3091 \cdot \frac{T}{\text{K}} + 74{,}315$$

7.77

Umrechnung in die benötigte Form des Henrykoeffizienten

$$He_{px} = \frac{He_{pb}}{\left(1 - \tilde{x}_{CO_2}\right) \cdot \tilde{M}_{H_2O}}$$

7.78

A 6   R&I-Anlagenfließbilder und Messgeräte

A 6.1   Fluiddynamik

B1   Vorratsgefäß
B2   kleiner Behälter
B3   Siphon
B4   Ausgleichsbehälter
K1   Kolonne - Messstrecke
K2   Sättiger
P1   Zahnradpumpe
P2   Schlauchpumpe

F   Filter
H   Hähne
V   Ventile

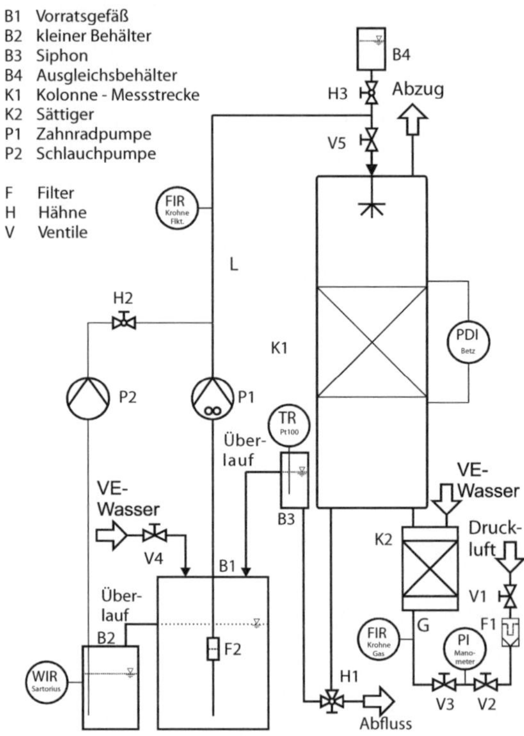

Abb. 7.4: R&I-Schema der Versuchsanlage zur Bestimmung des Flüssigkeits-inhaltes, des Druckverlustes und der Betriebsgrenzen.

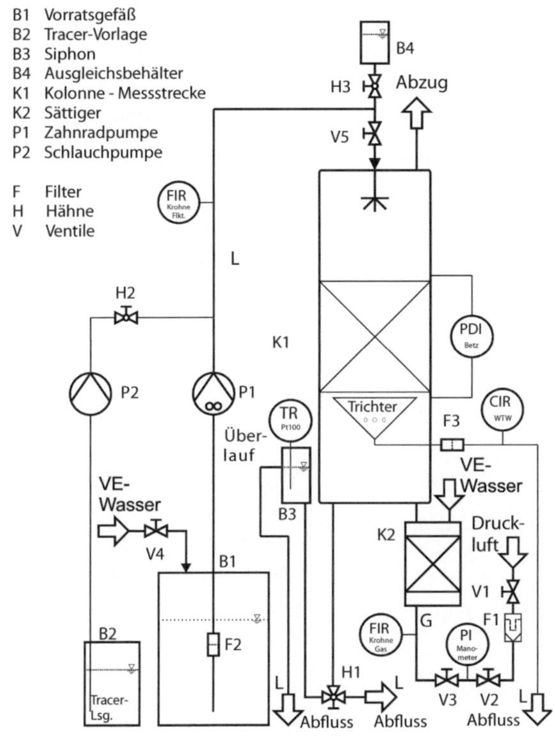

Abb. 7.5: R&I-Schema der Versuchsanlage zur Bestimmung der Verweilzeit-verteilung.

Tabelle 7.5: Spezifikationen der verwendeten Pumpen in den Versuchsanlagen zur Fluiddynamik. Pumpe P1 wurde während der Arbeit ausgetauscht.

Bezeichnung	P1	P1 neu	P2
Typ	Zahnrad	Zahnrad	Schlauch
Hersteller	Ismatec	Ismatec	Ismatec
Antrieb	BVP-Z	BVP-Z	BVP
Kopf	Z 201	Z 120	380
Schlauch	-	-	Tygon MHSL 2001, ID 4,8mm
Bereich	70-7020 ml/min	38-3840 ml/min	3,6-860 ml/min
Differenzdruck	3,5 bar	3,5 bar	-

Tabelle 7.6: Spezifikationen der verwendeten Messgeräte in den Versuchsanlagen zur Fluiddynamik

Bezeichnung	WIR Sartorius	PDI Betz	PI Manometer
Hersteller	Sartorius	Betz	-
Typ	BP 12000	-	Feinmess-Manometer
Messgröße	Masse	Differenzdruck	Überdruck
Messbereich	0-12 kg	0-80 mbar	0-4 kp/cm² (= 3,9 bar)
Genauigkeit	0,1 g	0,01 mbar	0,02 kp/cm2
Ausgang	VISA/COM	-	-

Bezeichnung	FIR Krohne Flkt.	FIR Krohne Gas	CIR WTW	TR Pt100
Hersteller	Krohne	Krohne	WTW	Electronic Sensor
Typ	H 250	H 250	LF 323 / TetraCon 325	Pt 100A 30/25
Messgröße	Durchfluss	Durchfluss	Leitfähigkeit	Widerstand
Messbereich	56-560 l/h	1,5-15 Nm³/h	0-200 mS/cm	-50 – 400 °C
Genauigkeit	0,5 l/h	0,01 Nm³/h	1 µS/cm	0,15 K
Ausgang	4 - 20 mA	4 - 20 mA	0 - 200 mV	80 - 250 Ω

Zur Messwerterfassung wurde eine AD-Karte der Firma National Instruments mit Anschlussblock und Signalkonditionierung verwendet, die ein Sampling mit maximal 250kHz erlaubt. In dieser Arbeit wurde eine Samplingrate von maximal 10Hz verwendet.

PCI-6221	AD-Karte
SCC-68	Anschlussblock
SCC-CI20	Stromeingangsmodul

A 6.2 Stoffübergangsmessungen

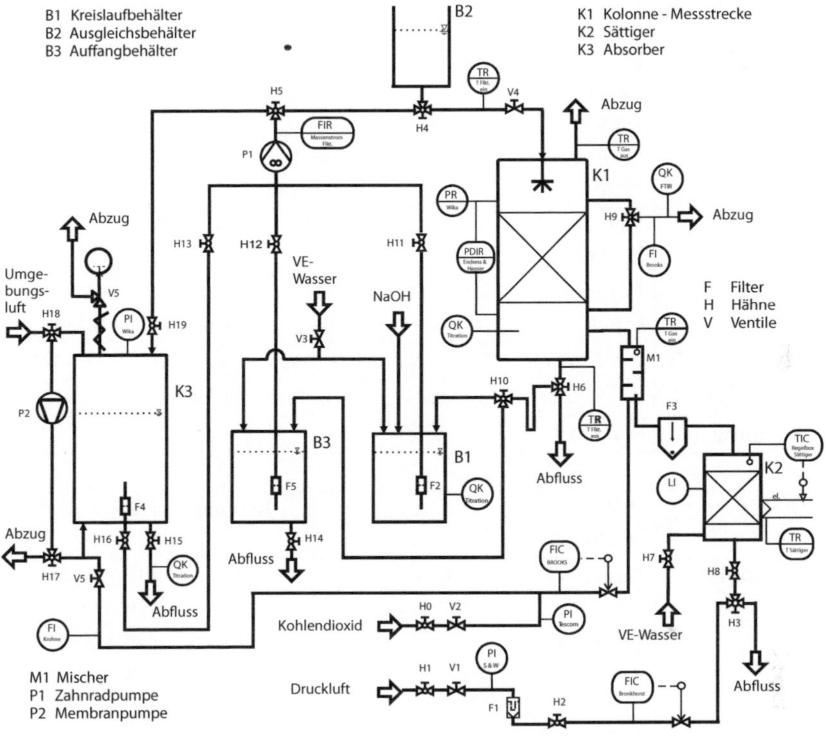

Abb. 7.6: R&I-Schema der Versuchsanlage für die Messungen zum Stoffübergang.

Tabelle 7.7: Spezifikationen der verwendeten Massflowcontroller in der Versuchsanlage zum Stoffübergang

Bezeichnung	FIC Bronkhorst	FIC Brooks
Hersteller	Bronkhorst	Brooks
Typ	F203AV	5850 TR
Regelgröße	Massenstrom	Massenstrom
Regelbereich	1,6-80 m^3_N/h	0,1-1 l_N/min
Genauigkeit	0,8 m^3_N/h	0,01 l_N/min

Tabelle 7.8: Spezifikationen der verwendeten Messgeräte in der Versuchsanlage zur Fluiddynamik

Bezeichnung	PDIR Endress & Hauser	PR Wika	PI S&W	PI Tescom	PI Wika
Hersteller	Endress & Hauser	Wika	Schöffler & Wörner	Tescom	Wika
Typ	Deltabar S PMD70	S-10	Cl. 2.5	D43376	-
Messgröße	Differenz-druck	Absolut-druck	Über-druck	Über-druck	Unter-druck
Messbereich	0-40 mbar	0-1,6 bar	0-16 bar	0-15 bar	-1 – 0 bar
Genauigkeit	0,03 mbar	8 mbar	0,1 bar	0,1 bar	0,01 bar
Ausgang	4-20 mA	0-5 V	-	-	-

Bezeichnung	FIR Massen-strom Flkt.	FI Brooks	FI Krohne	TR*/TIC*
Hersteller	Endress & Hauser	Brooks Sho-Rate	Krohne	Electronic Sensor
Typ	Promass 80 E	1355E R2-15-B Sapphire	N18.9 AIII 18 Re	Pt 100A 30/25
Messgröße	Massenstrom	Volumen-strom	Volumen-strom	Widerstand
Messbereich	43-400 kg/h	0-3 l_N/min	5-40 l_N/min	-50 – 400 °C
Genauigkeit	0,1 kg/h	0,15 l_N/min	1 l_N/min	0,15 K
Ausgang	4-20 mA	-	-	80 - 250 Ω

Zur Messwerterfassung wurde ein Prema 5017 Digital Multimeter mit Steckkarte für 80 einpolige, 40 zweipolige oder 20 vierpolige Anschlüsse verwendet.

Tabelle 7.9: Spezifikationen der verwendeten Pumpen in der Versuchsanlage zum Stoffübergang.

Bezeichnung	P1	P2
Hersteller	Ismatec	KNF
Typ	Zahnrad	Membran
Antrieb	BVP-Z	LABOPORT
Kopf	Z 120	N840FT.18
Bereich	38-3840 ml/min	34 l/min
Differenz-/Enddruck	3,5 bar	100 mbar

Tabelle 7.10: Spezifikationen der verwendeten Messgeräte zur Konzentrationsbestimmung in der Versuchsanlage zum Stoffübergang.

Bezeichnung	QK Konzentration	QK FTIR
Hersteller	Metrohm	Bruker
Typ	702 SM Titrino	Tensor 27
Bereich	0,01-150000 µl/min	370-7500 cm^{-1}

A 7 Versuchsmethodik für den Flüssigkeitsinhalt

A 7.1 Auswertung der Versuche

Bei der Versuchsdurchführung muss zunächst für jede Kombination aus Betriebsparametern ein stationärer Zustand abgewartet werden. Für die erste Benetzung der Packung ohne Gasgegenstrom dauert dies je nach Berieselungsdichte etwa 30 bis 60 min. Bei Erhöhung des Gasbelastungsfaktors verkürzt sich dieser Zeitraum auf etwa 5 min. Der stationäre Zustand wurde stets über 10 bis 15 min gehalten bei Aufnahme der Messwerte alle 5 s. So standen mindestens 100 Messwerte für eine zeitliche Mittelung im stationären Zustand zur Verfügung.

Während der Versuche wird die Flüssigkeitsmasse im kleinen Behälter erfasst. Die Differenz $\Delta m(t)$ der aktuellen Masse $m(t)$ zur Anfangsmasse m_0 ergibt sich aus den in Kopf (Ko), Sumpf (Su) und Schuss (Sch) gegenüber dem Anfangszustand herrschenden Massendifferenzen Δm sowie einem Verlustterm Δm_V durch Austrag von Flüssigkeit mit dem Gasstrom und ungenügende Sättigung der Luft durch eine schlechtere Effizienz des Sättigers bei höheren Volumenströmen:

$$\Delta m(t) = m_0 - m(t) = \Delta m_{Sch} + \Delta m_{Ko} + \Delta m_{Su} + \Delta m_V \qquad 7.79$$

Für die Berechnung des Flüssigkeitsinhalts wird die Differenz der Messungen mit eingebauter Schwammpackung (mit) und einer Messung bei gleichen Betriebsbedingungen ohne eingebaute Kolonnenschüsse ($ohne$) betrachtet.

$$\begin{aligned}
&\Delta m_{mit}(t) - \Delta m_{ohne}(t) \\
&= \Delta m_{Sch,mit}(t) + \Delta m_{Ko,mit}(t) + \Delta m_{Su,mit}(t) + \Delta m_{V,mit}(t) \\
&\quad - \Delta m_{Sch,ohne}(t) - \Delta m_{Ko,ohne}(t) - \Delta m_{Su,ohne}(t) \\
&\quad\quad - \Delta m_{V,ohne}(t)
\end{aligned} \qquad 7.80$$

Unter der Voraussetzung einer blasenfrei gefüllten Zulaufseite gilt für den Kopf der Kolonne:

$$\Delta m_{Ko,mit} = \Delta m_{Ko,ohne} \qquad 7.81$$

Für den Sumpf ist die Füllstandskorrektur $k_{Füll,i}$ aufgrund der unterschiedlichen Druckverluste bei den Messungen mit und ohne Schwamm zu berücksichtigen. Dabei ist zu beachten, dass diese für jeden Gasdurchsatz i einzeln bestimmt werden muss. Die Füllstandskorrektur ist positiv, wenn mit Schwamm weniger Wasser im Sumpf der Kolonne ist als ohne Schwamm. Für die meisten Versuche ist die Füllstandskorrektur aufgrund des geringen Absolutwerts des Druckverlustes der Schwämme bei geringen Packungshöhen vernachlässigbar.

$$\left(\Delta m_{Su,ohne} - \Delta m_{Su,mit}\right)_i = k_{Füll,i} \qquad\qquad 7.82$$

Im Schuss teilt sich die Flüssigkeitsmasse in den Flüssigkeitsinhalt der Schwammpackung m_h und der in der Cellophanfolie verbleibenden Folienflüssigkeit m_F auf. Dieser Wert kann durch Wägung der Folien vor und nach dem Versuch bestimmt werden.

$$\Delta m_{Sch,mit} - \Delta m_{Sch,ohne} = m_h + m_F \qquad\qquad 7.83$$

Aufgrund der unterschiedlichen Einbausituation mit und ohne Schwammpackung kommt es zu unterschiedlichen Verlusttermen, unter anderem durch Tropfenmitriss von der Packungsoberfläche, der ohne eingebaute Packung nicht auftritt. Dieser Verlust hat sich in Reproduzierungsversuchen als konstant erwiesen und kann für jeden Gasbelastungsfaktor i, der ab der Zeit t_i im Versuch gefahren wurde, aus der Steigung s_i des Massendifferenzverlaufs errechnet werden. Die Steigung wird im stationären Zustand aus dem Verlauf der Massendifferenz ermittelt. Der Verlustterm ändert sich für jeden Gasbelastungsfaktor, dies wird in einer unterschiedlichen Steigung deutlich. Der Verlust aus dem vorhergehenden Messabschnitt muss dabei ebenfalls berücksichtigt werden, da er aus dem mittels der Steigung bestimmten Term nicht hervorgeht.

$$\left(\Delta m_{V,mit} - \Delta m_{V,ohne}\right)_i = \Delta m_{V,i} = s_i \cdot (t - t_i) + \Delta m_{V,i-1} \qquad 7.84$$

Generell ist der Verlustterm nicht für jede Messung und nicht für jeden Gasbelastungsfaktor relevant und kann je nach Güte der Ergebnisse vernachlässigt werden. Für die Auswertung ergibt sich damit die im Schwamm befindliche Masse zu:

$$\begin{aligned}\left(\Delta m_{mit}(t) - \Delta m_{ohne}(t)\right)_i \\ = m_{h,i}(t) + m_F - k_{Füll,i} + s_i \cdot \left(t - t_{Ref,i}\right) + \Delta m_{V,i-1}\end{aligned} \qquad 7.85$$

$$\begin{aligned}m_{h,i}(t) = \left(\Delta m_{mit}(t) - \Delta m_{ohne}(t)\right)_i + k_{Füll,i} - s_i \cdot \left(t - t_{Ref,i}\right) \\ - \Delta m_{V,i-1} - m_F\end{aligned} \qquad 7.86$$

Der momentane Flüssigkeitsinhalt der Schwammpackung errechnet sich dann zu:

$$h_{L,i}(t) = \frac{m_{h,i}(t)}{\rho_L \cdot V_{Packung}} \qquad\qquad 7.87$$

A 7.2   Hysterese-Effekte bei der Benetzung der Schwammpackung

Beginnend mit einer trockenen Packung wurde die Flüssigkeitsbelastung ohne Gasgegenstrom schrittweise erhöht und der Flüssigkeitsinhalt bestimmt. Anschließend wurde die Berieselungsdichte wieder erniedrigt. Dabei konnte eine Hysterese im Flüssigkeitsinhalt beobachtet werden. Um reproduzierbare Versuchsergebnisse zu erhalten, muss daher stets ausschließlich mit zunehmender oder ausschließlich mit abnehmender Flüssigkeitsbelastung gearbeitet werden.

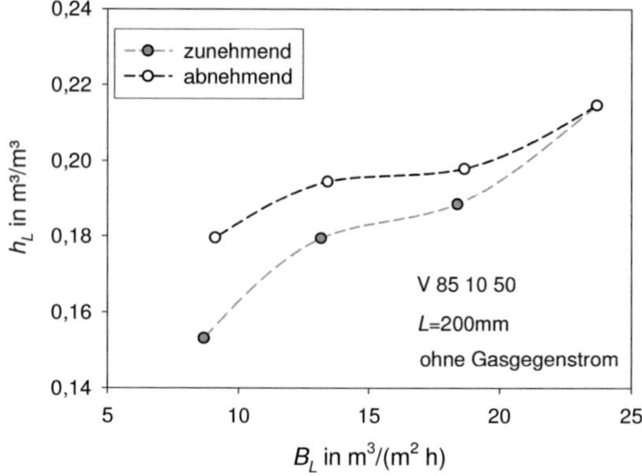

Abb. 7.7: Beobachtete Hysterese im Flüssigkeitsinhalt bei zunächst zunehmender und anschließend abnehmender Berieselungsdichte.

A 8   Koeffizientenvergleich für den Reibungsbeiwert

Für die Ermittlung des Reibungsbeiwertes für die Druckverlustkorrelationen nach Engel (Gleichung 3.28) sowie nach Maćkowiak (Gleichungen 3.9 bis 3.11) und Billet und Schultes (Gleichungen 3.15 bis 3.18) wurde ein Koeffizientenvergleich mit den von Dietrich et al. aufgestellten Korrelationen (Gleichungen 3.45 und 3.46) durchgeführt.

A 8.1   Korrelation von Dietrich et al.

Die Gleichungen nach Dietrich et al. enthalten zwei angepasste Ergun-Konstanten A' und B', deren Zahlenwerte vom Schwammtyp abhängig sind. Für alle mikroporösen (nicht infiltrierten) Schwämme gilt Gleichung 3.45, für die infiltrierten Schwämme Gleichung 3.46.

$$\frac{\Delta p_{tr}}{L} = 110 \cdot \frac{\eta_G \cdot a_{geo}^2}{16 \cdot \varepsilon_{ges}^3} \cdot u_G + 1{,}45 \cdot \frac{\rho_G \cdot a_{geo}}{4 \cdot \varepsilon_{ges}^3} \cdot u_G^2 \qquad 3.45$$

$$\frac{\Delta p_{tr}}{L} = 106 \cdot \frac{\eta_G \cdot a_{geo}^2}{16 \cdot \varepsilon_{ges}^3} \cdot u_G + 1{,}27 \cdot \frac{\rho_G \cdot a_{geo}}{4 \cdot \varepsilon_{ges}^3} \cdot u_G^2 \qquad 3.46$$

Allgemein lässt sich daher schreiben:

$$\frac{\Delta p_{tr}}{L} = A' \cdot \frac{\eta_G \cdot a_{geo}^2}{16 \cdot \varepsilon_{ges}^3} \cdot u_G + B' \cdot \frac{\rho_G \cdot a_{geo}}{4 \cdot \varepsilon_{ges}^3} \cdot u_G^2 \qquad 7.88$$
$$= C_1 \cdot u_G + C_2 \cdot u_G^2$$

Mit den Konstanten:

$$C_1 = A' \cdot \frac{\eta_G \cdot a_{geo}^2}{16 \cdot \varepsilon_{ges}^3} \qquad 7.89$$

$$C_2 = B' \cdot \frac{\rho_G \cdot a_{geo}}{4 \cdot \varepsilon_{ges}^3} \qquad 7.90$$

A 8.2   Korrelation von Engel

Die Korrelation nach Engel für den trockenen Druckverlust lautet:

$$\frac{\Delta p_{tr}}{L} = \frac{\xi}{8} \cdot a_{geo} \cdot \frac{\rho_G \cdot u_G^2}{\varepsilon_0^{4,65}} \approx C_2 \cdot u_G^2 \qquad 7.91$$

Für die Korrelation nach Engel wird daher in erster Näherung nur der quadratische Term der Korrelation nach Dietrich et al. betrachtet. Hier gilt:

$$C_2 \approx \frac{\xi}{8} \cdot \frac{\rho_G \cdot a_{geo}}{\varepsilon_0^{4,65}} \qquad 7.92$$

Durch Kombination von Gleichung 7.90 mit Gleichung 7.92 erhält man:

$$\frac{\xi}{8} \cdot \frac{\rho_G \cdot a_{geo}}{\varepsilon_0^{4,65}} \approx B' \cdot \frac{\rho_G \cdot a_{geo}}{4 \cdot \varepsilon_{ges}^3} \qquad 7.93$$

$$\xi \approx 2 \cdot B' \cdot \varepsilon_0^{1,65} \qquad 7.94$$

Dies ist aufgrund der unterschiedlichen verwendeten Porositäten wiederum nur in erster Näherung korrekt.

A 8.3   Korrelation von Maćkowiak

Die Korrelation nach Maćkowiak postuliert eine Abhängigkeit des Reibungs-beiwertes von der Gasgeschwindigkeit, die sich durch Umformung der Konstanten ebenfalls aus der Korrelation nach Dietrich et al. ermitteln lässt. Für den trockenen Druckverlust gibt Maćkowiak folgende Gleichung an:

$$\frac{\Delta p_{tr}}{L} = \frac{\xi(u_G)}{6} \cdot \frac{a_{geo}}{\varepsilon_0^3} \cdot \rho_G \cdot u_G^2 \qquad \qquad 3.9$$

Hierfür wird die Gleichung nach Dietrich et al. wie folgt verwendet:

$$\frac{\Delta p_{tr}}{L} = \left(\frac{C_1}{u_G} + C_2\right) \cdot u_G^2 \qquad \qquad 7.95$$

Durch Vergleich der Koeffizienten aus den Gleichungen 3.9 und 7.95 erhält man:

$$\frac{\xi(u_G)}{6} \cdot \frac{a_{geo}}{\varepsilon_0^3} \cdot \rho_G = \frac{A'}{u_G} \cdot \frac{\eta_G \cdot a_{geo}^2}{16 \cdot \varepsilon_{ges}^3} + B' \cdot \frac{\rho_G \cdot a_{geo}}{4 \cdot \varepsilon_{ges}^3} \qquad \qquad 7.96$$

$$\frac{\xi(u_G)}{6} \cdot \frac{a_{geo}}{\varepsilon_0^3} \cdot \rho_G = \frac{a_{geo}}{\varepsilon_{ges}^3} \cdot \rho_G \cdot \left(\frac{A'}{16} \cdot \frac{\eta_G \cdot a_{geo}}{u_G \cdot \rho_G} + \frac{B'}{4}\right) \qquad \qquad 7.97$$

$$\xi(u_G) \approx \frac{A'}{Re_G} \cdot \frac{6}{16} + B' \cdot \frac{6}{4} \qquad \qquad 7.98$$

Dabei ist aufgrund der unterschiedlichen verwendeten Porositäten die Glei-chung wiederum nur in erster Näherung exakt. Die erhaltene Form entspricht der von Maćkowiak vorgegebenen Form für den Reibungsbeiwert des Druck-verlustes:

$$\xi(u_G) = \frac{C_3}{Re_G} + C_4 \qquad \qquad 7.99$$

$$C_3 \approx A' \cdot \frac{6}{16} \qquad \qquad 7.100$$

$$C_4 \approx B' \cdot \frac{6}{4} \qquad \qquad 7.101$$

A 8.4   Korrelation von Billet und Schultes

Für die Korrelation von Billet und Schultes kann einem ähnlichen Vorgehen gefolgt werden wie für die Korrelation von Maćkowiak. Auf die Bestimmung des Reibungsbeiwertes nach Gleichung 3.17 wird aufgrund der unterschiedlichen Abhängigkeit von der Gasgeschwindigkeit zu der Korrelation von Dietrich et al. verzichtet. Die Gleichung für den Druckverlust von Billet und Schultes lautet:

$$\frac{\Delta p_{tr}}{L} = \frac{\xi(u_G)}{2} \cdot \frac{1}{C_K} \cdot \frac{a_{geo}}{\varepsilon_0^3} \cdot \rho_G \cdot u_G^2 \qquad\qquad 3.15$$

Hierfür wird die Gleichung nach Dietrich et al. wie bei der Herleitung für die Korrelation von Maćkowiak verwendet:

$$\frac{\Delta p_{tr}}{L} = \left(\frac{C_1}{u_G} + C_2\right) \cdot u_G^2 \qquad\qquad 7.95$$

Durch Vergleich der Koeffizienten aus den Gleichungen 3.15 und 7.95 erhält man:

$$\frac{\xi(u_G)}{2 \cdot C_K} \cdot \frac{a_{geo}}{\varepsilon_0^3} \cdot \rho_G = \frac{A'}{u_G} \cdot \frac{\eta_G \cdot a_{geo}^2}{16 \cdot \varepsilon_{ges}^3} + B' \cdot \frac{\rho_G \cdot a_{geo}}{4 \cdot \varepsilon_{ges}^3} \qquad\qquad 7.102$$

$$\xi(u_G) \approx \left(\frac{A'}{Re_G} \cdot \frac{2}{16} + B' \cdot \frac{2}{4}\right) \cdot C_K \qquad\qquad 7.103$$

Dabei ist aufgrund der unterschiedlichen verwendeten Porositäten die Gleichung wiederum nur in erster Näherung exakt. Die erhaltene Form entspricht nur in etwa der von Billet und Schultes vorgegebenen Form für den Reibungsbeiwert des Druckverlustes. Es lässt sich schreiben:

$$\xi(u_G) = \frac{C_5}{Re_G} + C_6 \qquad\qquad 7.104$$

$$C_5 \approx A' \cdot \frac{2}{16} \cdot C_K \qquad\qquad 7.105$$

$$C_6 \approx B' \cdot \frac{2}{4} \cdot C_K \qquad\qquad 7.106$$

A 9   Methodik zur Bestimmung der Verweilzeitverteilung

A 9.1   Vorgehensweise zur Anpassung des Dispersionsmodells an die Messdaten

Zunächst wird ein Dispersionsmodell nach Gleichung 3.61 durch Variation der Péclet-Zahl und der mittleren Verweilzeit an die gemessenen und auf die maximale Leitfähigkeit normierten Sprungantworten der leeren Kolonne angepasst. Mit den so ermittelten Parametern wird die differentielle Verweilzeitverteilung der leeren Kolonne berechnet. Für den Schwamm wird mit Startwerten für Péclet-Zahl und mittlere Verweilzeit ebenfalls eine differentielle Verweilzeitverteilung berechnet. Diese beiden diskreten Verteilungen werden miteinander gefaltet und anschließend durch Summation die Summenfunktion der resultierenden Verteilung für das Gesamtsystem mit Schwamm bestimmt. Diese Kurve kann nun durch Variation der Werte von Péclet-Zahl und mittlerer Verweilzeit für den Schwamm an die gemessenen und auf die maximale Leitfähigkeit normierten Sprungantworten für das Gesamtsystem angepasst werden. Das für diese Auswertung erforderliche Matlab-Programm zur Anpassung von Péclet-Zahl und mittlerer Verweilzeit ist schematisch im Folgenden beschrieben.

Da diese Auswertung voraussetzt, dass die Modelle für integrale und differentielle Verweilzeitverteilung durch Differentiation bzw. Integration ineinander überführbar sind und somit Gleichung 3.48 erfüllt ist, sollten die verwendeten Formen des Dispersions-Modells diese Anforderung ebenfalls erfüllen. In der Literatur findet man für die differentielle Verweilzeitverteilung meist das von Levenspiel angegebene Modell nach Gleichung 3.64. *Delgado (2006)* gibt in einem Review an, dass die integrale Verweilzeitverteilung nach Gleichung 3.61 beschrieben werden kann, wohingegen für die differentielle Form Gleichung 3.64 gelte. Diese lässt sich allerdings nicht geschlossen integrieren. Ebenfalls ist ersichtlich, dass sich die beiden differentiellen Formen unterscheiden. Dies ist insbesondere für kleine Péclet-Zahlen der Fall. Dabei weist die abgeleitete Gleichung 3.63 nach Smith eine größere Schiefe auf als die Gleichung 3.64 nach Levenspiel. Für Werte nahe der mittleren Verweilzeit, also $\sqrt{Pe/\theta} \approx \sqrt{Pe}$, und Verteilungen mit großen Péclet-Zahlen sind die Abweichungen zu der von Levenspiel angegebenen Gleichung sehr gering. Dies ist für Systeme mit geringer Rückvermischung wie die Messungen für die leere Kolonne der Fall. Für die Systeme mit Schwamm ist jedoch ein deutlicher Unterschied zwischen den beiden Funktionen vorhanden.

Für eine konsistente Datenanalyse unter Verwendung sowohl der integralen als auch der differentiellen Form des Modells ist es daher sinnvoll, die Anpassung mit der von Smith angegebenen Gleichung für die Summenfunktion und deren Ableitung (Gleichungen 3.61 bis 3.63) zu verwenden.

A 9.2   Beispiel für ein angepasstes Dispersionsmodell

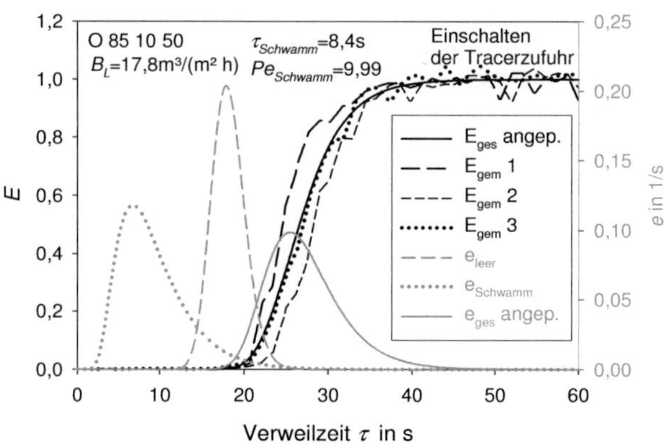

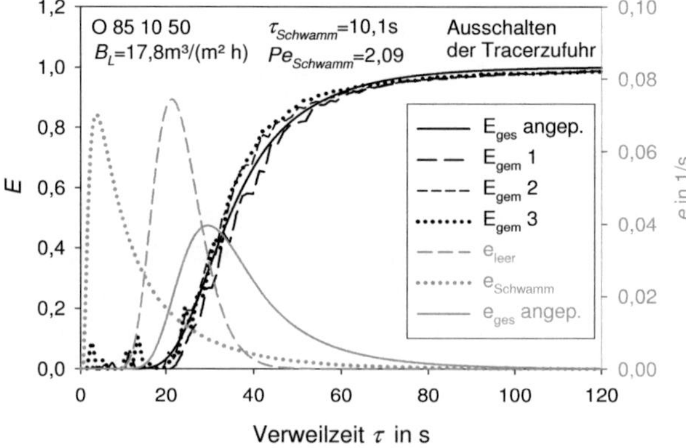

Abb. 7.8: Gemessene Summenverteilungen E_{gem} des Gesamtsystems sowie das an diese Messdaten angepasste Dispersionsmodell E_{ges} in Summenform und als differentielle Verteilung $e_{ges} = e_{leer} * e_{Schwamm}$ für den Einschalt- und den Ausschaltvorgang der Tracerzufuhr. Man beachte die unterschiedlichen Skalierungen der Verweilzeit-Achse.

A 9.3   Matlab-Programm zur Anpassung des Dispersionsmodells

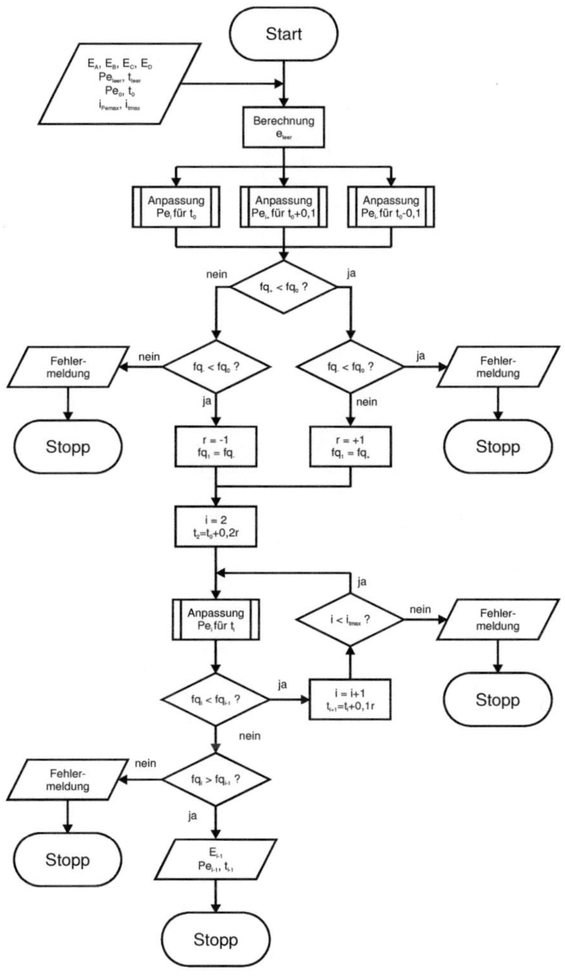

Abb. 7.9: Fließschema des Hauptprogramms zur Anpassung der Parameter des Dispersionsmodells für die Verweilzeitverteilung an die Messdaten. fq bezeichnet die Fehlerquadratsumme der Anpassung im Unterprogramm.

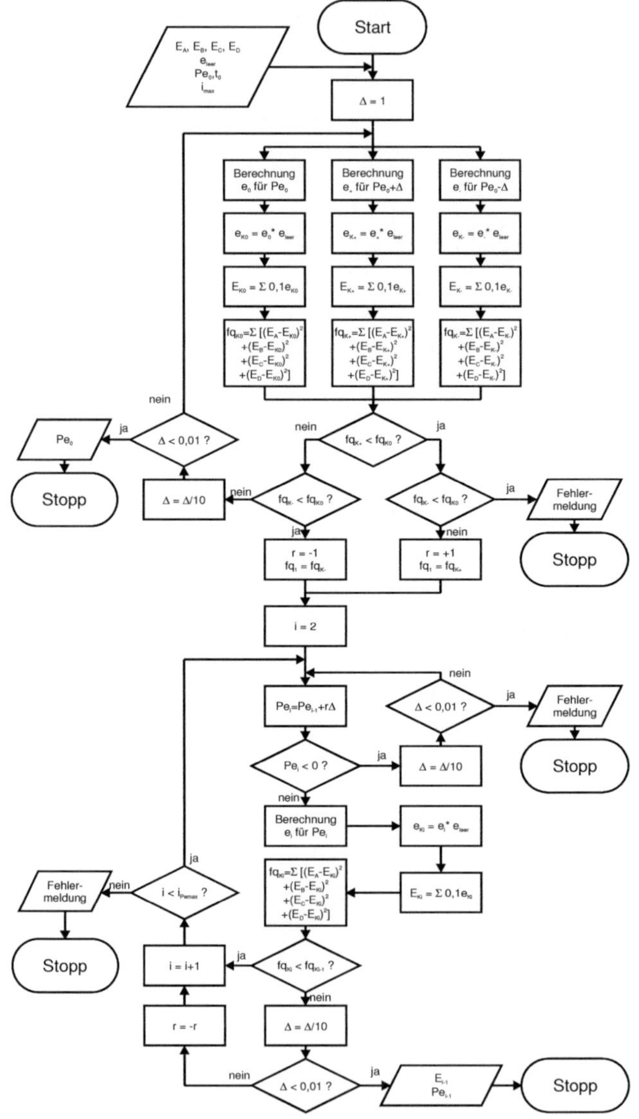

Abb. 7.10: Fließschema des Unterprogramms „Anpassung" zur Anpassung der Péclet-Zahl des Dispersionsmodells für die Verweilzeitverteilung an die Messdaten.

A 10 Versuchsmethodik zum Stoffübergang

A 10.1 Herleitung des logarithmischen Konzentrationsmittels zur Bestimmung des NTU$_{OG}$ für lineare Gleichgewichts- und Betriebslinien

Die folgende Herleitung ist dem Buch von ***Bird et al. (2007)*** entnommen. Sie dient der Lösung des Integrals für den NTU_{OG} in Gleichung 4.67. Zunächst wird eine lineare Gleichung für die Betriebslinie hergeleitet. Bilanz um den Kopf der Kolonne bis zur Höhe z (siehe Abb. 4.1):

$$\dot{N}_L \cdot \left(\tilde{X}_{ein} - \tilde{X} \right) + \dot{N}_G \cdot \left(\tilde{Y} - \tilde{Y}_{aus} \right) = 0 \qquad\qquad 7.107$$

$$\tilde{Y} = \frac{\dot{N}_L}{\dot{N}_G} \cdot \tilde{X} + \left[\tilde{Y}_{aus} - \frac{\dot{N}_L}{\dot{N}_G} \cdot \tilde{X}_{ein} \right] = C_1 \cdot \tilde{X} + C_2 \qquad\qquad 7.108$$

Für das Gleichgewicht gilt das Henrysche Gesetz:

$$\tilde{Y}^* = K \cdot \tilde{X} \qquad\qquad 7.109$$

Damit lässt sich für die treibende Konzentrationsdifferenz schreiben:

$$\tilde{Y}^* - \tilde{Y} = K \cdot \tilde{X} - \left(C_1 \cdot \tilde{X} + C_2 \right) = (K - C_1) \cdot \tilde{X} - C_2 \qquad\qquad 7.110$$

Aus Gleichung 7.108 erhält man:

$$\tilde{X} = \frac{\tilde{Y}}{C_1} - \frac{C_2}{C_1} \qquad\qquad 7.111$$

Dieser Zusammenhang wird in Gleichung 7.110 eingesetzt:

$$\tilde{Y}^* - \tilde{Y} = (K - C_1) \cdot \left[\frac{\tilde{Y}}{C_1} - \frac{C_2}{C_1} \right] - C_2 = \left(\frac{K}{C_1} - 1 \right) \cdot \tilde{Y} - K \cdot \frac{C_2}{C_1}$$
$$= C_3 \cdot \tilde{Y} + C_4 \qquad\qquad 7.112$$

Damit lässt sich das Integral lösen:

$$NTU_{OG} = \int_{ein}^{aus} \frac{d\tilde{Y}}{\tilde{Y}^* - \tilde{Y}} = \int_{ein}^{aus} \frac{d\tilde{Y}}{C_3 \cdot \tilde{Y} + C_4}$$
$$= \frac{1}{C_3} \cdot ln \left[\frac{C_3 \cdot \tilde{Y}_{aus} + C_4}{C_3 \cdot \tilde{Y}_{ein} + C_4} \right] \qquad\qquad 7.113$$

Das Argument des natürlichen Logarithmus kann mit Gleichung 7.112 rücksubstituiert werden.

$$NTU_{OG} = \frac{1}{C_3} \cdot ln \left[\frac{C_3 \cdot \tilde{Y}_{aus} + C_4}{C_3 \cdot \tilde{Y}_{ein} + C_4} \right] = \frac{1}{C_3} \cdot ln \frac{\left(\tilde{Y}^* - \tilde{Y} \right)_{aus}}{\left(\tilde{Y}^* - \tilde{Y} \right)_{ein}} \qquad 7.114$$

Zur Bestimmung der Konstanten $1/C_3$ kann folgende Überlegung verwendet werden:

$$C_3 \cdot \tilde{Y}_{aus} + C_4 = \left(\tilde{Y}^* - \tilde{Y} \right)_{aus} \qquad 7.115$$

$$C_3 \cdot \tilde{Y}_{ein} + C_4 = \left(\tilde{Y}^* - \tilde{Y} \right)_{ein} \qquad 7.116$$

$$C_3 \cdot (\tilde{Y}_{aus} - \tilde{Y}_{ein}) = \left(\tilde{Y}^* - \tilde{Y} \right)_{aus} - \left(\tilde{Y}^* - \tilde{Y} \right)_{ein} \qquad 7.117$$

$$\frac{1}{C_3} = \frac{\tilde{Y}_{aus} - \tilde{Y}_{ein}}{\left(\tilde{Y}^* - \tilde{Y} \right)_{aus} - \left(\tilde{Y}^* - \tilde{Y} \right)_{ein}} \qquad 7.118$$

Damit ergibt sich für den NTU_{OG}:

$$NTU_{OG} = \int_{ein}^{aus} \frac{d\tilde{Y}}{\tilde{Y}^* - \tilde{Y}}$$

$$= \frac{\tilde{Y}_{aus} - \tilde{Y}_{ein}}{\left(\tilde{Y}^* - \tilde{Y} \right)_{aus} - \left(\tilde{Y}^* - \tilde{Y} \right)_{ein}} \cdot ln \frac{\left(\tilde{Y}^* - \tilde{Y} \right)_{aus}}{\left(\tilde{Y}^* - \tilde{Y} \right)_{ein}} \qquad 4.67$$

A 10.2 Konzentrationsbestimmungen für Gas und Flüssigkeit

Das FTIR-Spektrometer von Typ Tensor 27 der Firma Bruker wurde mit einer durchströmten Gaszelle von 20cm Länge versehen. Der Hintergrund wurde mit CO_2-freiem Gas gespült. Eine Kalibrierung der Messung nach dem Lambert-Beerschen Gesetz aus der Peakfläche des Hauptpeaks bei Wellenzahlen von 2250-2400cm^{-1} wurde vorgenommen *(Beierlein, 2008)*. Dazu wurde mit einem Massflowcontroller der Firma MKS (1-20l$_N$/min) Stickstoff 3.0 und mit einem zweiten Massflowcontroller der Firma MKS (1-10ml$_N$/min) CO_2 über den Mischer der Anlage in die Gaszelle dosiert. Verschiedene Konzentrationen wurden eingestellt. Jeder Messpunkt wurde mehrfach gemessen. Die Ergebnisse sind in Abb. 7.11 aufgetragen.

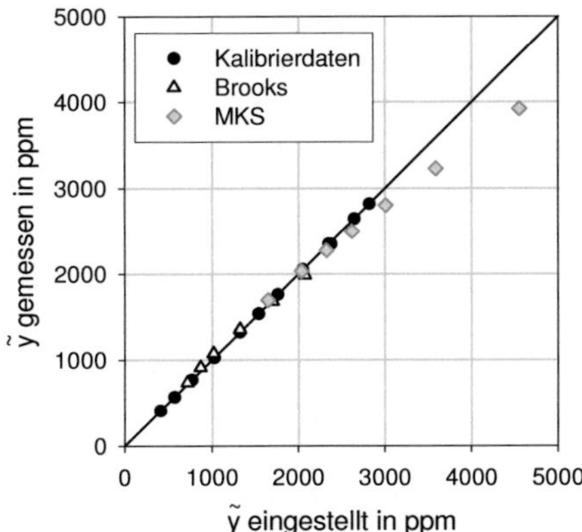

Abb. 7.11: Kalibierungsmessungen sowie Validierungsmessungen zur CO_2-Konzentrationsbestimmung des Gases mit dem FTIR.

Anschließend wurden die Kalibrierdaten mit zwei weiteren Paarungen von Massflowcontrollern überprüft. Dabei wurde zunächst der CO_2-Gehalt der Druckluft bestimmt, die mit dem Massflowcontroller der Firma Bronckhorst $(1,6\text{-}80\text{m}^3{}_N/\text{h})$ dosiert wurde. Die verschiedenen Seitengas-Volumenströme an CO_2 wurden mit unterschiedlichen Massflowcontrollern zudosiert, zum einen mit dem auch für die Versuche verwendeten Massflowcontroller der Firma Brooks $(0,1\text{-}1\text{l}_N/\text{min})$, zum anderen mit dem bereits für die Kalibrierung verwendeten Massflowcontroller der Firma MKS $(2\text{-}20\text{l}_N/\text{min})$. Somit konnten unterschiedliche Konzentrationen überprüft werden. Unterhalb von 3000ppm ist keine Abweichung von der Linearität der Messungen zu beobachten, wie in Abb. 7.11 zu erkennen ist.

Alle Massflowcontroller wurden zuvor hinsichtlich ihrer Dosiergenauigkeit überprüft. Hierzu wurde Stickstoff oder Luft in eine Druckzelle dosiert, in der der Druckanstieg gemessen wurde. Die Durchflusszelle des FTIR-Spektrometers wurde zunächst mit dem Messgas gespült. Hierbei konnte durch eine Mehrfachmessung überprüft werden, ob die Zelle vollständig gespült ist.

Für die Absorptionsversuche war eine Konzentrationsbestimmung der Natronlauge notwendig. Diese erfolgte mittels eines Titrierautomaten mit pH-Sonde automatisiert direkt mit 1molarer Salzsäure bis zu einem pH-Wert von $pH = 7$.

Für die Desorptionsversuche musste der CO_2-Gehalt der Flüssigkeitsproben bestimm werden. Dazu wurde auf eine in der DIN-Norm ***DIN EN ISO 9963-1 : 1996-02*** zur Bestimmung der Gesamt-Alkalinität von Wasser festgelegte Messmethode zurückgegriffen, die für die Bestimmung des CO_2-Gehaltes ebenfalls geeignet ist *(Handbuch der Analytischen Chemie, 1967)*. Dabei muss die Probe zunächst mit 0,1molarer Natronlauge stabilisiert werden. Diese ist stets frisch mit entgastem Wasser anzusetzen, so dass sie möglichst kein CO_2 aus der Umgebungsluft absorbiert. Die Proben werden möglichst gasblasenfrei mit einer Spritze gezogen und mit getauchter Kanüle in die Vorlage aus Natronlauge verbracht. Dort findet die in Gleichung 4.53 angegebene Umsetzung zum Carbonat statt. Die anschließende Titration mit 1molarer Salzsäure bis zum ersten Endpunkt bei $pH = 8{,}3$ neutralisiert zunächst die überschüssige Natronlauge nach Gleichung 7.119 und setzt die Carbonat-Ionen zu Hydrogencarbonat-Ionen um nach Gleichung 7.120. Die weitere Titration bis zum zweiten Endpunkt bei $pH = 4{,}5$ setzt das Hydrogencarbonat zu Kohlensäure um (Gleichung 7.121), die dann entsprechend Gleichung 4.63 als CO_2 wieder entweicht. Die in der Probe enthaltene Menge an CO_2 ergibt sich dann nach Gleichung 7.122 aus der Differenz der beiden Titrationsvolumina.

$$CO_2 + 2\,OH^- \rightleftharpoons CO_3^{2-} + H_2O \qquad\qquad 4.53$$

$$NaOH + HCl \rightleftharpoons NaCl + H_2O \qquad\qquad 7.119$$

$$CO_3^{2-} + HCl \rightleftharpoons Cl^- + HCO_3^- \quad (pH = 8{,}3) \qquad\qquad 7.120$$

$$HCO_3^- + HCl \rightleftharpoons Cl^- + H_2CO_3 \quad (pH = 4{,}5) \qquad\qquad 7.121$$

$$CO_2 + H_2O \rightleftharpoons H_2CO_3 \qquad\qquad 4.63$$

$$n_{CO_2} = \tilde{c}_{HCl} \cdot \left(V_{8,3} - V_{4,5} \right) \qquad\qquad 7.122$$

Zur Validierung dieser Messmethode wurden Messungen mit Natriumcarbonat-Lösungen bekannter Konzentration durchgeführt, die eine sehr gute Genauigkeit der Messung aufzeigten. Der Blindwert zur Titration von reiner Natronlauge von $pH = 8{,}3$ nach $pH = 4{,}5$ zeigte eine vernachlässigbar kleine Konzentration, so dass Gleichung 7.122 im Rahmen der Messgenauigkeit als exakt angesehen werden kann.

A 10.3 Exemplarische Darstellung der Auswertung nach dem Danckwerts-Plot

In Abb. 7.12 sind für die SiSiC-Schwämme bei einer Berieselungsdichte die Messreihen bei verschiedenen Konzentrationen aufgetragen, bei denen jeweils der Gasbelastungsfaktor variiert wurde. Zu erkennen ist, dass die bei einer Konzentration durchgeführten Messreihen jeweils in Relation zu den anderen Messreihen bei allen Gasbelastungsfaktoren höhere oder niedrigere Werte für den gasseitigen volumetrischen Stoffübergangskoeffizienten liefern. Innerhalb der Messreihen ist kein eindeutiger Einfluss des Gasbelastungsfaktors zu erkennen. Dieses Verhalten zeigt die verschiedenen Benetzungszustände, die sich in den einzelnen Messreihen ausbilden können.

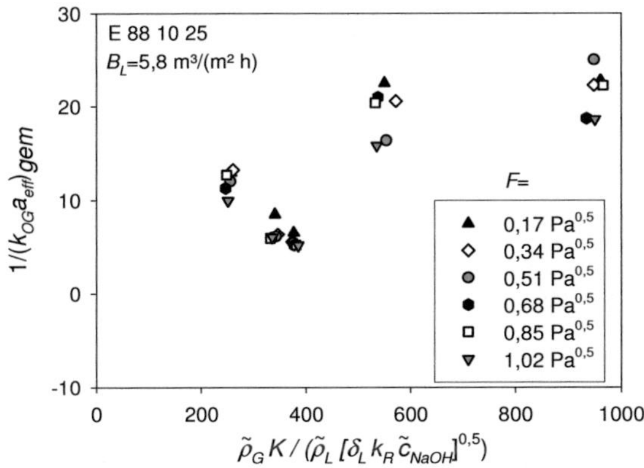

Abb. 7.12: Messdaten in der Auftragung für den Danckwerts-Plot für die SiSiC-Schwämme bei einer Berieselungsdichte. Messreihen bei verschiedenen Konzentrationen unter Variation des Gasbelastungsfaktors.

In Abb. 7.13 sind die zu den Messdaten gehörenden Regressionsgeraden nach dem Danckwerts-Plot aufgetragen. Hierbei sind die geringen Bestimmtheitsmaße R^2 zu beachten, die sich aus den unterschiedlichen Benetzungszuständen ergeben.

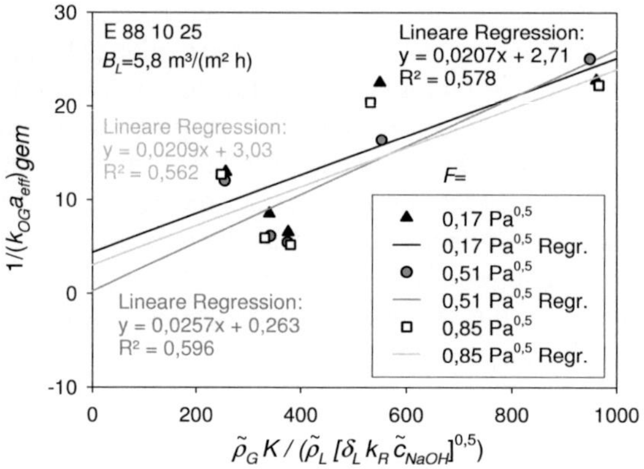

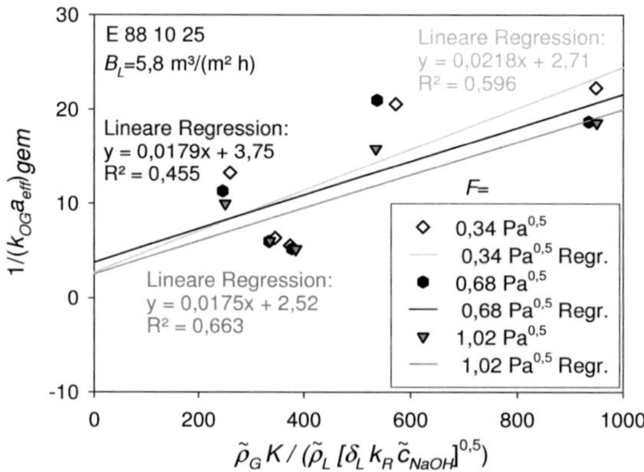

Abb. 7.13: Danckwerts-Plot mit Regressionsgeraden für die Messdaten aus Abb. 7.12.

A 11   Validierung der Messmethoden für den Stoffübergang

A 11.1 Daten für die Mellapak 250Y

Für die Validierungs-Messungen an der Mellapak 250Y sind im Folgenden die Ergebnisse aufgetragen. Zunächst wurde die effektive Phasengrenzfläche unter Vernachlässigung des gasseitigen Stoffübergangswiderstandes bestimmt (Abb. 7.14).

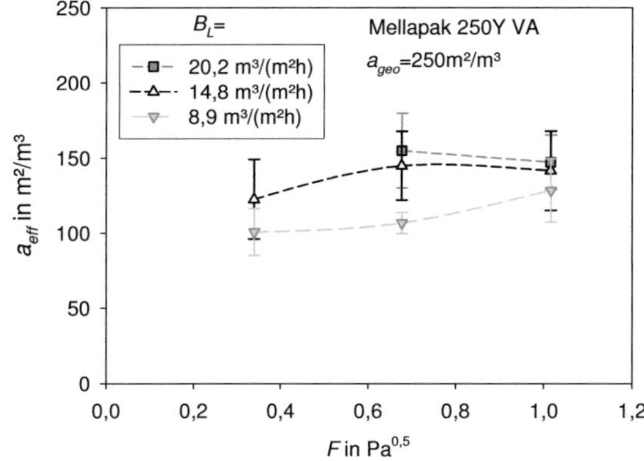

Abb. 7.14: Ermittelte effektive Phasengrenzfläche unter Vernachlässigung des gasseitigen Stoffübergangswiderstandes für die Mellapak 250Y bei verschiedenen Berieselungsdichten und Gasbelastungsfaktoren. Fehlerbalken geben die Standardabweichung aus Messungen bei verschiedenen Konzentrationen der Natronlauge wieder.

Die Abweichungen der Messungen bei den einzelnen Konzentrationen vom Mittelwert bei allen verwendeten Konzentrationen im Verhältnis zu diesem Mittelwert sind in Abb. 7.15 aufgetragen. Dabei entspricht a_{eff} dem Mittelwert der Messungen bei den verschiedenen Konzentrationen und gleichen Betriebsparametern, während a_{gem} dem Messwert bei der jeweiligen Konzentration entspricht. Diese Darstellung zeigt eine deutliche Abnahme der ermittelten Phasengrenzfläche mit der Konzentration. Damit ist die Vernachlässigbarkeit des gasseitigen Widerstandes nicht gegeben und es wurde die Auswertung nach dem Danckwerts-Plot bevorzugt (Abb. 7.16).

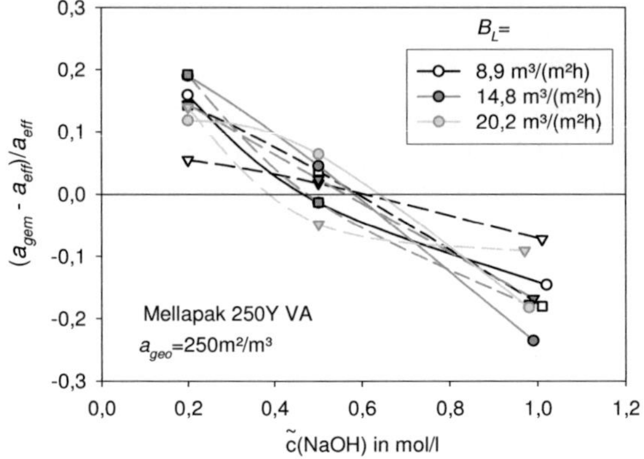

Abb. 7.15: *Verhältnis der Abweichung der gemessenen Phasengrenzfläche bei einer Konzentration vom Mittelwert für alle Konzentrationen zu diesem Mittelwert für Messungen an der Mellapak 250Y. Auswertung unter Vernachlässigung des gassseitigen Widerstandes.*

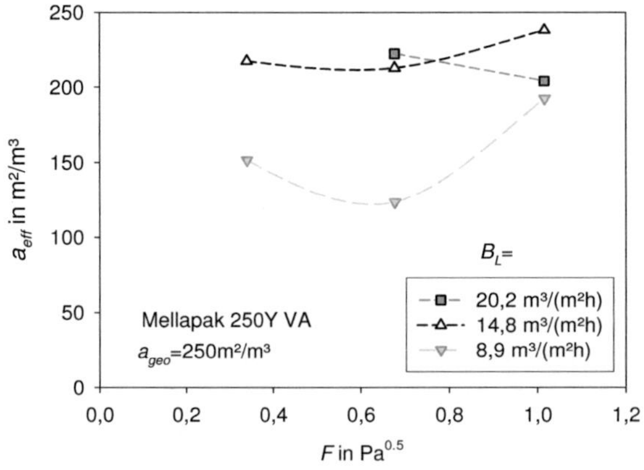

Abb. 7.16: *Nach dem Danckwerts Plot ermittelte Werte für die effektive Phasengrenzfläche der Mellapak 250Y bei verschiedenen Berieselungsdichten und Gasbelastungsfaktoren.*

Der Vergleich der gasseitigen Stoffübergangskoeffizienten mit verschiedenen Literaturdaten ist in Abb. 7.17 dargestellt. Für den flüssigseitigen volumetrischen Stoffübergangskoeffizienten erfolgt die analoge Auftragung in Abb. 7.18.

200

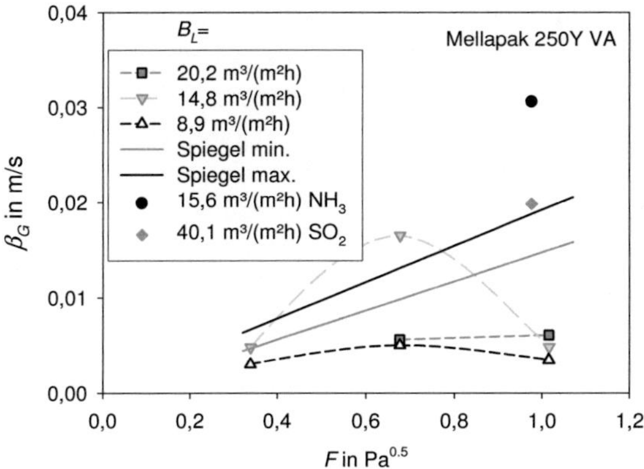

*Abb. 7.17: Vergleich der gemessenen Daten für den gasseitigen Stoffüber-gangskoeffizienten der Mellapak 250Y mit Literaturdaten von **Spiegel und Meier (1987)** gemessen mit Destillationstestgemischen und Daten von **Meier et al. (1977)** gemessen mit SO_2 und NH_3, jeweils umgerechnet auf die Über-gangskomponente CO_2.*

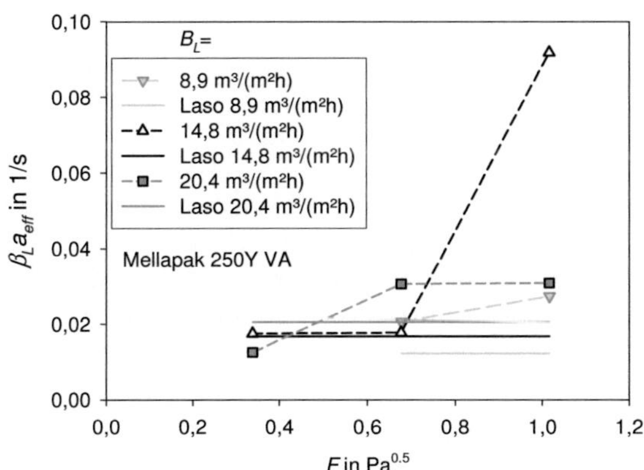

*Abb. 7.18: Vergleich der gemessenen Daten für den flüssigseitigen volumetri-schen Stoffübergangskoeffizienten der Mellapak 250Y mit Literaturdaten von **Laso et al. (1995)** gemessen mit der Desorption von O_2, umgerechnet auf die Übergangskomponente CO_2.*

201

A 11.2 Daten für die Abweichung der Messungen bei verschiedenen Konzentrationen vom Mittelwert für die Schwämme

Für die Beurteilung der Vernachlässigbarkeit des gasseitigen Widerstandes wurde die schon von Weimer (1997) vorgeschlagene und für die Mellapak 250Y im vorherigen Abschnitt angewandte Auftragung gewählt. Hierbei entspricht a_{eff} dem Mittelwert der Messungen bei den verschiedenen Konzentrationen und gleichen Betriebsparametern, während a_{gem} dem Messwert bei der jeweiligen Konzentration entspricht. Zeigen diese Kurven eine deutliche Abnahme mit zunehmender Konzentration, so ist die Vernachlässigbarkeit des Stoffübergangswiderstandes nicht mehr gegeben. Ein eindeutiger Trend ist in keiner der folgenden Auftragungen zu erkennen.

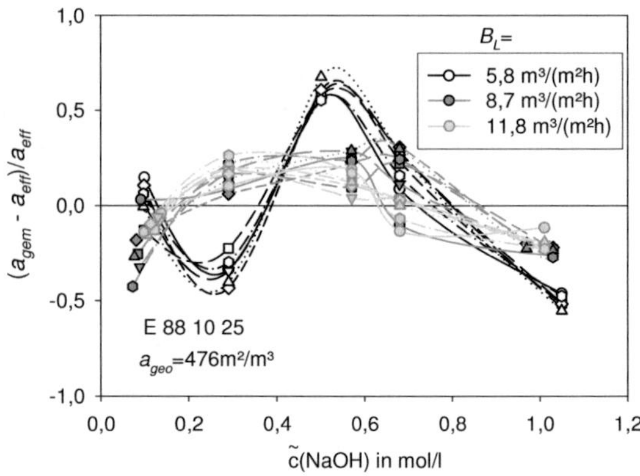

Abb. 7.19: Relative Abweichung der gemessenen Phasengrenzfläche bei einer Konzentration vom Mittelwert für alle Konzentrationen für Messungen an den Schwämmen aus SiSiC bei verschiedenen Berieselungsdichten. Auswertung unter Vernachlässigung des gasseitigen Widerstandes. Die einzelnen Kurven bei einer Berieselungsdichte stellen die verschiedenen Gasbelastungsfaktoren dar.

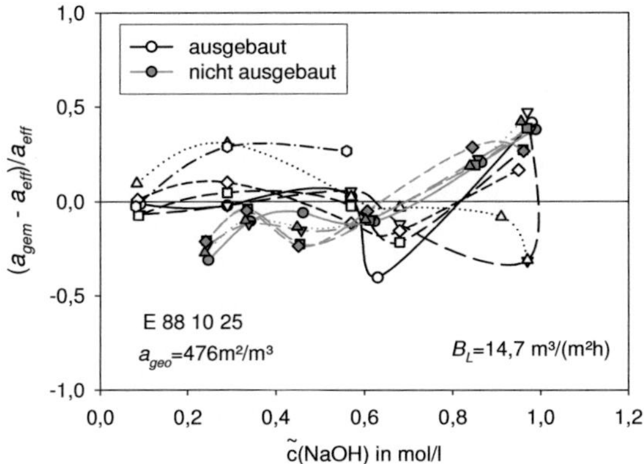

Abb. 7.20: Relative Abweichung der gemessenen Phasengrenzfläche bei einer Konzentration vom Mittelwert für alle Konzentrationen für Messungen an den Schwämmen aus SiSiC bei der höchsten Berieselungsdichte für die zwischendurch ausgebaute und nicht ausgebaute Packung. Auswertung unter Vernachlässigung des gasseitigen Widerstandes. Die einzelnen Kurven bei einer Berieselungsdichte stellen die verschiedenen Gasbelastungsfaktoren dar.

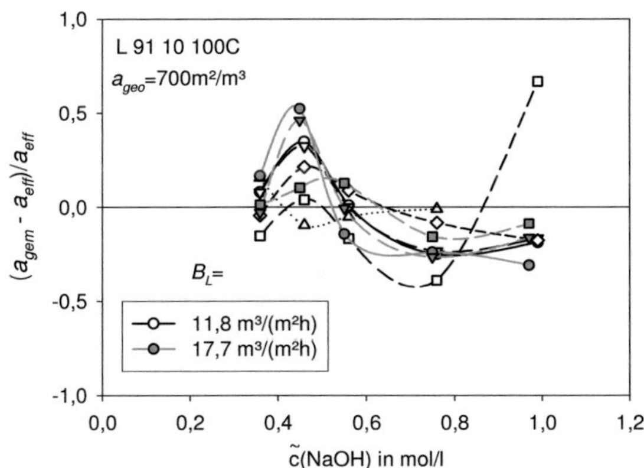

Abb. 7.21: Relative Abweichung der gemessenen Phasengrenzfläche bei einer Konzentration vom Mittelwert für alle Konzentrationen für Messungen an den Schwämmen aus Silikat bei verschiedenen Berieselungsdichten. Auswertung unter Vernachlässigung des gasseitigen Widerstandes. Die einzelnen Kurven bei einer Berieselungsdichte stellen die verschiedenen Gasbelastungsfaktoren dar.

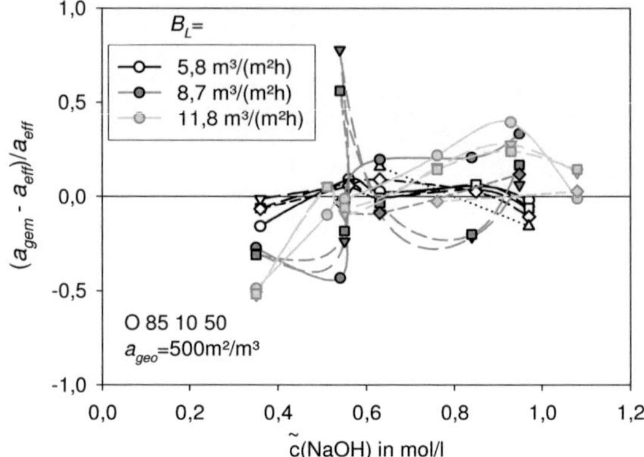

Abb. 7.22: Relative Abweichung der gemessenen Phasengrenzfläche bei einer Konzentration vom Mittelwert für alle Konzentrationen für Messungen an den Schwämmen aus OBSiC bei verschiedenen Berieselungsdichten. Auswertung unter Vernachlässigung des gasseitigen Widerstandes. Die einzelnen Kurven bei einer Berieselungsdichte stellen die verschiedenen Gasbelastungsfaktoren dar.

A 12   Ergänzende Versuchsergebnisse

A 12.1 Flüssigkeitsinhalt

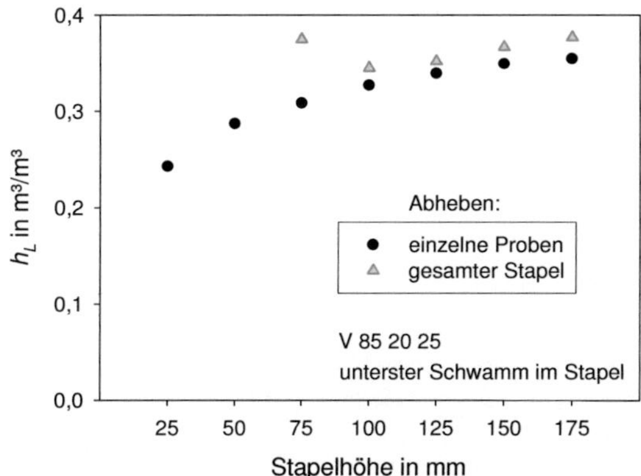

*Abb. 7.23: Vergleich der Abhebemethoden für den statischen Flüssigkeitsinhalt (**Pfister, 2009**). Die Elemente oberhalb des untersten Elements werden entweder einzeln oder als gesamter Stapel abgehoben.*

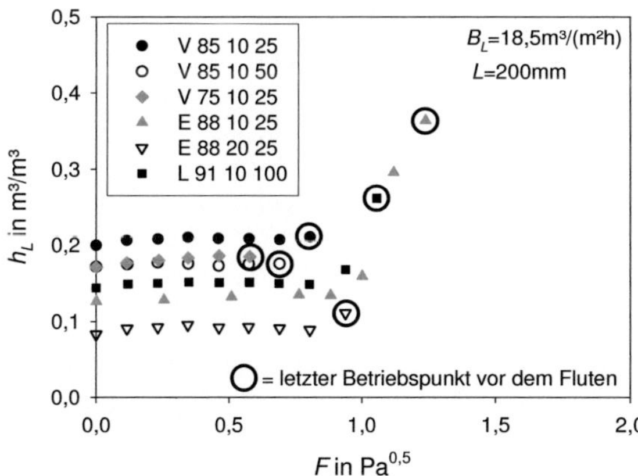

Abb. 7.24: Gesamter Flüssigkeitsinhalt für Packungen mit 200mm Höhe aus verschiedenen Schwammtypen bei konstanter Berieselungsdichte als Funktion der Gasbelastung.

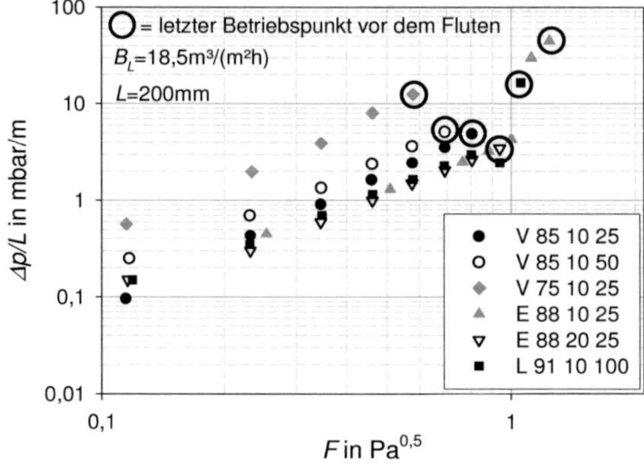

Abb. 7.25: Feuchter Druckverlust für die verschiedenen Schwammtypen bei konstanter Berieselungsdichte und Packungshöhe als Funktion des Gasbelastungsfaktors.

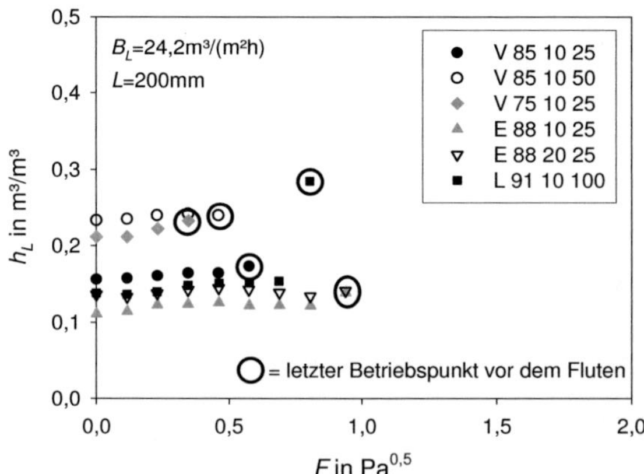

Abb. 7.26: Gesamter Flüssigkeitsinhalt für Packungen mit 200mm Höhe aus verschiedenen Schwammtypen bei konstanter Berieselungsdichte als Funktion der Gasbelastung.

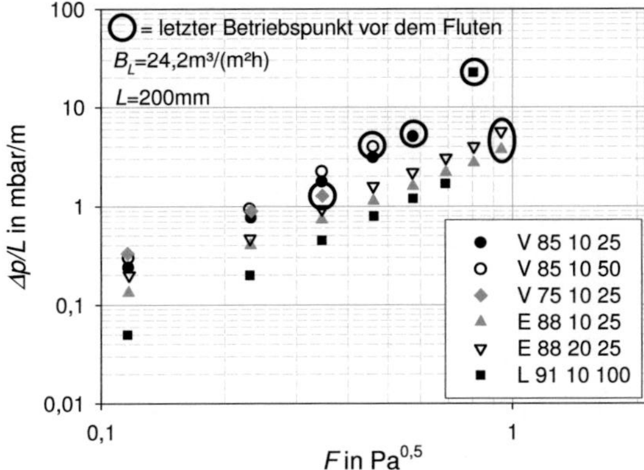

Abb. 7.27: Feuchter Druckverlust für die verschiedenen Schwammtypen bei konstanter Berieselungsdichte und Packungshöhe als Funktion des Gasbelastungsfaktors.

A 12.2 Verweilzeitverteilung

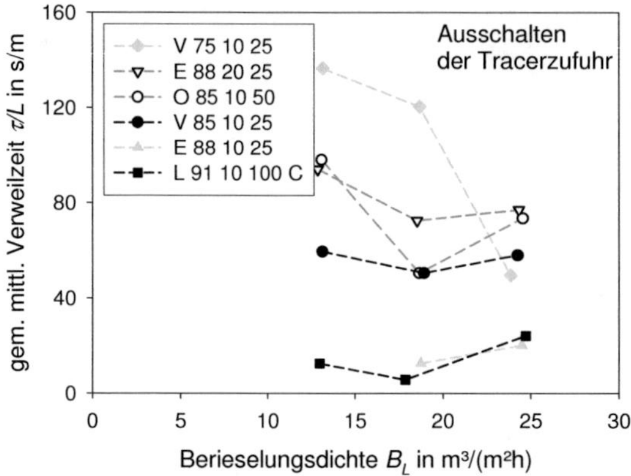

Abb. 7.28: Angepasste Werte für die auf die Packungslänge bezogene mittlere Verweilzeit aus der Anpassung des Dispersionsmodells an die Sprungantwort beim Ausschalten der Tracer-Zufuhr.

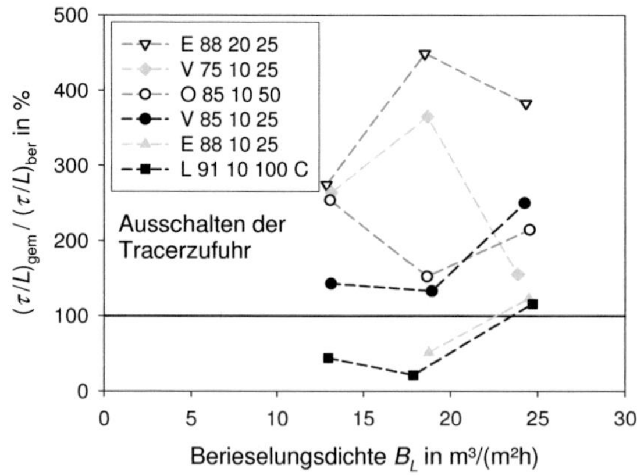

Abb. 7.29: Verhältnis aus gemessenem und berechnetem Wert für die Verweilzeit der verschiedenen Schwammtypen beim Einschalten der Tracer-Zufuhr.

208

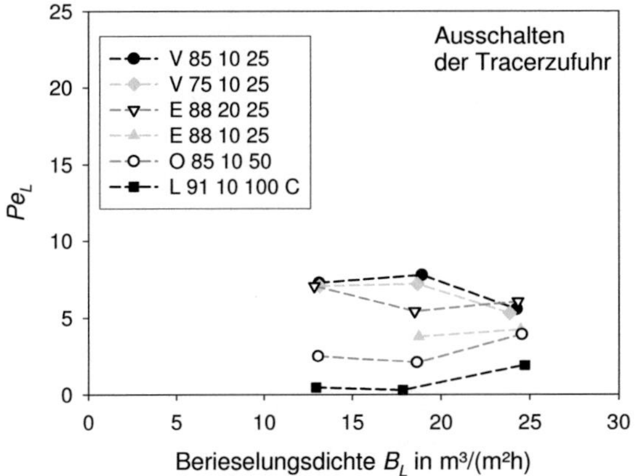

Abb. 7.30: Angepasste Werte für die Péclet-Zahl aus der Anpassung des Dispersionsmodell an die Sprungantwort beim Ausschalten der Tracer-Zufuhr.

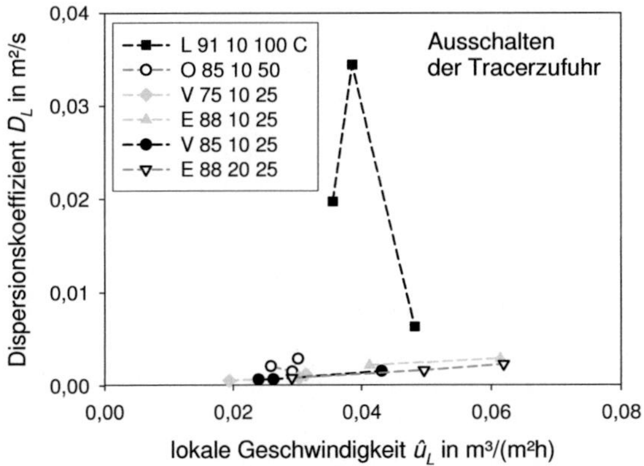

Abb. 7.31: Aus der Péclet-Zahl berechnete Dispersionskoeffizienten beim Ausschalten der Tracer-Zufuhr.

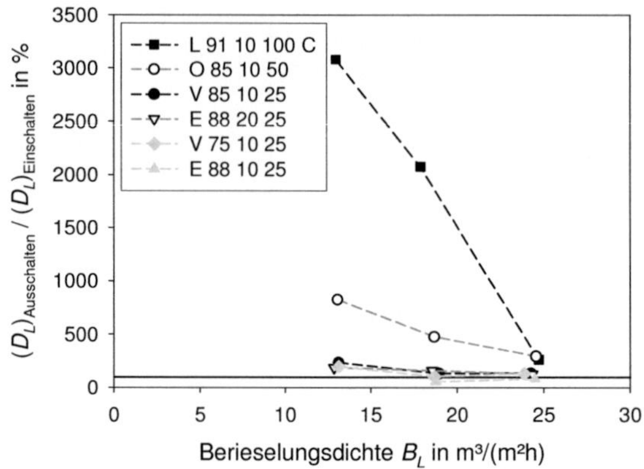

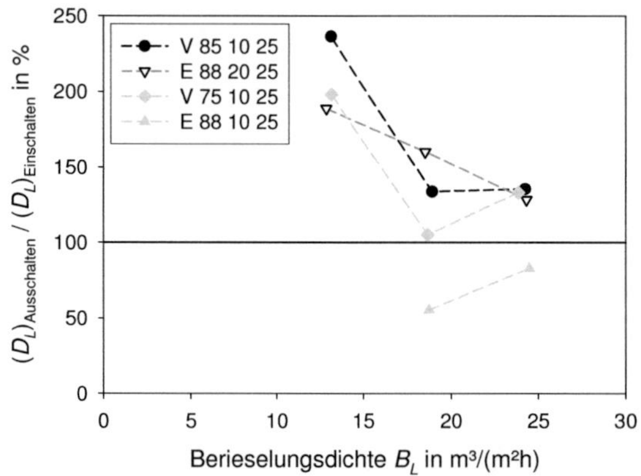

Abb. 7.32: Aus der Péclet-Zahl berechnete Dispersionskoeffizienten beim Ausschalten der Tracer-Zufuhr im Verhältnis zum Einschalten in vollständiger (oben) und detaillierter Darstellung (unten) als Funktion der Berieselungsdichte.

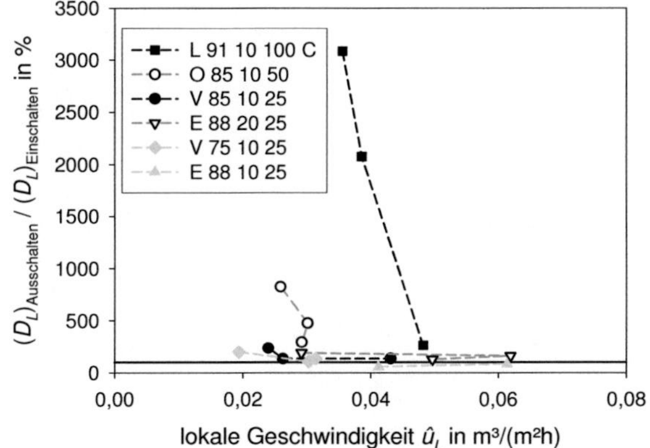

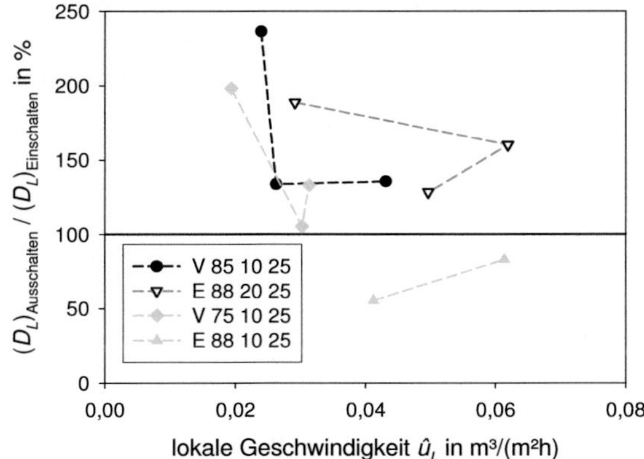

Abb. 7.33: Aus der Péclet-Zahl berechnete Dispersionskoeffizienten beim Ausschalten der Tracer-Zufuhr im Verhältnis zum Einschalten in vollständiger (oben) und detaillierter Darstellung (unten) als Funktion der lokalen Geschwindigkeit.

A 12.3 Stoffübergang

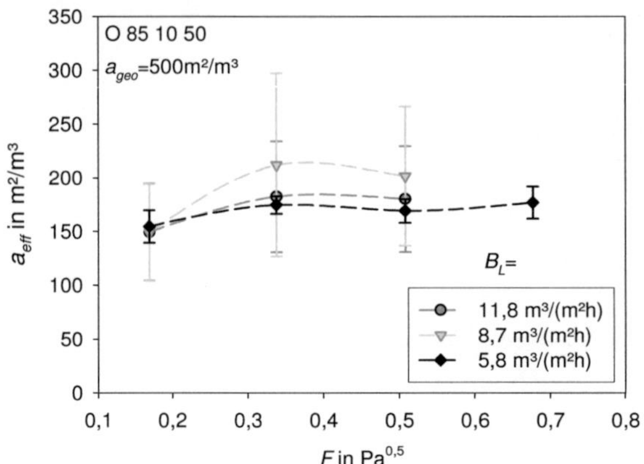

Abb. 7.34 Gemessene effektive Phasengrenzfläche für die Schwämme aus OBSiC (O 85 10 50) bei verschiedenen Berieselungsdichten als Funktion der Gasbelastung. Auswertung unter Vernachlässigung des gasseitigen Widerstandes. Linien dienen der optischen Führung.

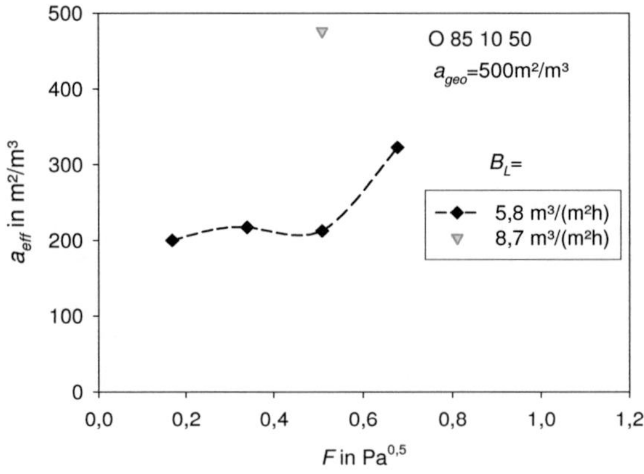

Abb. 7.35: Gemessene effektive Phasengrenzfläche für die Schwämme aus OBSiC (O 85 10 50) bei verschiedenen Berieselungsdichten als Funktion der Gasbelastung. Auswertung nach dem Danckwerts-Plot. Linien dienen der optischen Führung.

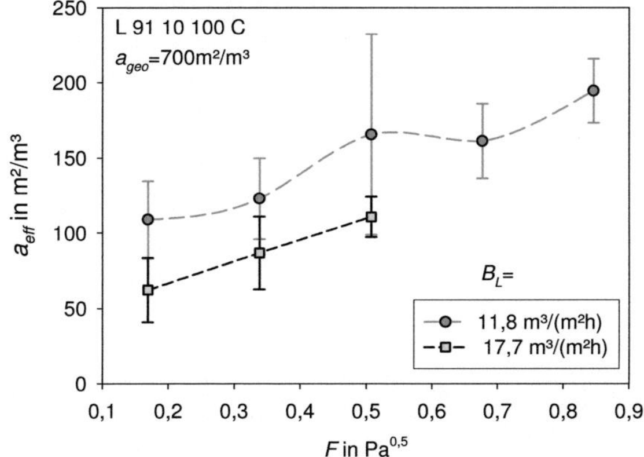

Abb. 7.36: Gemessene effektive Phasengrenzfläche für die Schwämme aus Silikat (L 91 10 100C) bei verschiedenen Berieselungsdichten als Funktion der Gasbelastung. Auswertung unter Vernachlässigung des gasseitigen Widerstandes. Linien dienen der optischen Führung.

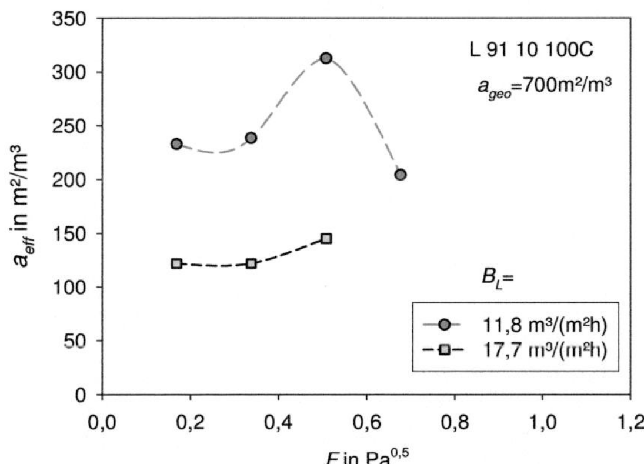

Abb. 7.37:Gemessene effektive Phasengrenzfläche für die Schwämme aus Silikat (L 91 10 100C) bei verschiedenen Berieselungsdichten als Funktion der Gasbelastung. Auswertung nach dem Danckwerts-Plot. Linien dienen der optischen Führung.

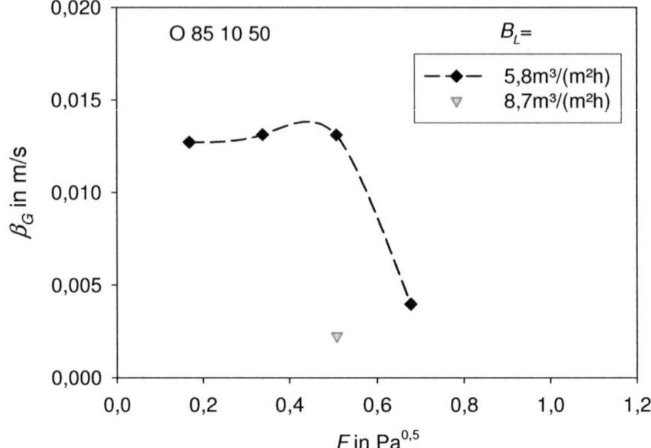

Abb. 7.38: Gemessener gasseitiger Stoffübergangskoeffizient für die Schwämme aus OBSiC (O 85 10 50) bei verschiedenen Berieselungsdichten als Funktion der Gasbelastung. Auswertung nach dem Danckwerts-Plot. Linien dienen der optischen Führung.

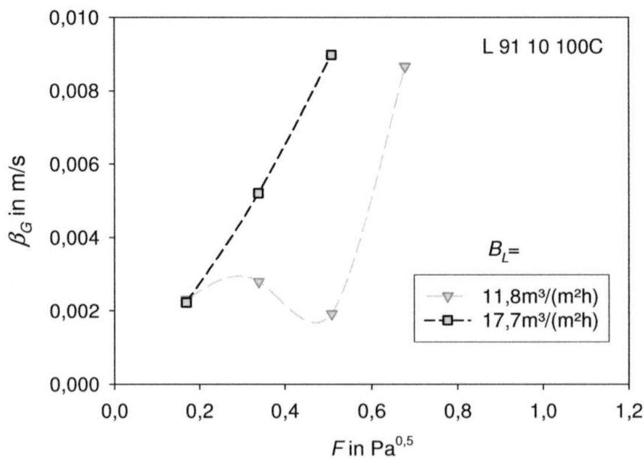

Abb. 7.39: Gemessener gasseitiger Stoffübergangskoeffizient für die Schwämme aus Silikat (L 91 10 100C) bei verschiedenen Berieselungsdichten als Funktion der Gasbelastung. Auswertung nach dem Danckwerts-Plot. Linien dienen der optischen Führung.

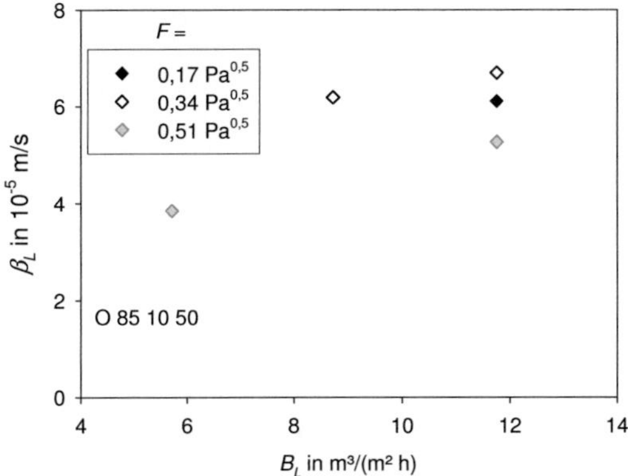

Abb. 7.40: Gemessener flüssigseitiger Stoffübergangskoeffizient für die Schwämme aus OBSiC (O 85 10 50) bei verschiedenen Berieselungsdichten als Funktion der Gasbelastung. Auswertung nach dem Danckwerts-Plot. Linien dienen der optischen Führung.

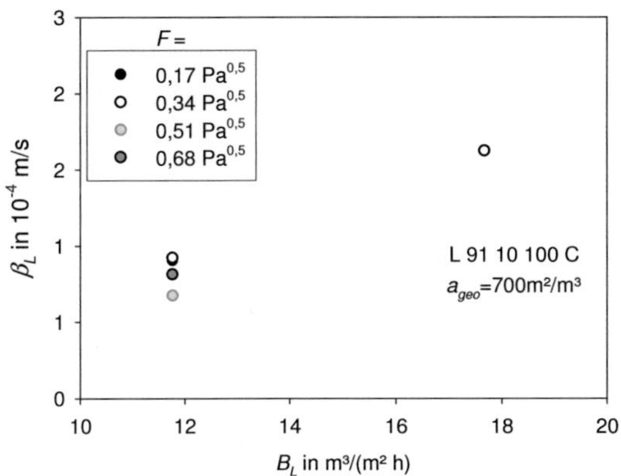

Abb. 7.41: Gemessener flüssigseitiger Stoffübergangskoeffizient für die Schwämme aus Silikat (L 91 10 100C) bei verschiedenen Berieselungsdichten als Funktion der Gasbelastung. Auswertung nach dem Danckwerts-Plot. Linien dienen der optischen Führung.

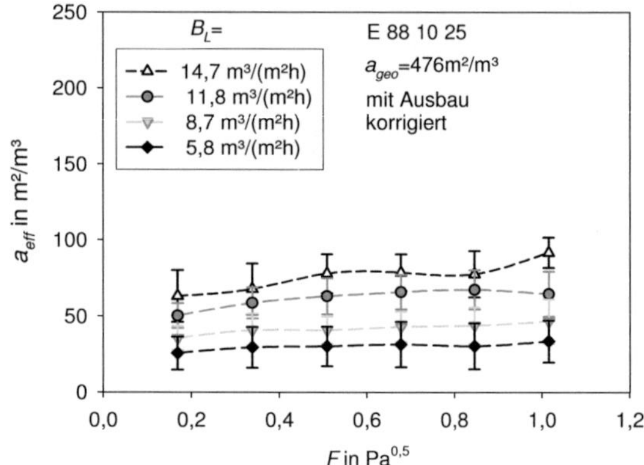

Abb. 7.42: Effektive Phasengrenzfläche als Funktion des Gasbelastungsfaktors bei verschiedenen Berieselungsdichten. Auswertung unter Vernachlässigung des gasseitigen Stoffübergangswiderstandes. Messreihen mit Ausbau der Schwämme vom Typ E 88 10 25. Korrektur mit dem Kontaktwinkel. Fehlerbalken geben die Standardabweichung wieder. Linien dienen der optischen Führung.

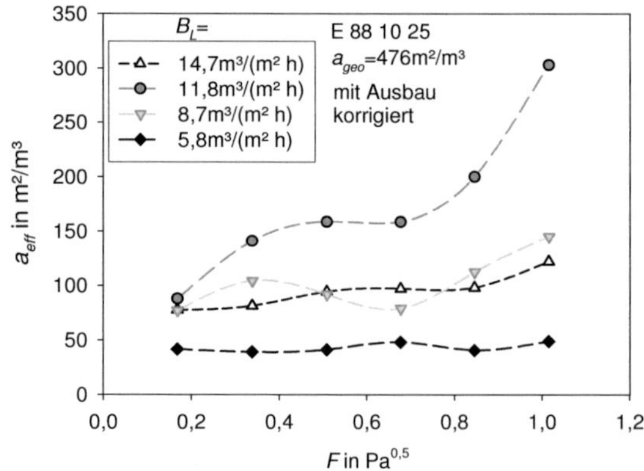

Abb. 7.43: Effektive Phasengrenzfläche als Funktion des Gasbelastungsfaktors bei verschiedenen Berieselungsdichten. Auswertung nach dem Danckwerts-Plot. Messreihen mit Ausbau der Schwämme vom Typ E 88 10 25. Korrektur mit dem Kontaktwinkel. Linien dienen der optischen Führung.

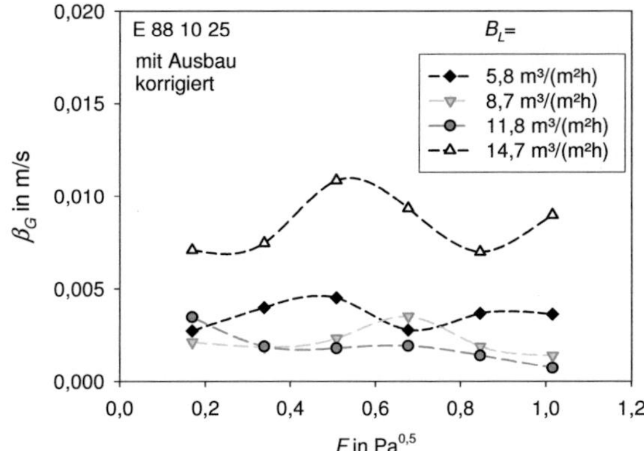

Abb. 7.44: Gasseitiger Stoffübergangskoeffizient als Funktion des Gasbelastungsfaktors bei verschiedenen Berieselungsdichten. Auswertung nach dem Danckwerts-Plot. Messreihen mit Ausbau der Schwämme vom Typ E 88 10 25. Korrektur mit dem Kontaktwinkel. Linien dienen der optischen Führung.

A 13   Vergleichsdiagramme für den Stoffübergang

A 13.1 Effektive Phasengrenzfläche

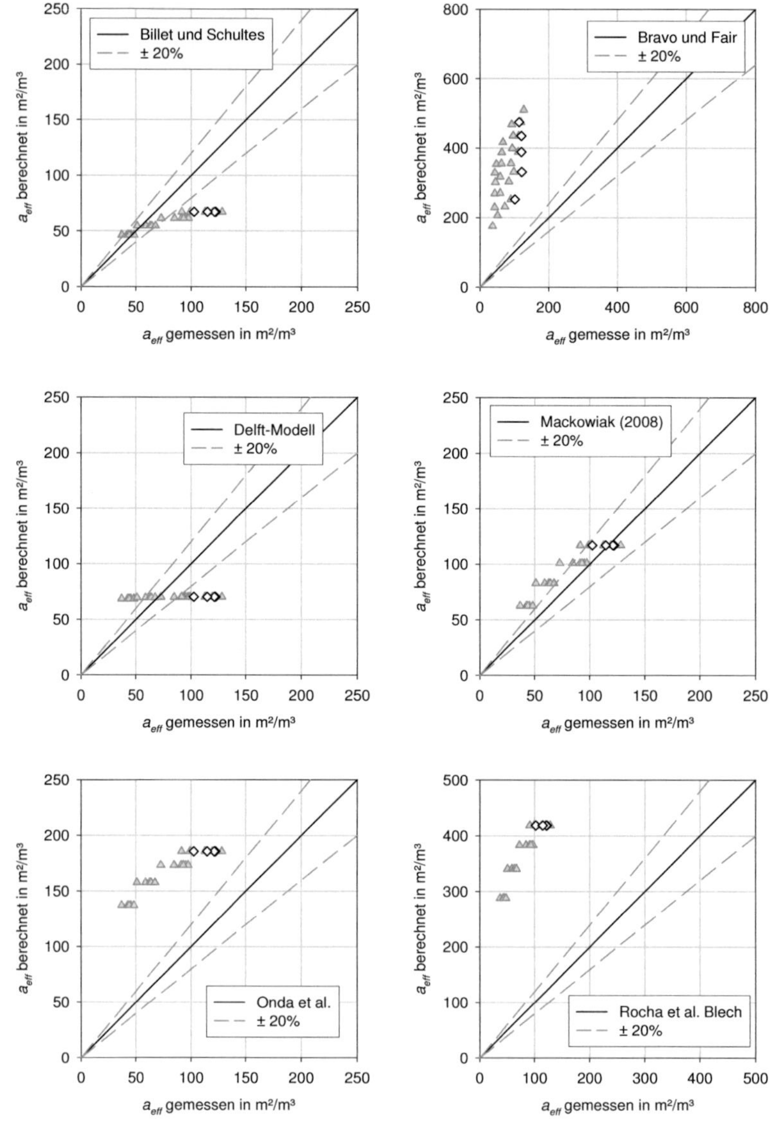

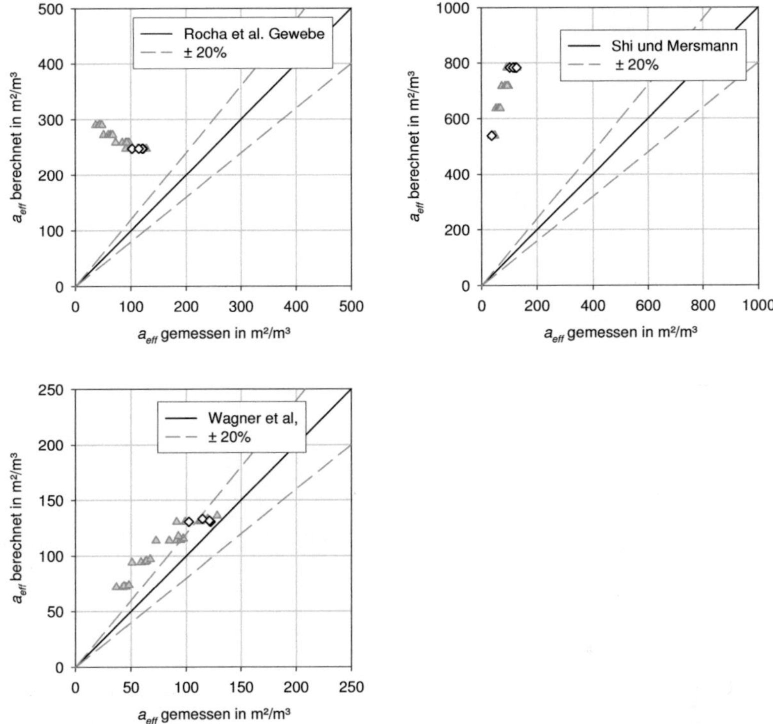

Abb. 7.45: Vergleichsdiagramme für die ermittelten Phasengrenzflächen der Schwämme aus SiSiC (E 88 10 25). Werte unter Vernachlässigung des gasseitigen Stoffübergangswiderstandes (graue Dreiecke) und Werte für die Auswahl nach dem Danckwerts-Plot für die höchste Berieselungsdichte (weiße Rauten).

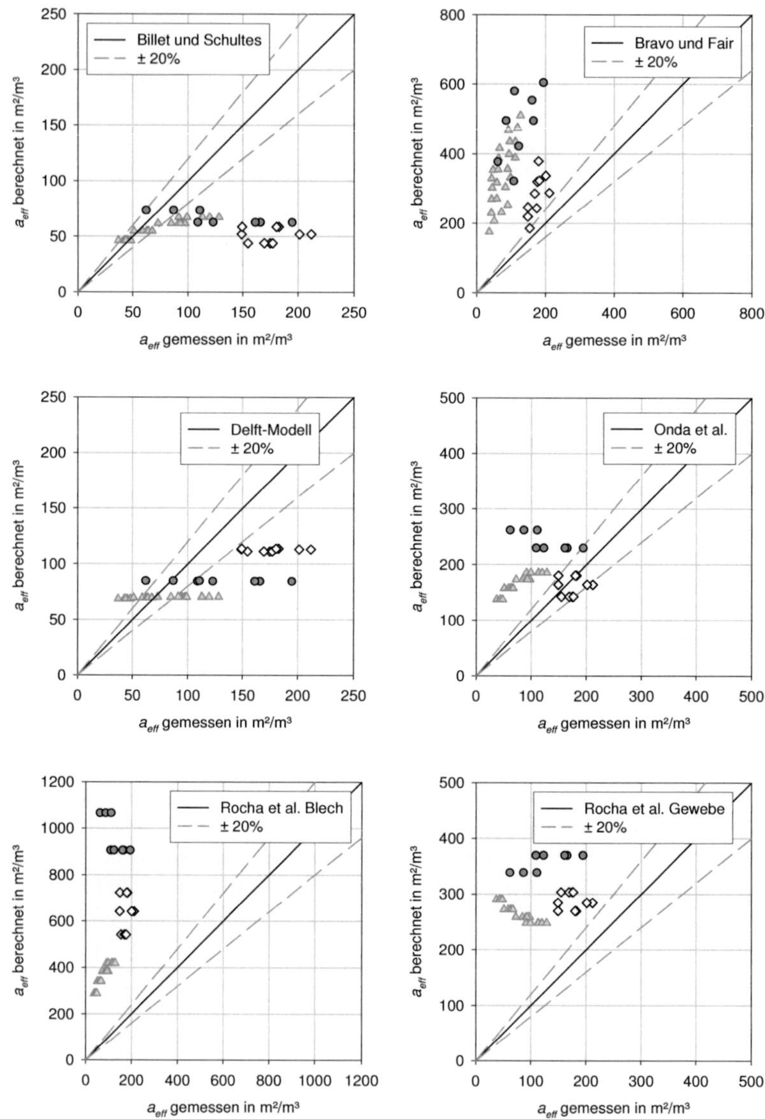

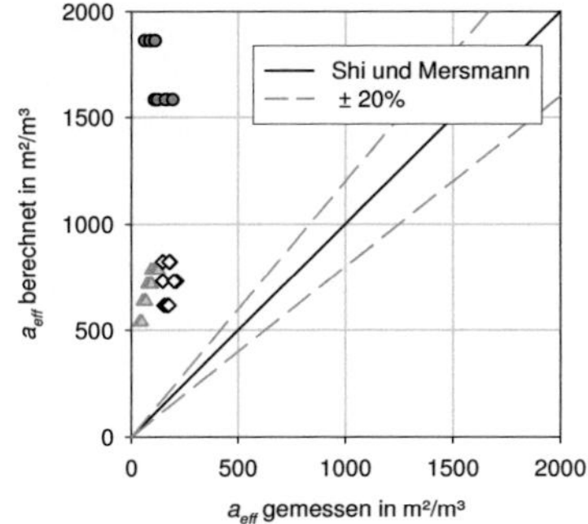

Abb. 7.46: Ergänzende Vergleichsdiagramme zu Abb. 4.16 für die ermittelten Phasengrenzflächen aller Schwämme. Werte unter Vernachlässigung des gasseitigen Stoffübergangswiderstandes. Dreiecke: SiSiC, Rauten: OBSiC, Kreise: Silikat.

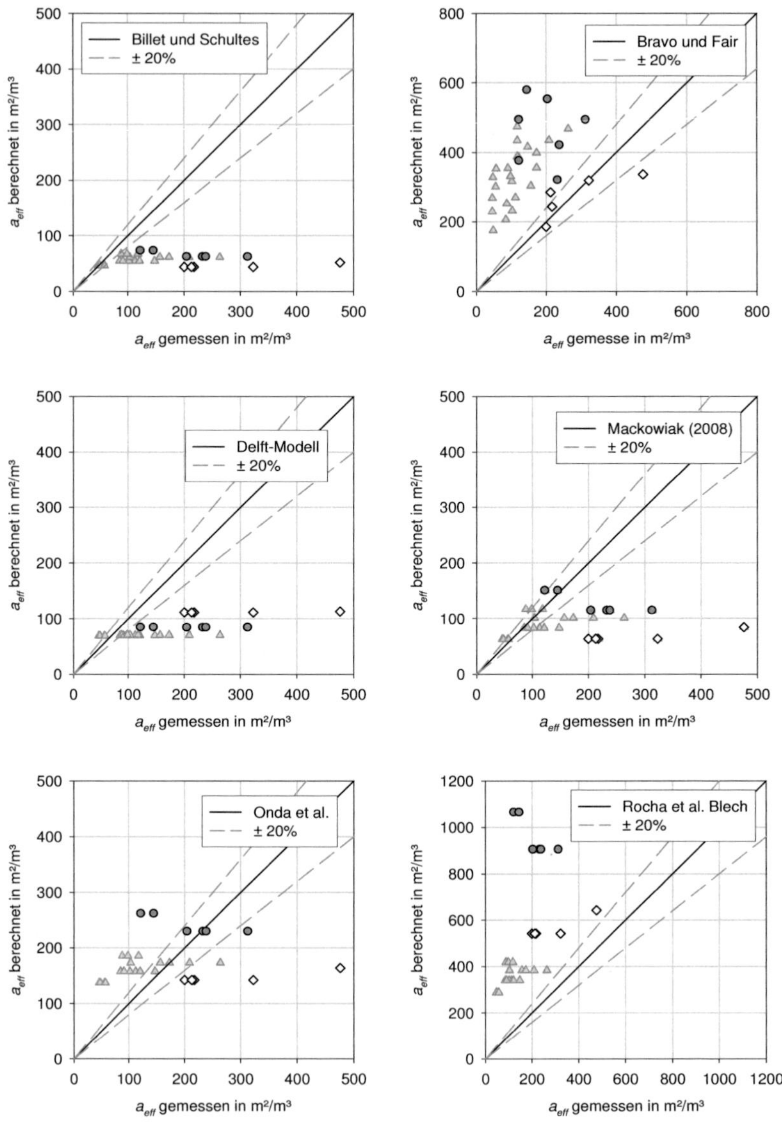

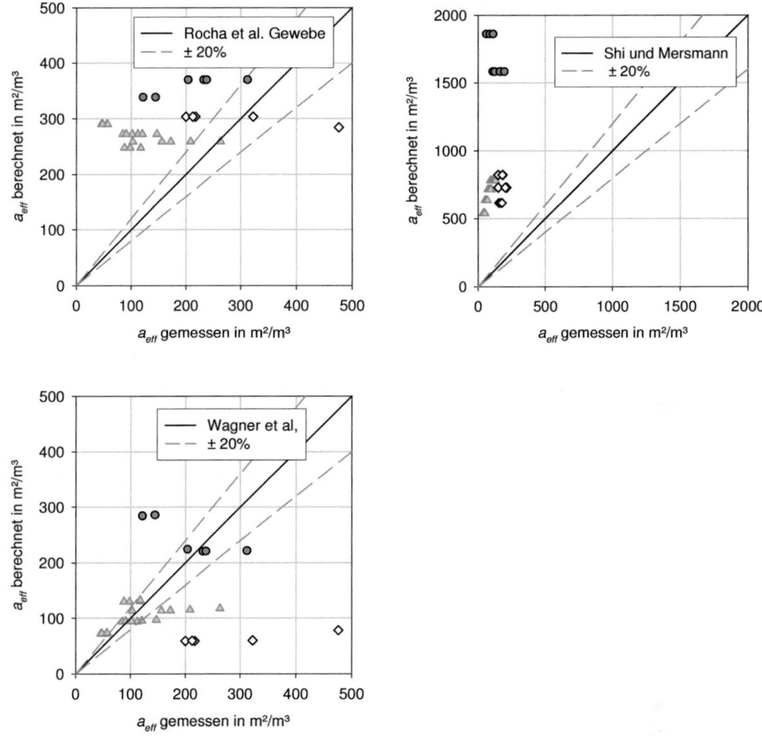

Abb. 7.47: Vergleichsdiagramme für die ermittelten Phasengrenzflächen aller Schwämme. Werte nach dem Danckwerts-Plot. Dreiecke: SiSiC, Rauten: OB-SiC, Kreise: Silikat.

A 13.2 Gasseitiger Stoffübergang

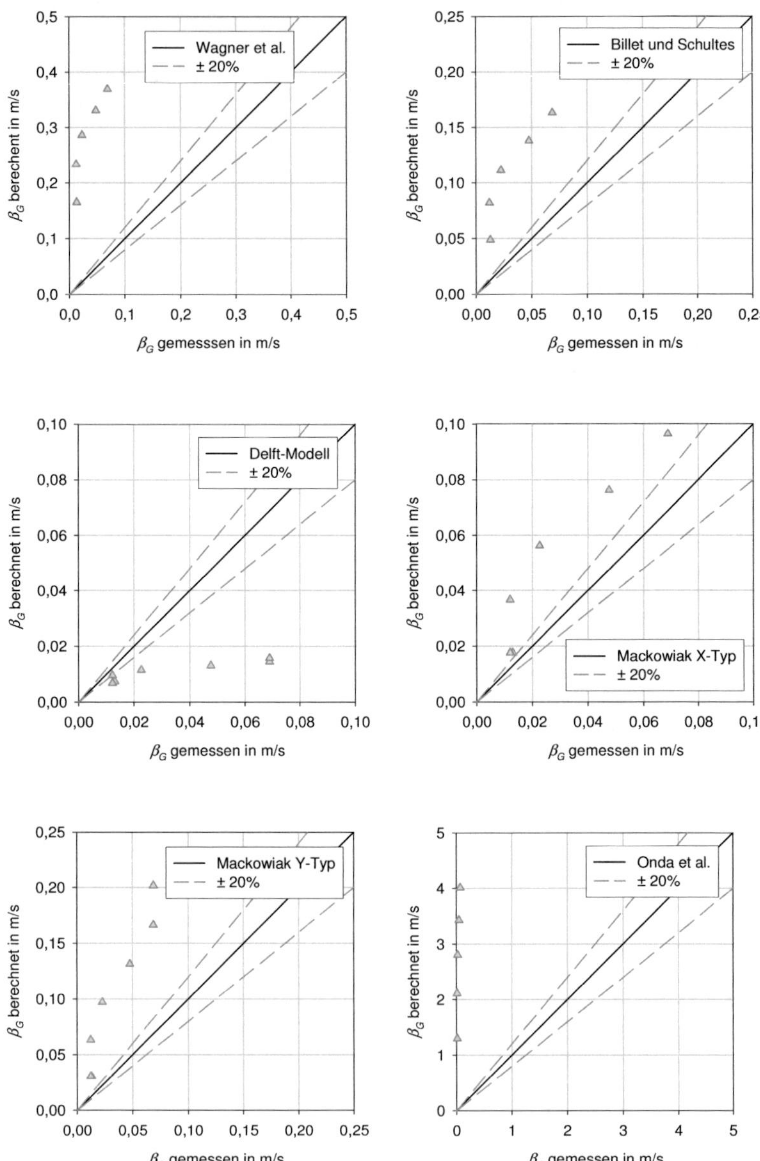

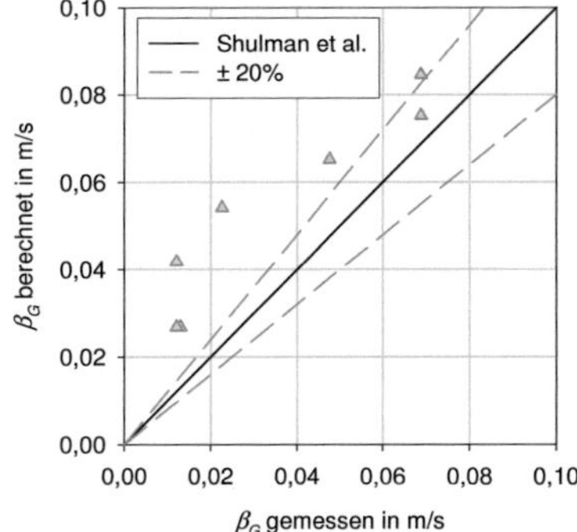

Abb. 7.48: Vergleichsdiagramme für den gasseitigen Stoffübergangskoeffizienten der Schwämme aus SiSiC ergänzend zu Abb. 4.18. Werte für die Auswahl nach dem Danckwerts-Plot für die höchste Berieselungsdichte.

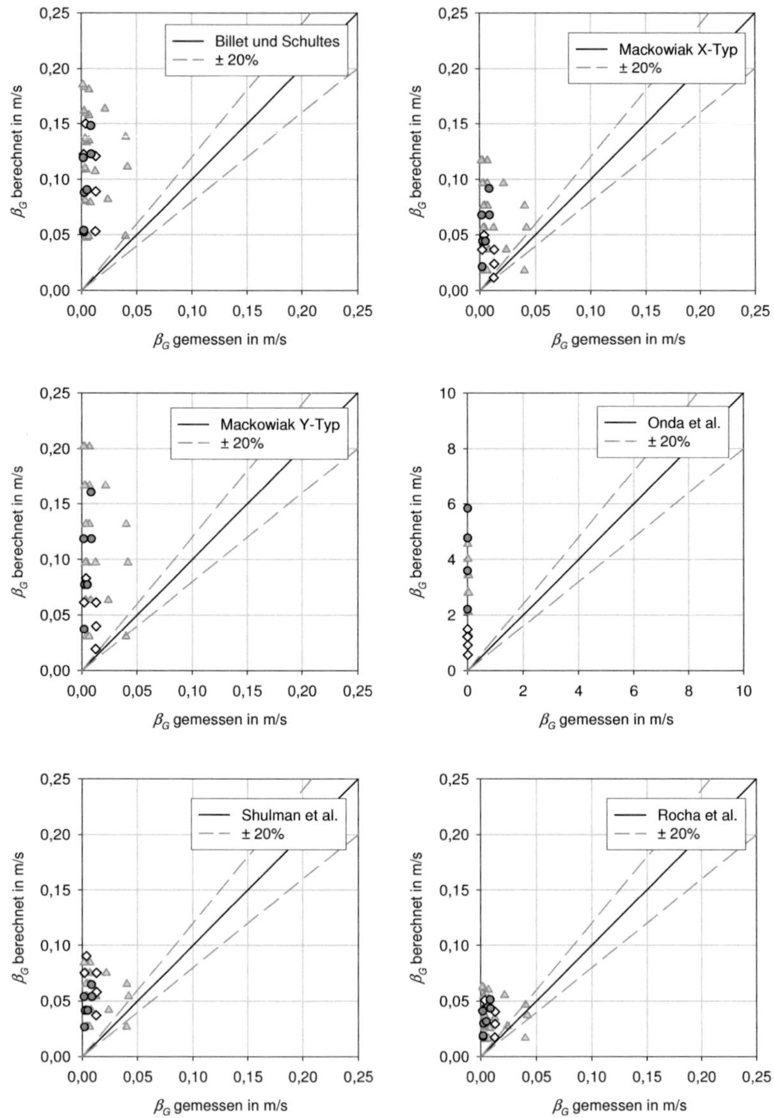

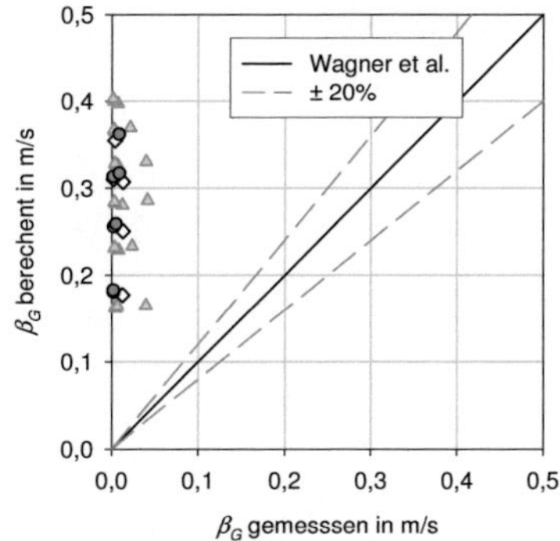

Abb. 7.49: *Vergleichsdiagramme für den gasseitigen Stoffübergangskoeffizienten aller Schwämme ergänzend zu Abb. 4.18. Werte nach dem Danckwerts-Plot zugehörig zu den effektiven Phasengrenzflächen aus Abb. 7.47. Dreiecke: SiSiC, Rauten: OBSiC, Kreise: Silikat.*

A 13.3 Flüssigseitiger Stoffübergangskoeffizient

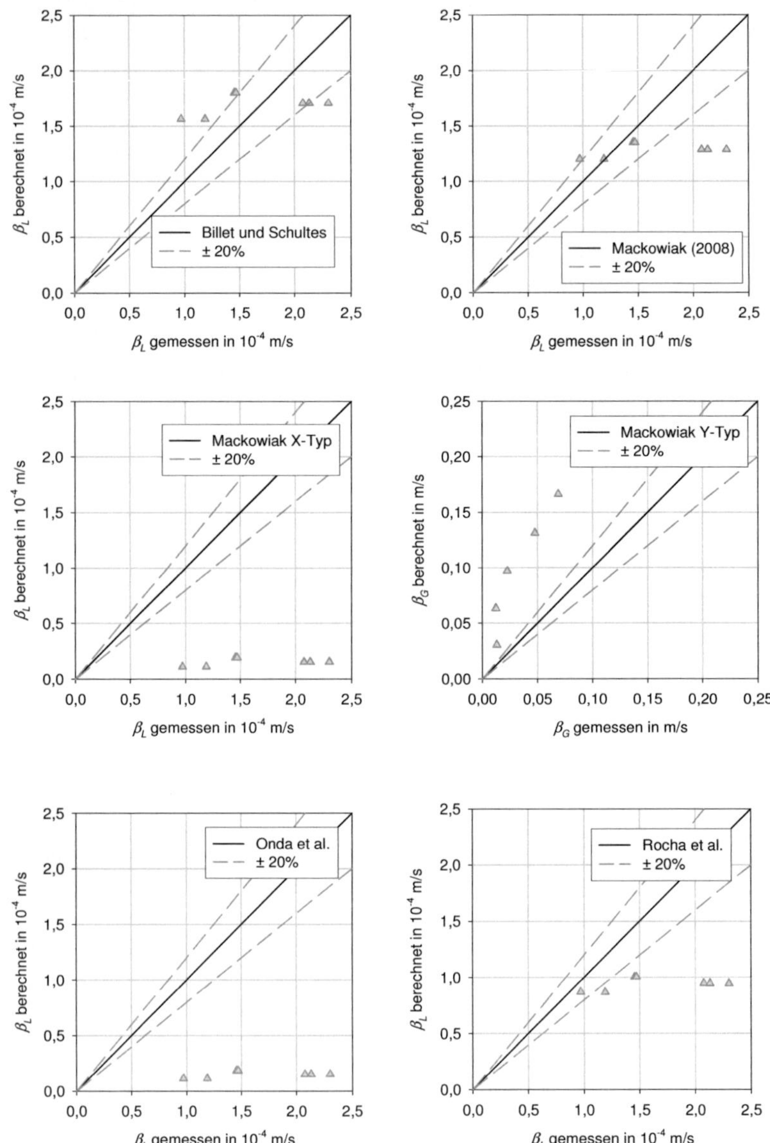

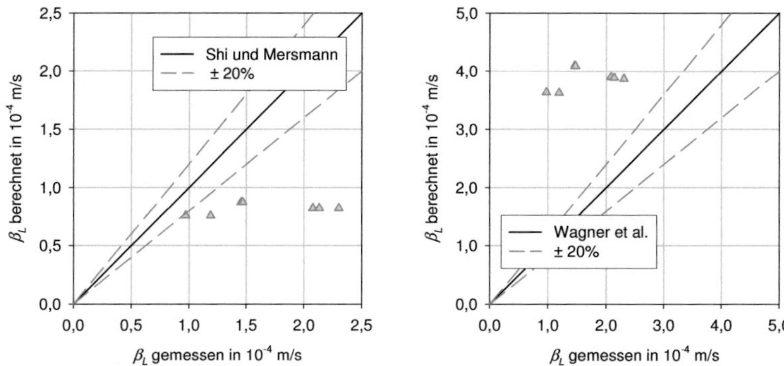

Abb. 7.50: Vergleichsdiagramme ergänzend zu Abb. 4.20 für den flüssigseitigen Stoffübergangskoeffizienten der Schwämme aus SiSiC. Werte zugehörig zu den effektiven Phasengrenzflächen aus Abb. 7.46.

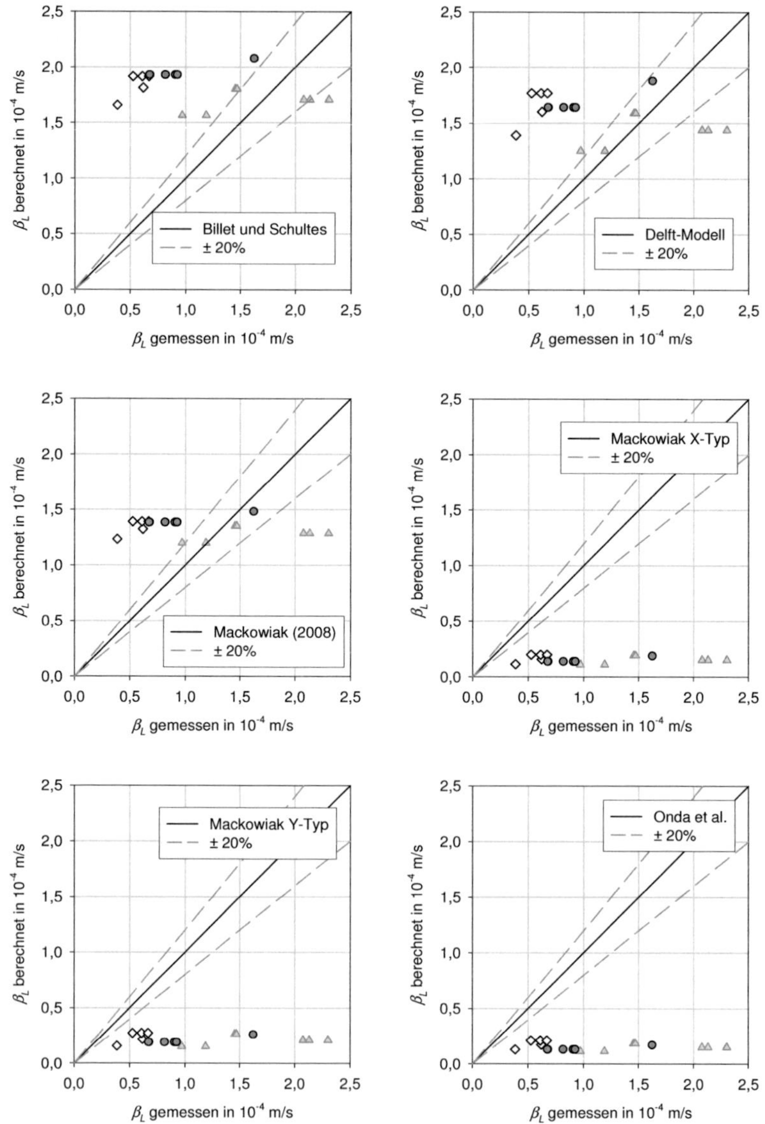

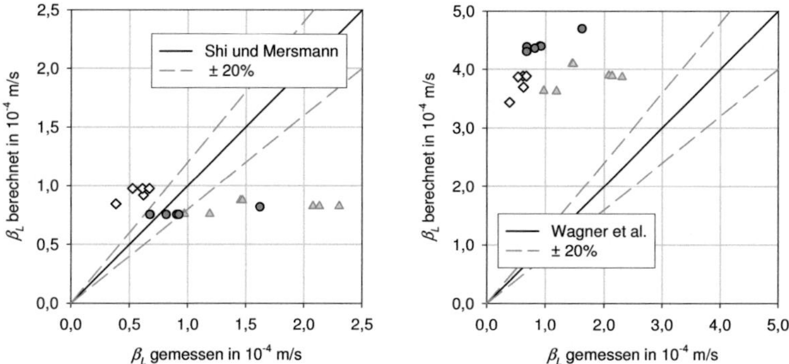

Abb. 7.51: Vergleichsdiagramme ergänzend zu Abb. 4.20 für den flüssigseitigen Stoffübergangskoeffizienten aller Schwämme. Werte zugehörig zu den effektiven Phasengrenzflächen aus Abb. 7.46. Dreiecke: SiSiC, Rauten: OB-SiC, Kreise: Silikat.

A 14   Lebenslauf

Dipl.-Ing. Julia Frauke Große

Wissenschaftlicher Werdegang und Ausbildung:

01/2006-02/2011	Wissenschaftliche Mitarbeiterin am Institut für Thermische Verfahrenstechnik des Karlsruher Instituts für Technologie (KIT)
11/2005	Diplom: Mit Auszeichnung (1,0)
06-11/2005	Diplomarbeit (*Quantitative Bestimmung von Kernbildungsraten bei der Wirbelschicht-Sprühgranulation*)
02-05/2005	Auslandspraktikum BASF Antwerpen N.V., Bereich Polymer Technology (*Prozesscharakterisierung in der Superabsorber-Produktion*)
04-09/2004	Studienarbeit (*Vergleich zweier Methoden in der bildgebenden NMR-Messung zur Beschreibung von Diffusionsvorgängen teilfluorierter Kältemittel in EPDM*)
10/2002	Vordiplom: Sehr gut (1,3)
10/2000-11/2005	Studium des Chemieingenieurwesens, Universität Karlsruhe (TH)
2000	Abitur: Sehr gut (1,0)
1992 - 2000	Achtjähriger Gymnasialer Bildungsgang im Schulversuch am Tulla-Gymnasium, Rastatt

Preise, Stipendien und Auszeichnungen:

03/2007-03/2009	Promotionsstipendium der Studienstiftung des Deutschen Volkes
2007	Emil-Kirschbaum-Preis der Fakultät für Chemieingenieurwesen und Verfahrenstechnik (herausragendes Diplom im Studienjahr 2005/2006)
2003	Hans-Rumpf-Preis der Fakultät für Chemieingenieurwesen und Verfahrenstechnik (herausragendes Vordiplom im Studienjahr 2001/2002)

2002	Studienpreis der Fakultät für Chemieingenieurwesen und Verfahrenstechnik (beste Prüfungsleistung im ersten Abschnitt des Vordiploms im Studienjahr 2000/2001)
11/2000-11/2005	Studienstipendium der Studienstiftung des Deutschen Volkes
2000	Abitur: Hermann-Herbstreith-Preis für Mathe und Physik, Preis der Deutschen Physikalischen Gesellschaft, Buchpreise für hervorragende Leistungen, soziales Engagement und langjährige Mitarbeit im Schulchor

Weitere fachliche Arbeit und ehrenamtliches Engagement:

01/ 2006-02/2011	Mitarbeit in der Lehre des Instituts bei Übungen, Praktika und Prüfungen, Betreuung von 12 Diplom- und Studienarbeitern
01/2007-03/2010	Mitglied der Diplomprüfungskommission der Fakultät, Mitarbeit bei der Ausgestaltung der Bachelor- und Masterstudiengänge
10/2001-09/2004	Tutorin für Technische Mechanik am Institut für Mechanische Verfahrenstechnik und Mechanik, Bereich Angewandte Mechanik
11/2000-11/2005	Engagement in der Gruppe des Vertrauensdozenten der Studienstiftung, Organisation der gemeinsamen mehrtägigen Exkursionen
10/2000-11/2005	Engagement in der Fachschaft der Fakultät: Organisation von Orientierungsphasen, Informationsveranstaltungen und kulturellen Veranstaltungen, Beratung von Studierenden; gewähltes Mitglied des Fakultätsrats (10/2001-09/2003, 04-09/2004), stellv. Fachschaftsleiterin (04/2002-03/2004), Mitglied der Studienkommission (06/2002-09/2004), Mitglied der Vordiplomprüfungskommission (10/2003-09/2004), Mitglied zweier Berufungskommissionen (2001, 2003)